もくじと学習の記録

本書に関する最新情報は，当社ホームページにある**本書の「サポート情報」**をご覧ください。(開設していない場合もございます。)

5年の復習 ①

月　日　答え ➡ 別さつ1ページ

時間30分　合格80点　得点　点

1 次の計算をしなさい。(24点/1つ4点)

① $\frac{1}{30}+\frac{1}{42}$　　② $2\frac{1}{12}-1\frac{5}{8}+1\frac{13}{24}$

③ $\frac{5}{8}\times12$　　④ $\left(1\frac{1}{2}+\frac{2}{3}\right)\times6$

⑤ $\left(\frac{2}{3}-\frac{1}{2}\right)\div21$　　⑥ $7+\frac{2}{3}\times5-\frac{1}{4}\div3$

2 次の計算をしなさい。(8点/1つ4点)

① $4.5\times1.2-7.8\div(1.9+3.3)$

② $(3.529\times3.7-5.03\times2.31)\times100.3$

3 次の問いに答えなさい。

(1) 23.6÷2.1 を計算し，商を1の位まで求めると商は□で，余りは□です。□にあてはまる数を求めなさい。(8点/1つ4点)　〔金光学園中〕

商〔　　　　〕 余り〔　　　　〕

(2) 次の(　)の中の数で，大きいほうに○をつけなさい。(12点/1つ4点)

① $\left(0.3,\ \frac{1}{3}\right)$　　② $\left(\frac{4}{5},\ \frac{5}{6}\right)$　　③ $\left(3.47,\ 3\frac{7}{15}\right)$

(3) $\frac{5}{7}$ と $\frac{9}{11}$ の間の数で，分子が17になる分数の分母として考えられる数を，すべて答えなさい。(4点)　〔洛南高附中〕

〔　　　　〕

4 0, 3, 6, 9 の4つの数字をならべて，4けたの整数をつくります。このときにできるいちばん小さい偶数(ぐうすう)はいくつですか。(8点)　〔柳学園中〕

〔　　　　〕

5 次の□にあてはまる整数を，すべて答えなさい。

(1) 28 と 42 の公約数をすべて書くと ㋐ で，公倍数のうち小さいほうから順に3つ書くと，㋑ です。(12点/1つ6点)　〔同志社女子中〕

㋐〔　　　　〕 ㋑〔　　　　〕

(2) 149，167，203 を□でわると，余りがどれも5になります。(6点)　〔金蘭千里中〕

〔　　　　〕

6 ある駅からバスは12分おきに，電車は18分おきに発車します。いま，午前7時にバスと電車が同時に発車しました。(10点/1つ5点)　〔広島女学院中〕

(1) 次に，バスと電車が同時に発車するのは午前何時何分ですか。

〔　　　　〕

(2) 午前7時から午前10時50分までの間で，バスだけが発車するのは何回ありますか。

〔　　　　〕

7 9でも12でも18でもわり切れる整数のうち，最も100に近い整数を答えなさい。(8点)　〔共立女子第二中〕

〔　　　　〕

5年の復習 ②

時間 40分　合格 80点　得点　点

1 次の問いに答えなさい。(14点/1つ7点)

(1) 7mの重さが10kgの鉄の棒(ぼう)があります。この鉄の棒の重さが8kgのときの長さは何mですか。

〔　　　　〕

(2) 1時間に6秒早く進む時計があります。ある日の午後6時に20秒進んでいました。正しい時刻(じこく)を示していたのは，その日の午後何時何分ですか。

〔ノートルダム清心中〕

〔　　　　〕

2 次の問いに答えなさい。(21点/1つ7点)

(1) としこさんは定価3200円のスカートを2720円で買いました。この値段(ねだん)は定価の何%引きですか。

〔甲南女子中〕

〔　　　　〕

(2) 8%の食塩水100gに，4%の食塩水400gを混ぜてできる食塩水の濃度(のうど)は何%ですか。

〔國學院大久我山中〕

〔　　　　〕

(3) 長さ10cmの紙テープを，のりしろ1cmで15枚(まい)はり合わせると，長さは全部で何cmになりますか。

〔ノートルダム清心中〕

〔　　　　〕

3 三角形の高さを7cmと決めて，底辺を1cm，2cm，…と変えていきます。

(14点/1つ7点)〔京都教育大附属桃山中〕

(1) 底辺が1cmずつ増えていくと，面積は何cm^2ずつ増えていきますか。

〔　　　　〕

(2) 底辺が4倍になるとき，面積は何倍になりますか。

〔　　　　〕

4 右の円グラフは，ある家の１か月の支出内容を表したものです。グラフの中の百分率は，支出総額に対する割合(わりあい)です。この家の１か月の支出総額は 30 万円でした。(24 点/1 つ 8 点)

〔日本女子大附中〕

(1) 教育費の□にあてはまる数を求めなさい。

〔　　　　〕

(2) 食費は何円でしたか。

〔　　　　〕

(3) ㋐の角は何度ですか。

〔　　　　〕

5 みちこさんは，全部で 8000 円のお年玉をもらいました。このうち，半分は貯金して，2480 円のゲームと，１冊(さつ) 400 円の本を３冊買い，残りのお金でおかしを買いました。みちこさんのお年玉の利用方法の割合を帯グラフに表すと，どのようになりますか。右のグラフを完成させなさい。ただし，消費税は商品の値段にふくまれているものとします。(10 点)

〔お茶の水女子大附中〕

6 １辺が１cm の正方形の厚紙を，右の図のように，１段(だん)，２段，…とならべて，階段の形をつくります。

〔京都教育大附属桃山中〕

(1) 26 段ならべたときのまわりの長さを求めなさい。(7 点)

〔　　　　〕

(2) 31 段ならべたときの，面積を求めなさい。(10 点)

〔　　　　〕

月　日　答え ➡ 別さつ1ページ

時間 40分　合格 80点　得点　点

（円周率はすべて 3.14 とします。）

1 右の図のような長方形 ABCD を，点 E を通る直線にそって切り，2 つの合同な四角形に分けるには，どのように切ればよいですか。図にかき入れなさい。（8 点）

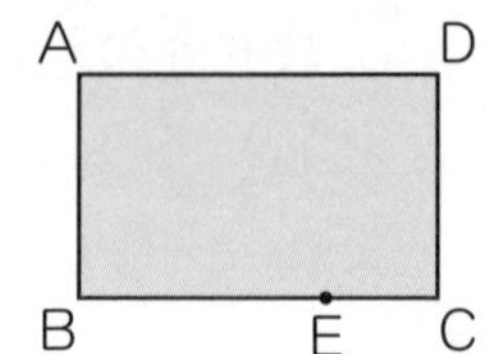

2 七角柱の面の数，頂点（ちょうてん）の数，辺の数をそれぞれ求めなさい。（12 点/1 つ 4 点）

面の数［　　　］　頂点の数［　　　］　辺の数［　　　］

3 右の円柱について，次の問いに答えなさい。（10 点/1 つ 5 点）

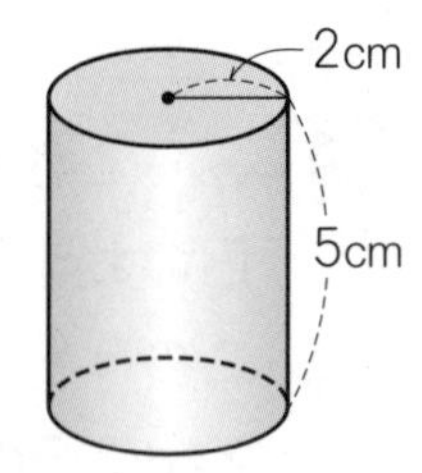

(1) この円柱の展開図をかきなさい。

(2) 底面の円の直径を通って，底面に垂直（すいちょく）な平面で切ったとき，切り口はどんな形になりますか。

［　　　］

4 次の図の角㋐〜㋓の大きさを求めなさい。（16 点/1 つ 4 点）

① 点Oは円の中心 〔学習院女子中〕

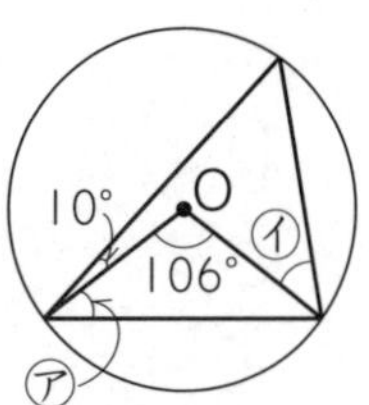

② 正五角形 ABCDE で，BC=BF=CF 〔共立女子中〕

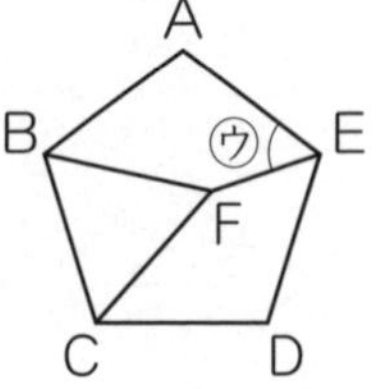

③ 二等辺三角形 ABC で，図のように折ります。〔明治大付属中野中〕

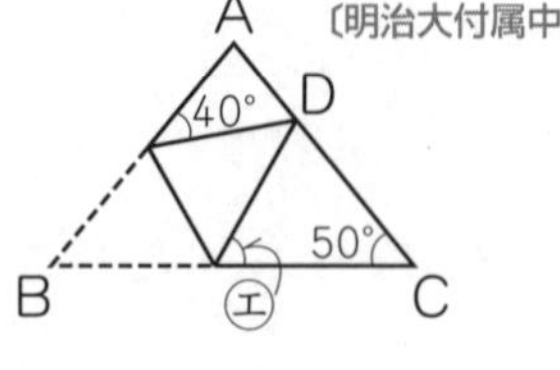

㋐［　　　］　㋑［　　　］　㋒［　　　］　㋓［　　　］

5 右の図のように半径 2 cm の円が 4 個くっついています。このとき，太い線の長さを求めなさい。（7 点）　〔愛光中－改〕

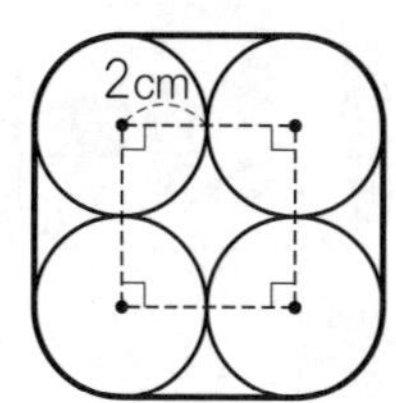

〔　　　　〕

6 次の図形の面積を求めなさい。（15 点/ 1 つ 5 点）

①
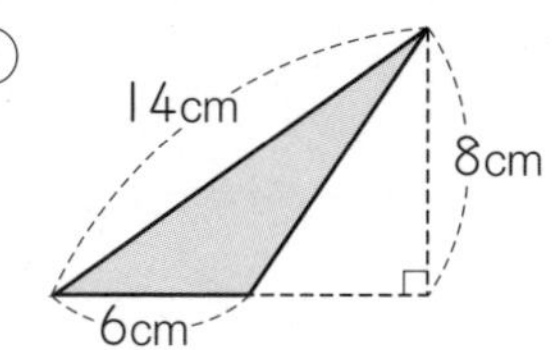

②
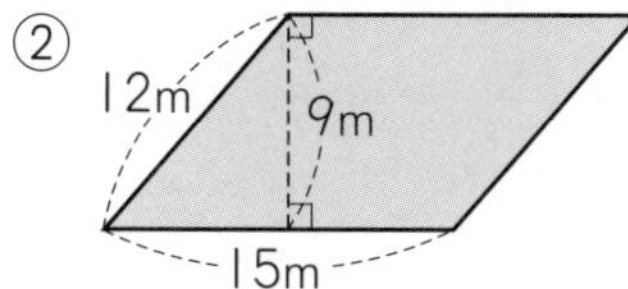

③
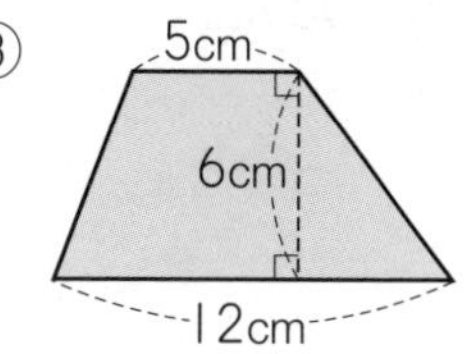

〔　　　　〕　〔　　　　〕　〔　　　　〕

7 右の図で，三角形 ACD は直角二等辺三角形です。台形 BCDE の面積は何 cm^2 ですか。（8 点）　〔広島学院中〕

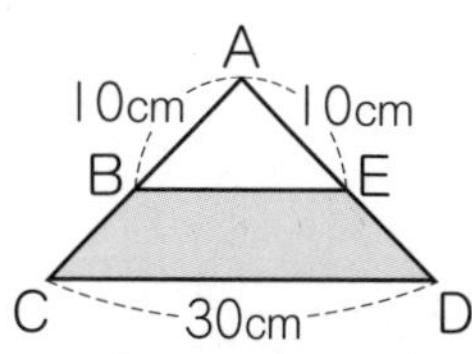

〔　　　　〕

8 右の図の四角形 ABCD は正方形で，三角形 EBC は正三角形です。（12 点/ 1 つ 6 点）　〔修道中〕

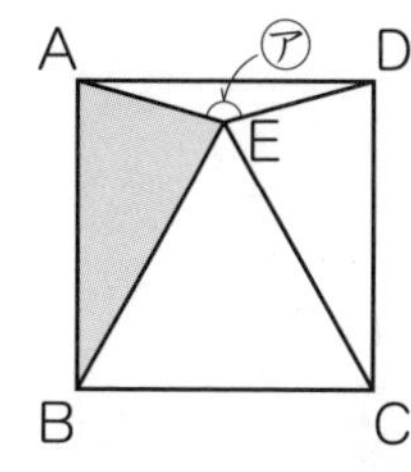

(1) ㋐の角の大きさを求めなさい。

〔　　　　〕

(2) AB の長さが 8 cm のとき三角形 ABE の面積は何 cm^2 ですか。

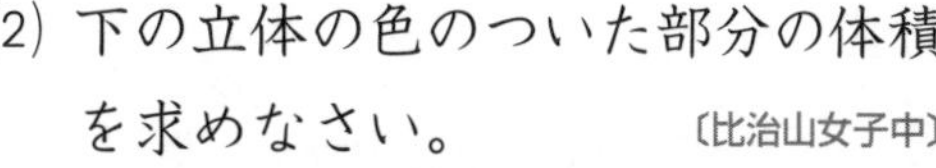

〔　　　　〕

9 次の問いに答えなさい。（12 点/ 1 つ 6 点）

(1) 下の立体の体積を求めなさい。　〔京都教育大附属桃山中〕

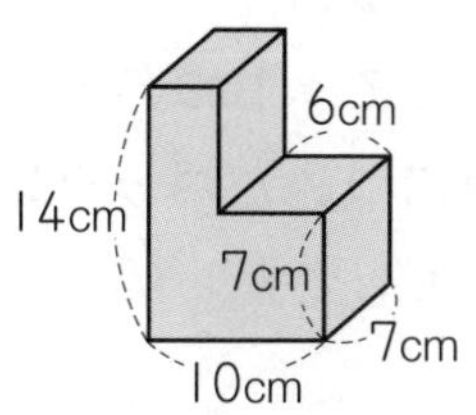

〔　　　　〕

(2) 下の立体の色のついた部分の体積を求めなさい。　〔比治山女子中〕

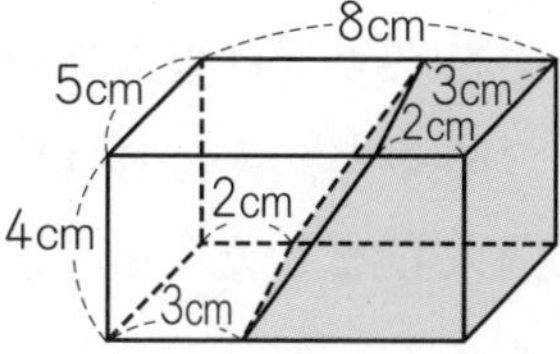

〔　　　　〕

5年の復習 ④

月　日　答え ➡ 別さつ2ページ

時間 40分　合格 80点　得点　点

1 38 kg の砂を左右に2つの山に分けて積みました。左の山から 7 kg の砂を右の山に移すと，重さが等しくなりました。はじめ，右の山には砂が何 kg ありましたか。（10点）

〔　　　　〕

2 今，かいとさんの年齢(ねんれい)は 11 才で，父は 36 才です。10 年後にはかいとさんと姉の年齢の和が父の年齢と等しくなります。今，姉は何才ですか。（10点）

〔　　　　〕

3 連続する5つの奇数の和が 235 のとき，いちばん大きい奇数はいくつですか。（10点）

〔　　　　〕

4 子ども会で子どもに折り紙を配ります。1人に 12 枚ずつ配ると1枚あまります。もし折り紙を 20 枚増やすと，1人に最大で 14 枚まで配ることができ，何枚かあまります。折り紙を配る予定の子どもは何人ですか。考えられる人数を全部書きなさい。（10点）

〔　　　　　　〕

5 いちごをパックにつめます。1つのパックに6個ずつつめると，パックを全部使って，いちごが 50 個あまることがわかりました。そこで，1つのパックに8個ずつつめると，パックが3つあまり，いちばん最後につめたパックにはいちごが4個入りました。8個入りのパックはいくつできましたか。（12点）

〔　　　　〕

6 お茶が袋入りで売られています。1袋の重さが50g，70g，110gの3種類あります。それぞれ何個かずつを買うと，重さが合計で480gになりました。それぞれの重さの袋を何個ずつ買いましたか。考えられる買い方を全部書きなさい。ただし，どの袋も1つは買っています。(10点)

〔　　　　　　　　　　〕

7 濃度（のうど）がわからない食塩水A 200gと，濃度が7％の食塩水B 300gをまぜると，5％の食塩水ができました。(16点/1つ8点)

(1) 食塩水B 300gに含まれていた食塩は何gですか。

〔　　　　〕

(2) 食塩水Aの濃度は何％ですか。

〔　　　　〕

8 はるとさんはある本を3日間で読むことにしました。1日目に全体の$\frac{1}{3}$を読み，2日目には残りの$\frac{3}{5}$を読むと，3日目に52ページを読んで読み終わります。この本は全部で何ページですか。(10点)

〔　　　　〕

9 スーパーでりんごを1個125円で仕入れ，仕入れ値の40％の利益を見込んで定価をつけました。定価で400個売れましたが，残りを2個パックにして，1個の定価と同じ値段（ねだん）で売ったところ全部売れて，全体の利益は1万7千円になりました。仕入れたりんごは何個でしたか。(12点)

〔　　　　〕

1 分数のかけ算

要点のまとめ

❶ 分数×分数

✓分数に分数をかける計算は，分子は分子どうしかけて**分子**とし，分母は分母どうしかけて**分母**とします。

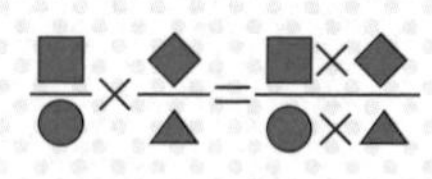

❷ 約　分

✓分数の分母と分子を同じ数でわって，分母の小さい分数にすることを，**約分する**といいます。

✓分数のかけ算の計算のとちゅうで約分できるときは，約分します。

例 $\frac{4}{9}\times\frac{3}{10}=\frac{\overset{2}{\cancel{4}}\times\overset{1}{\cancel{3}}}{\underset{3}{\cancel{9}}\times\underset{5}{\cancel{10}}}=\frac{2}{15}$

ステップ 1

1 次の計算をしなさい。

① $\frac{5}{7}\times\frac{3}{8}$

② $\frac{5}{12}\times\frac{8}{15}$

③ $\frac{2}{7}\times\frac{5}{6}$

④ $\frac{3}{2}\times\frac{14}{9}$

2 次の計算をしなさい。

① $6\times\frac{3}{5}$

② $4\times\frac{5}{8}$

③ $9\times\frac{2}{3}$

④ $\frac{2}{7}\times3$

⑤ $\frac{4}{15}\times3$

⑥ $\frac{5}{9}\times6$

3 次の計算をしなさい。

① $\frac{3}{5}\times\frac{6}{7}\times\frac{2}{3}$　　② $\frac{2}{3}\times\frac{3}{7}\times\frac{14}{15}$

③ $\frac{2}{3}\times\left(\frac{6}{7}+\frac{1}{7}\right)$　　④ $\left(\frac{3}{4}-\frac{1}{12}\right)\times\frac{2}{5}$

重要 **4** 次の式で，積が□より小さくなるのはどれですか。

㋐ $\square\times\frac{2}{5}$　㋑ $\square\times\frac{12}{11}$　㋒ $\square\times\frac{8}{7}$　㋓ $\square\times\frac{8}{9}$

〔　　　　〕

5 1mの重さが $\frac{2}{5}$ kgの鉄の棒(ぼう)があります。この鉄の棒 $\frac{3}{4}$ mの重さは何kgですか。

〔　　　　〕

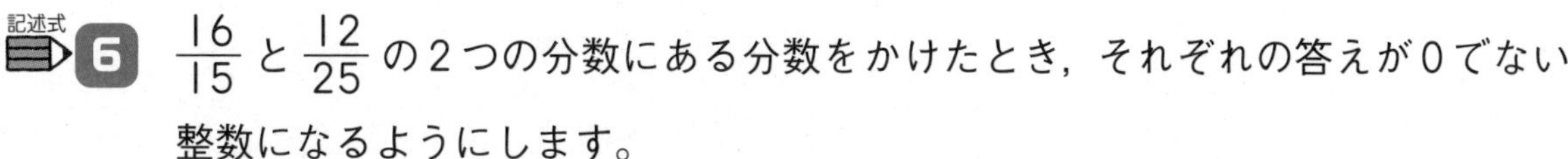

記述式 **6** $\frac{16}{15}$ と $\frac{12}{25}$ の2つの分数にある分数をかけたとき，それぞれの答えが0でない整数になるようにします。

(1) ある分数の分子はどんな数にすればよいですか。ことばで書きなさい。

〔　　　　〕

(2) ある分数をできるだけ小さい数にするとき，分母と分子はそれぞれどんな数にすればよいですか。ことばで書きなさい。

分母〔　　　　〕

分子〔　　　　〕

確認しよう　かけ算で，1より小さい数をかけると，積は，かけられる数より小さくなります。

月　日　答え ➡ 別さつ3ページ

ステップ 2

時間 30分　合格 80点　得点　点

1 次の計算をしなさい。(16点/1つ4点)

① $\frac{1}{2}\times\frac{2}{3}\times\frac{3}{4}$

② $\frac{3}{5}\times\frac{7}{8}\times\frac{5}{6}$

③ $\frac{10}{11}\times\frac{3}{5}\times\frac{22}{15}$

④ $\frac{5}{6}\times\frac{3}{4}\times\frac{4}{5}\times\frac{8}{7}$

2 次の計算をしなさい。(20点/1つ5点)

① $2\times\frac{7}{8}-\frac{1}{4}\times\frac{8}{9}$

② $6\times\left(\frac{5}{3}-\frac{3}{2}\right)$ 〔金光学園中〕

③ $\left(\frac{1}{5}+\frac{1}{10}\right)\times\frac{4}{9}$

④ $\frac{1}{3}+\frac{1}{2}\times\frac{4}{9}$ 〔福山暁の星女子中〕

3 次の計算をしなさい。(18点/1つ6点)

① $\left(\frac{1}{2}-\frac{2}{5}\right)\times\frac{1}{2}+\frac{3}{4}$ 〔横浜中〕

② $3\frac{1}{3}-(7-1\times3)\times\frac{1}{6}$ 〔同志社女子中〕

③ $\frac{5}{6}\times\left\{\left(\frac{2}{3}+\frac{1}{4}\right)\times1\frac{1}{5}-\frac{1}{2}\right\}$ 〔開明中〕

重要 4 次の問いに答えなさい。(12点/1つ6点)

(1) $\frac{9}{16}$ と $\frac{21}{10}$ のどちらにかけても整数になる数で，最小のものはいくつですか。ただし，0は除(のぞ)きます。〔共立女子中〕

〔　　　　〕

(2) $\frac{35}{6}$，$\frac{21}{4}$，$\frac{14}{15}$ の3つの分数にできるだけ小さな同じ分数をかけて，答えがすべて整数になるためには，どんな分数をかければよいですか。〔金蘭千里中〕

〔　　　　〕

重要 5 ある学校の6年生の児童の通学時間を調べました。全体の $\frac{1}{3}$ が10分以内，$\frac{1}{6}$ が10分～15分，$\frac{1}{12}$ が15分～20分，$\frac{1}{8}$ が20分～30分，残りは30分をこえます。

(1) 通学時間が30分をこえる児童は，全体のどれだけですか。分数で答えなさい。(6点)

〔　　　　〕

(2) 6年生が264人いるとすると，次の児童は何人いますか。(12点/1つ6点)

① 通学時間が15分～20分の児童　② 通学時間が30分をこえる児童

①〔　　　　〕②〔　　　　〕

6 300ページの小説を，1日目は全体の $\frac{1}{5}$，2日目は残りの $\frac{1}{4}$，3日目はその残りの $\frac{1}{2}$ を読みました。(16点/1つ8点)

(1) 3日目までに全体のどれだけを読みましたか。分数で表しなさい。

〔　　　　〕

(2) まだ，残っているのは何ページですか。

〔　　　　〕

月　日　答え ➡ 別さつ4ページ

2 分数のわり算

要点のまとめ

❶ 分数÷分数	✓分数を分数でわる計算は，**わる数の分母と分子を入れかえた分数をかけて**計算します。 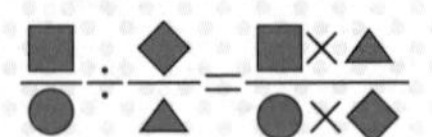
❷ わる数と商の大きさ	✓わる数が1より大きいとき，商はわられる数より**小さく**なります。 ✓わる数が1より小さいとき，商はわられる数より**大きく**なります。 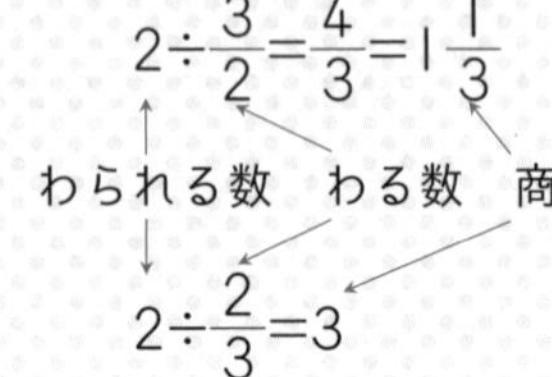

ステップ1

1 次の計算をしなさい。

① $\frac{1}{6}\div\frac{1}{5}$　　② $\frac{5}{12}\div\frac{15}{16}$

③ $\frac{3}{7}\div\frac{6}{7}$　　④ $\frac{3}{10}\div\frac{5}{8}$

2 次の計算をしなさい。

① $4\div\frac{3}{5}$　　② $8\div\frac{2}{3}$

③ $18\div\frac{9}{2}$　　④ $\frac{5}{7}\div4$

⑤ $\frac{4}{5}\div8$　　⑥ $\frac{8}{9}\div6$

重要 **3** 次の式で，商が□の中の数より大きくなるのはどれですか。

㋐ $\square \div \frac{2}{3}$　㋑ $\square \div \frac{7}{4}$　㋒ $\square \div \frac{9}{7}$　㋓ $\square \div \left(\frac{5}{8} \times \frac{2}{5}\right)$

〔　　　〕

4 次の□の値を求めなさい。

① $\frac{1}{4} \times \square = \frac{3}{5}$　② $\frac{3}{5} \div \square = \frac{4}{5}$

①〔　　　〕 ②〔　　　〕

5 式を書いて求めなさい。

(1) 部屋の $\frac{2}{3}$ の広さのじゅうたんをしいたら，じゅうたんは $16\,m^2$ でした。この部屋の広さは何 m^2 ですか。〔比治山女子中〕

式〔　　　〕　〔　　　〕

(2) ある学級の男子は 18 人で，学級全体の $\frac{6}{13}$ にあたります。この学級の女子の人数は何人ですか。

式〔　　　〕　〔　　　〕

6 「$\frac{5}{8}$ m の値段（ねだん）が 120 円のリボンを 3 m 買います。代金はいくらですか」という問題の答えを求めるため，式をつくりました。アの数は何を表していますか。ことばで説明しなさい。

$120 \div \frac{5}{8} =$ ア　　ア ×3=(答え)

〔　　　〕

確認しよう

1より小さい数でわると，商はわられる数より大きくなります。
1より大きい数でわると，商はわられる数より小さくなります。

月　日　答え ➡ 別さつ4ページ

ステップ 2

時間 40分　合格 75点　得点　点

1 次の計算をしなさい。（30点/1つ5点）

① $\frac{3}{8} \div \frac{3}{5} \times \frac{4}{5}$ 〔京都教育大附属桃山中〕

② $1\frac{5}{8} \div 2\frac{1}{4} \div 1\frac{5}{9}$ 〔お茶の水女子大附中〕

③ $\frac{5}{6} \div 1\frac{4}{9} \times 5\frac{1}{5}$ 〔同志社中〕

④ $\left(\frac{3}{4} - \frac{2}{5}\right) \div \frac{7}{20}$ 〔大阪教育大附属天王寺中〕

⑤ $5\frac{1}{7} \div \frac{9}{5} - \frac{9}{14} \div \frac{3}{8}$ 〔共立女子第二中〕

⑥ $\frac{3}{5} \div \left(\frac{2}{3} - \frac{2}{5}\right) \times \frac{2}{9}$ 〔京都教育大附属京都中〕

2 次の左と右の式で，同じことを表しているものは，どれとどれですか。ただし，□，△，○は，0でも1でもない整数です。（12点/1つ3点）

① 1×□÷(△×○)　　㋐ $\frac{□}{△×○}$

② 1÷(□÷△×○)　　㋑ $\frac{△}{□×○}$

③ 1÷□÷△÷○　　㋒ $\frac{○}{□×△}$

④ 1÷□÷△×○　　㋓ $\frac{1}{□×△×○}$

〔　と　〕〔　と　〕
〔　と　〕〔　と　〕

3 縦（たて）$\frac{2}{3}$ m，横 $\frac{2}{5}$ m の長方形があります。この長方形と面積が等しい平行四辺形の高さを求めなさい。ただし，平行四辺形の底辺は $\frac{4}{5}$ m です。（8点）

〔　　〕

重要 **4** 水道のじゃ口をきっちり閉(し)めなかったので，$\frac{1}{6}$時間で$\frac{2}{21}$Lの水がむだになりました。（16点/1つ8点）

(1) 1時間水道のじゃ口をきっちり閉めないでいると，何Lの水をむだにすることになりますか。

〔　　　　〕

(2) 1Lの水がむだになるのは，何時間何分水道のじゃ口をきっちり閉めなかったときですか。

〔　　　　〕

5 $\frac{5}{6}$ km^2 のしばをかるのに$\frac{2}{3}$時間かかる機械と$\frac{3}{8}$ km^2 のしばをかるのに$\frac{3}{4}$時間かかる機械があります。この機械を両方同時に使うと，しばは1時間で何 km^2 かりとれますか。（8点）

〔日本女子大附中〕

〔　　　　〕

重要 **6** しょうゆのはいっているびんの重さをはかったら$\frac{19}{5}$kgありました。しょうゆを$\frac{2}{3}$だけ使ったあとで，また重さをはかったら$\frac{11}{5}$kgでした。

（16点/1つ8点）

(1) びんの重さは何kgですか。

〔　　　　〕

(2) また，残りのしょうゆは何kgありますか。

〔　　　　〕

7 ○，□，△は0より大きい数です。次の計算をすると，答えはすべて等しくなります。○，□，△を大きい順にならべなさい。（10点）

$○\times\frac{5}{8}$　　　$□\div\frac{2}{3}$　　　$△\div2$

〔　　　　〕

月　日　答え ➡ 別さつ4ページ

3 分数と小数のまじった計算

要点のまとめ

❶ 小数・分数のまじった計算	✓小数・分数のまじった計算は，小数だけの式か**分数だけの式**に直して計算します。分数だけの式に直すほうが多いです。
❷ 計算の順序	✓計算の順序は，次のようにします。 ①ふつう，**左から**順に計算します。 ②**×，÷は，＋，－より先**に計算します。 ③**かっこの中は，先**に計算します。

ステップ 1

1 次の計算をしなさい。

① $0.5+\frac{1}{3}$

② $\frac{5}{6}-0.75$

③ $0.25\times\frac{4}{5}$

④ $\frac{3}{7}\div0.3$

2 次の計算をしなさい。

① $\frac{3}{4}-0.6\times\frac{1}{6}$

② $1\frac{2}{5}+1.3\times\frac{1}{3}$

③ $2\frac{2}{3}\div2.5\times\frac{5}{6}$ 〔柳学園中〕

④ $\frac{2}{3}-0.2\times(4-1)$ 〔東京学芸大附属小金井中〕

3 次の計算をしなさい。

① $\left(2\frac{1}{5}-1.6\right)\times\frac{5}{6}$ 〔昭和学院中〕

② $3.2\div2-1\frac{3}{5}\div2$ 〔帝塚山学院中〕

③ $3.5\div\left(1\frac{1}{3}-\frac{2}{5}\right)$ 〔広島学院中〕

④ $0.7\times\frac{5}{7}+0.2\div\frac{6}{5}$ 〔香川大附属高松中〕

4 次の計算をしなさい。

① $0.25+\left(\frac{1}{2}-\frac{1}{3}\right)$

② $2.75\div3\frac{2}{3}-0.6$

③ $\frac{1}{2}\div\left(\frac{1}{4}-0.125\right)$ 〔柳学園中〕

④ $1\frac{2}{3}\times0.375+0.625$

重要 **5** 次の計算をしなさい。

$0.25\times37+0.75\times11+0.75\times19+0.25\times13$ 〔桜美林中〕

小数・分数のまじった計算は，小数か分数のどちらかにそろえて計算します。ふつう，小数を分数に直して計算します。

月　日　答え ➡ 別さつ5ページ

ステップ 2

時間 30分
合格 80点
得点　　点

1 次の計算をしなさい。(20点/1つ5点)

① $\left(\frac{5}{6}-\frac{1}{5}\right)\div0.9-\frac{1}{3}$ 〔広島学院中〕

② $1-\left(2.3-\frac{24}{25}\div\frac{8}{5}\right)\times\frac{3}{17}$ 〔大阪女学院中〕

③ $\left(1\frac{1}{9}-0.8\right)\div0.6\times\frac{5}{7}$ 〔大妻多摩中〕

④ $(2.2+1)\div2\frac{2}{3}+1\frac{4}{5}$ 〔横浜富士見丘学園中〕

2 次の計算をしなさい。(30点/1つ6点)

① $\left(1.5-1\frac{1}{8}\right)\div\left(\frac{2}{3}-0.25\right)$ 〔お茶の水女子大附中〕

② $\frac{11}{15}-1\frac{1}{9}\div5\times0.75$ 〔麗澤中〕

③ $8\frac{2}{3}\div(2.7-1.4)-3.75$ 〔神奈川大附中〕

④ $0.25\times\frac{4}{5}-0.125\div\frac{7}{8}$ 〔共立女子中〕

⑤ $3\frac{1}{5}\times(0.125+1.25+2.375)$ 〔関東学院中〕

3 次の□にあてはまる数を求めなさい。(14点/1つ7点)

① $2.5+\left(\square-\frac{3}{5}\right)\div 2=3.7$ 〔西南学院中〕

〔　　　〕

② $(\square+0.625)\times\frac{4}{3}+2=10$ 〔獨協中〕

〔　　　〕

重要 **4** 次の問いに答えなさい。(16点/1つ8点)

(1) Aさんはもらったお年玉の $\frac{1}{4}$ を貯金し，残りのお金から3000円を使いました。このとき，残金ははじめにもらったお年玉の60％になっていました。もらったお年玉の金額はいくらですか。 〔賢明女子学院中〕

〔　　　〕

(2) お年玉の65％を貯金し，残りの $\frac{3}{5}$ を使ったので4900円残りました。もらったお年玉はいくらですか。 〔広島女学院中〕

〔　　　〕

5 右の表の9つの四角の中に数をいれます。縦(たて)にかけても，横にかけても，ななめにかけても，3つの数の積が同じになるようにします。(20点/1つ10点) 〔大阪教育大附属天王寺中-改〕

	$\frac{2}{5}$	
②	$\frac{1}{3}$	
①	ア	0.5

(1) ①にあてはまる数は $\frac{2}{5}\times\frac{1}{3}\div 0.5$ を計算した答えの数になります。なぜ上の式で①の数が求められるのか，その理由を「アの数」と「①の数」ということばを使って説明しなさい。

〔　　　〕

(2) ②にあてはまる数を求めなさい。

〔　　　〕

文字と式

要点のまとめ

❶ x を使った式	x でわかっていない数を表して，わかっている数と同じように考えて式をつくることができます。このようにして **x を使った式**をつくり，x の値(あたい)を求めていく方法があります。
❷ x の値の求め方	x の値は，次のような**線分図**や**面積の図**などで考えます。 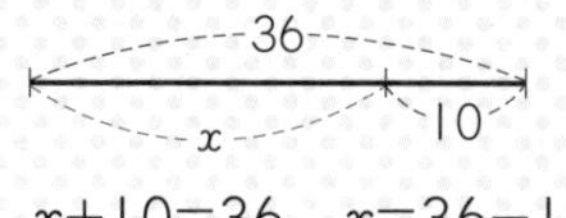 $x+10=36$　$x=36-10$ （面積の図：縦 x，横 12，面積 132） $x \times 12=132$ $x=132 \div 12$
❸ x，y の関係	2つの変わる数量を x，y で表し，その関係を **x，y を使って表す**ことができます。

ステップ1

1 次のことを，x を使った式で表しなさい。

(1) 1本 x 円のえん筆を8本買ったときの代金

〔　　　　〕

(2) x と3との和

〔　　　　〕

(3) x 円のノートと80円のノートを1冊(さつ)ずつ買った代金

〔　　　　〕

(4) おこづかい x 円から本代1300円をひいた残りのお金

〔　　　　〕

2 縦(たて) x cm，横25cmの長方形のまわりの長さは何cmですか。x を使った式で表しなさい。

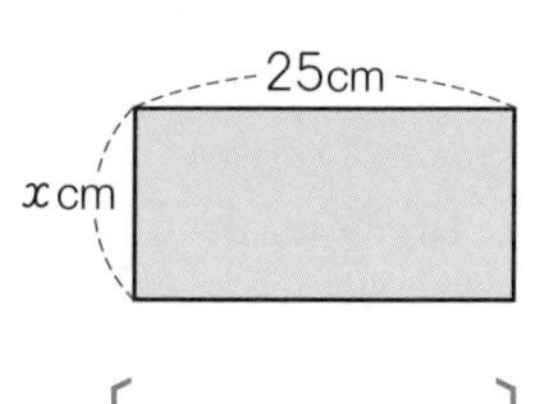

〔　　　　〕

重要 **3** 次のxの値を求めなさい。

① $x+5=13$ ［　　　］

② $7+x=12$ ［　　　］

③ $10-x=6$ ［　　　］

④ $x-8=13$ ［　　　］

⑤ $x\times6=18$ ［　　　］

⑥ $24\div x=4$ ［　　　］

重要 **4** けしゴムの個数と値段(ねだん)を右のような表にまとめました。

けしゴムの個数(個)	0	1	2	3	4	
値段(円)	0	75	150			

(1) けしゴム1個の値段はいくらですか。

［　　　］

(2) けしゴムを4個買うと，いくらですか。また，8個買うと，いくらですか。

4個［　　　］ 8個［　　　］

(3) けしゴムの個数をx個とし，値段をy円として，xとyの関係を式に書きなさい。

［　　　］

(4) (3)でつくった式を使って，けしゴムを12個買ったときの値段を求めなさい。

［　　　］

確認しよう

xとyを使った式では，ふつう，yを求める式を書くようにします。yを求めるのに，xをどのように使うかということです。

月　日　答え ➡ 別さつ6ページ

ステップ 2

時間 30分　合格 80点　得点　点

1 xを使った式に表し，xの値(あたい)を求めなさい。(15点/1つ5点)

(1) 1束がx円の折り紙6束の代金は1440円です。

式〔　　　　　　　　〕

答え〔　　　　〕

(2) えん筆をx本もっています。2ダースもらったので40本になりました。

式〔　　　　　　　　〕

答え〔　　　　〕

(3) x円のおこづかいから650円の雑誌(ざっし)を買いました。残りは1350円です。

式〔　　　　　　　　〕

答え〔　　　　〕

重要 **2** 次のxの値を求めなさい。(40点/1つ5点)

① $x+34=72$

〔　　　　〕

② $x-37=91$

〔　　　　〕

③ $25+x\times3=82$

〔　　　　〕

④ $x\div7+13=35$

〔　　　　〕

⑤ $37-x\times3=25$

〔　　　　〕

⑥ $(84+x)\div12=13$

〔　　　　〕

⑦ $48\div(16-x)=16$

〔　　　　〕

⑧ $6\times(30-x\div4)=102$

〔　　　　〕

重要 **3** 上底が 2 cm，下底が x cm，高さが 5 cm の台形の面積は 15 cm^2 でした。(10点/1つ5点)

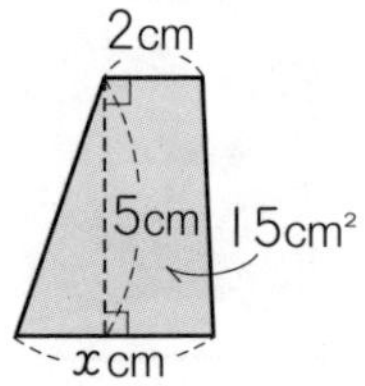

(1) xを使った式を書きなさい。

〔　　　　　　　　　　〕

(2) xの値を求めなさい。

〔　　　　　〕

重要 **4** 底辺が 8 cm，高さが x cm，面積が y cm^2 の三角形があります。(15点/1つ5点)

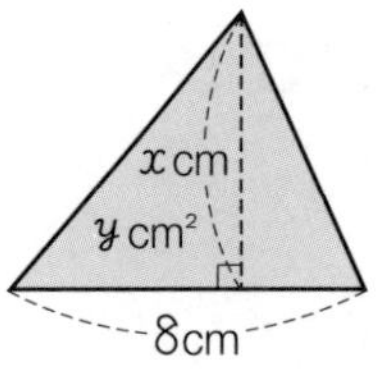

(1) この三角形の面積を求める式を，x，y を使って表しなさい。

〔　　　　　　　　　　〕

(2) 高さが 6 cm のときの面積を求めなさい。

〔　　　　　〕

(3) 面積が 90 cm^2 のときの高さを求めなさい。

〔　　　　　〕

5 右の図の平行四辺形について，次の式はどんなことを表していますか。ことばで書きなさい。(10点/1つ5点)

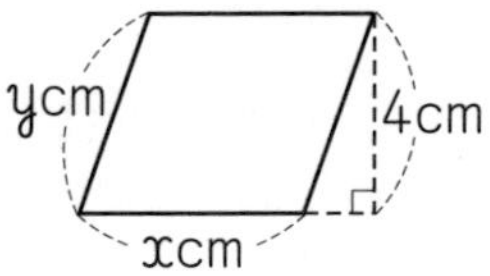

(1) $x \times 4$

〔　　　　　　　　　　〕

(2) $(x+y) \times 2$

〔　　　　　　　　　　〕

6 1辺が 12 cm の立方体があります。縦(たて)を 3 cm のばし，横を 4 cm 縮(ちぢ)めて直方体をつくるとき，もとの立方体の体積と同じにすると，高さは x cm になります。(10点/1つ5点)
〔京都女子中〕

(1) xを使った式を書きなさい。

〔　　　　　　　　　　〕

(2) xの値を求めなさい。

〔　　　　　〕

月　日　答え ➡ 別さつ6ページ

資料の調べ方

要点のまとめ

❶ 資料の平均

- 資料の平均は，**資料の合計÷資料の個数** で求められます。
- 部分の平均から全体の平均を求めるには，平均の平均をするのではなく，**全体の合計÷全体の個数** で求めます。

❷ ヒストグラム

- **柱状グラフ**ともいいます。右の図のように，棒の面積を利用して，ちらばりのようすを表すグラフです。棒グラフの場合は，横軸にそれぞれのこう目を表しますが，ヒストグラムの場合は，はん囲を表します。

(人) 10 8 6 4 2 0 10 15 20 25 30 35 40 45 50 55 (m)

ステップ 1

1 右の表はA, B, C, D, Eの5人が50点満点のゲームをしたときの得点です。平均点に最も近い人はだれか答えなさい。〔香川大附属高松中〕

	A	B	C	D	E
得点	45	18	10	7	5

〔　　　　〕

(重要) **2** 右の表は，ある学級の登校の時間の度数分布表です。たとえば，7：20〜7：30は7時20分を過ぎてから7時30分までに登校した生徒が1人であることを表しています。〔香川大附属坂出中〕

登校の時間	登校の人数(人)
7：20〜7：30	1
7：30〜7：40	2
7：40〜7：50	5
7：50〜8：00	あ
8：00〜8：10	18
8：10〜8：20	5
計	40

(1) 表のあの人数を求めなさい。

〔　　　　〕

(2) 8時を過ぎて登校した生徒は何％か求めなさい。

〔　　　　〕

3 右のヒストグラムは，たろうさんの学級６年１組の50ｍ走の記録を表したものです。

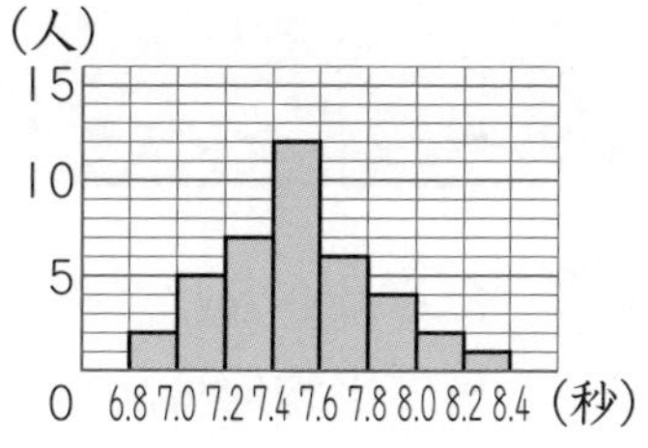

⑴ 50ｍ走の記録をとったのは全部で何人ですか。

〔　　　　　〕

⑵ 記録が8.0秒以上だった人は何人ですか。

〔　　　　　〕

⑶ たろうさんは，６年１組のはやいほうから数えて10番目の記録でした。たろうさんは，何秒以上何秒未満のところにいますか。

〔　　　　　〕

4 西小学校と東小学校の６年生の通学にかかる時間を調べ，それぞれ度数分布表とヒストグラムにまとめました。

時間(分)	西小学校（人）	東小学校（人）
以上　未満 0～10	6	9
10～20	7	10
20～30	8	5
30～40	7	4
40～50	5	4
50～60	4	2
合計	37	34

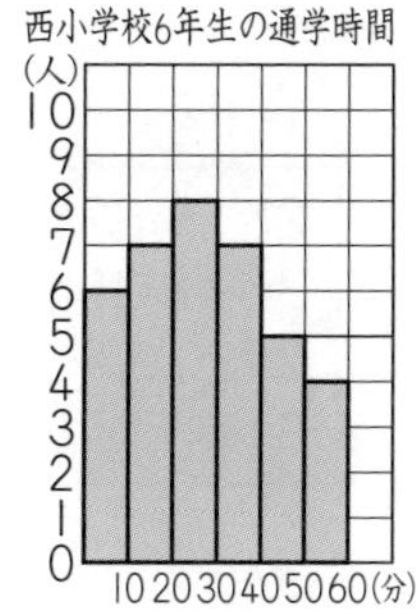

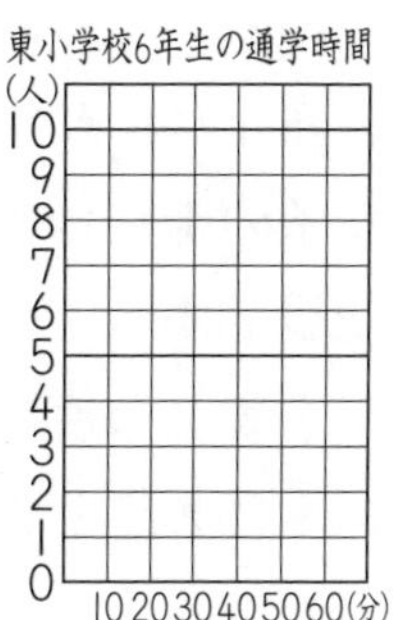

⑴ 東小学校の６年生の通学時間を，ヒストグラムに表しなさい。

⑵ 西小学校と東小学校の６年生の通学にかかる時間の度数分布表やヒストグラムをくらべると，どんなことがいえますか。

〔　　　　　〕

資料の平均＝資料の合計÷資料の個数　で求められます。
このとき，資料の合計＝資料の平均×資料の個数　です。

1 たろうさんは，先週どれだけ読書をしたかを調べ，次の表にまとめました。1日に平均何分読書をしたことになりますか。(10点)　〔滋賀大附中〕

曜日	日	月	火	水	木	金	土
時間	2時間	32分	42分	0分	1時間	25分	57分

〔　　　　〕

2 算数のテストを8回受けました。1回目から7回目までの平均点は72点でした。8回目のテストを受けたあと，1回目から8回目までの平均点が75点になりました。8回目のテストの点数は何点でしたか。(10点)

〔　　　　〕

重要 **3** 右の表1は，6年1組の女子の走りはばとびの記録です。〔松蔭中〕

(表1)　(単位 cm)

281	325	338	312	290
309	334	278	269	327
292	283	339	298	304
318	295	298	306	

(表2)

はん囲(cm)	人数
以上　未満 255～275	1
275～295	ア
295～315	7
315～335	イ
335～355	2
合計	19

(1) 表1を表2の度数分布表にまとめました。ア，イの人数を求めなさい。(14点/1つ7点)

ア〔　　　　〕 イ〔　　　　〕

(2) ちょうど真ん中の児童は何cmとびましたか。(7点)

〔　　　　〕

(3) 315cm以上とんだ児童は，全体の何%にあたりますか。(四捨五入(ししゃごにゅう)して小数第1位まで求めなさい。)(7点)

〔　　　　〕

重要 **4** 右のグラフは，ある組でのテスト(10点満点)の成績を表しています。ただし，1問1点で，合計の点数はすべて整数で表すことにします。(28点/1つ7点)

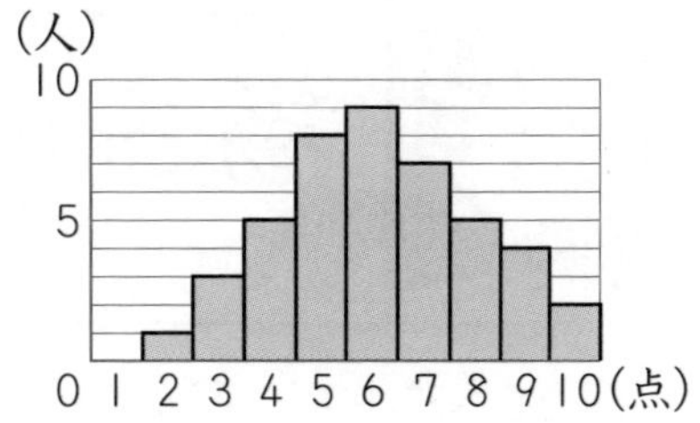

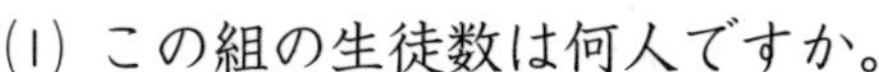

(1) この組の生徒数は何人ですか。

〔　　　　〕

(2) この組の生徒の得点合計は何点ですか。

〔　　　　〕

(3) 5点以上をとった生徒数は全体の何%ですか。(四捨五入をして，小数第1位まで求めなさい。)

〔　　　　〕

(4) この組の平均点は何点ですか。(四捨五入をして，小数第1位まで求めなさい。)

〔　　　　〕

5 あるクラスで国語と算数のそれぞれ5点満点のテストを行いました。右の表は，その得点と人数をまとめたものです。例えば国語が3点で，算数が4点の人は3人います。空欄は0人です。わりきれないときには，小数第2位を四捨五入すること。(24点/1つ8点)　〔跡見学園中〕

国語の得点(点)						
5					2	1
4			3			
3		3		6	3	
2			4	5		
1	1		2			
0						
	0	1	2	3	4	5

算数の得点(点)

(1) 国語の平均点は何点ですか。

〔　　　　〕

(2) 国語の得点の方が算数の得点より高い人は，クラス全体の何%ですか。

〔　　　　〕

(3) 国語と算数の得点がともに2点以上で，国語と算数の得点の差が2点未満の人はクラス全体の何%ですか。

〔　　　　〕

場合の数

要点のまとめ

❶ ならべ方	ならべ方を数えるときは，**ならべる順序**がたいせつです。A，B，C のならび方では，A－B－C と A－C－B では，順序を考えるのでそれぞれ１通りずつとします。ならべ方が多いときは，**樹形図**（じゅけいず）をかいて考えます。
❷ 組み合わせ方	組み合わせ方では，ならべる順序を考えません。A，B，C の組み合わせ方では，A－B－C と A－C－B は**同じ組み合わせ**方だから，**どちらか一方**だけを数えます。表や図を使って，数え落としや重なりに注意します。

ステップ１

1　A，B，C の３人が縦（たて）に１列にならびます。何通りのならび方がありますか。

〔　　　　〕

2　1，2，3 の３枚（まい）のカードから２枚をとり出して，２けたの数をつくります。全部で何通りの整数ができますか。

〔　　　　〕

3　1，2，3，4 の４つの数字でできる３けたの整数は何通りありますか。小さいものから順に書いて答えなさい。ただし，同じ数を２回以上使ってはいけません。

〔　　　　　　　　　　　　　　　　〕

重要 **4**　0，2，4，5 のカードが１枚ずつあります。これで３けたの整数をつくります。何通りの整数ができますか。

〔　　　　〕

5 やすのりさんの家から野球場に行くには，右の図のような方法があります。行き方は，全部で何通りありますか。

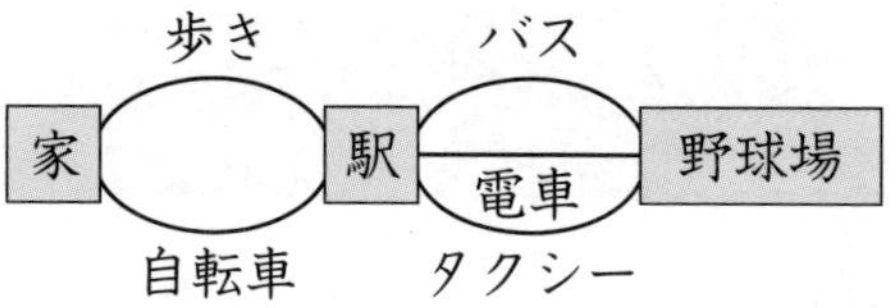

家　歩き／自転車　駅　バス／電車／タクシー　野球場

〔　　　　〕

重要 **6** 次の□にあてはまる数を求めなさい。

(1) A，B，C，Dの４人の中から選手を２人選ぶ方法は全部で□通りです。〔甲南中〕

〔　　　　〕

(2) A，B，C，D，Eの５冊（さつ）の本から２冊を選んで読書するとき，本の選び方は全部で□通りです。〔比治山女子中〕

〔　　　　〕

(3) ６人のグループを４人と２人に分ける方法は□通りあります。〔比治山女子中〕

〔　　　　〕

7 けんじさん，あきらさん，りょうたさん，やすひろさんの４人が，総あたり戦でうでずもう大会をします。引き分けはありません。

(1) けんじさんの試合数はいくつですか。

〔　　　　〕

(2) ４人の試合数は全部でいくつですか。

〔　　　　〕

重要 **8** A，B，C，D，Eの５チームでサッカーの試合をします。引き分けはありません。

(1) 勝ちぬき戦(トーナメント方式)では，何試合になりますか。

〔　　　　〕

(2) 総あたり戦(リーグ戦方式)では，何試合になりますか。

〔　　　　〕

トーナメント方式では，１試合ごとに負けるチームが１チームあります。５チームで試合をすれば，負けるチームは４チームです。

月　日　答え ➡ 別さつ8ページ

ステップ 2

時間 30分　合格 80点　得点　点

重要 1 A, B, C, Dの4人でリレーのチームをつくりました。(16点/1つ8点)

(1) Aが最初に走るとき，残り3人の走る順番は何通りありますか。

〔　　　〕

(2) 4人で走る順番は，全部で何通りありますか。

〔　　　〕

2 次の問いに答えなさい。(16点/1つ8点)

(1) 1, 2, 3, 4, 5の5つの数字を使って3けたの数をつくります。350より小さい数は何個ありますか。ただし，同じ数を2回以上使ってはいけません。

〔広島女学院中一改〕

〔　　　〕

(2) 0, 1, 2, 3の4枚のカードをならべてできる4けたの整数の中で偶数(ぐうすう)は何個ありますか。

〔広島城北中〕

〔　　　〕

重要 3 右の図のようなAからBまで行くルートがあります。

(16点/1つ8点)〔片山学園中〕

(図1)

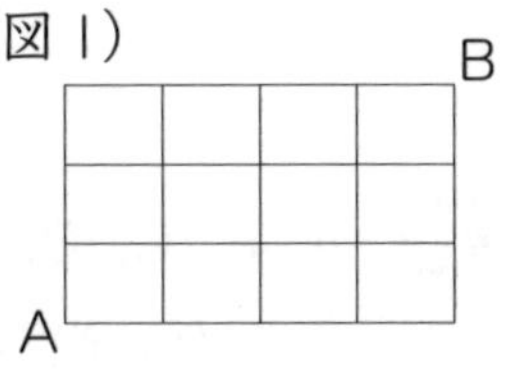

(1) AからBまで遠まわりせずに行くとき，行き方は何通りありますか。(図1)

〔　　　〕

(図2)

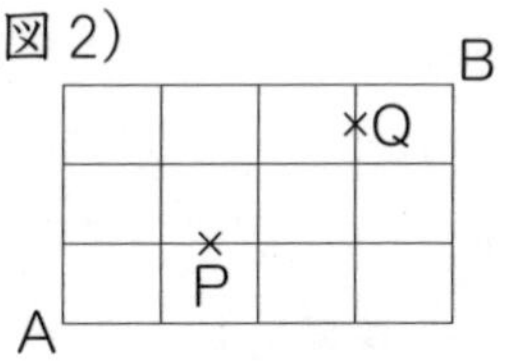

(2) P, Qが工事のため通行できなくなっていました。それ以外の道を使って，AからBまで遠まわりをせずに行くとき，行き方は何通りありますか。(図2)

〔　　　〕

重要 **4** ゆきえさんの所属する係のメンバーは男子３人，女子２人の５人です。この中から毎日２人ずつで係の仕事をすることにしました。(16点/1つ8点)

(1) 男子と女子の１人ずつで組をつくるとしたら，何通りありますか。

〔　　　　〕

(2) 男子と女子を区別しないとしたら，組み合わせは何通りありますか。

〔　　　　〕

5 100円硬貨（こうか），50円硬貨，10円硬貨を使って，160円の品物をおつりのないように買う買い方は，全部で何通りあるか答えなさい。ただし，硬貨はいくつ使ってもよいし，使わない硬貨があってもよいものとします。(10点)〔共立女子第二中〕

〔　　　　〕

重要 **6** 右の図のように円周上に５つの点があります。この５つの点のうち３つの点を直線で結ぶと三角形ができます。このようにしてできる三角形は，全部で何通りありますか。(8点)

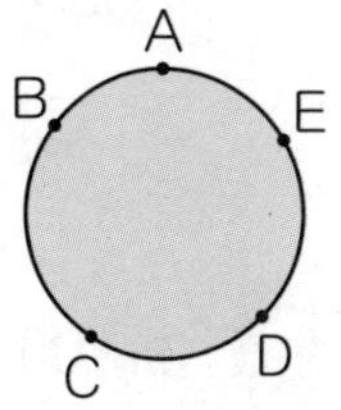

A B C D E

〔　　　　〕

7 ６人の子どもがすもうをします。(18点/1つ6点)

(1) 総あたり戦にすると，１人の子どもは，何回の取組みがありますか。

〔　　　　〕

(2) 総あたり戦にすると，全部で何回の取組みができますか。

〔　　　　〕

(3) 勝ちぬき戦にすると，全部で何回の取組みになりますか。

〔　　　　〕

月　日　答え ➡ 別さつ8ページ

STEP 3 1〜6

ステップ 3

時間 35分　合格 80点　得点　点

1 次の□にあてはまる数を求めなさい。(14点/1つ7点)

① $\left(3\frac{1}{7}-1\frac{5}{14}\right)\times0.3-\left(\frac{1}{3}+\frac{1}{10}+\frac{1}{15}\right)\div1.75=\square$ 〔高田中〕

〔　　　〕

② $\left(\square-\frac{1}{3}\right)\div\frac{5}{6}=1\frac{1}{3}$ 〔大西学園中〕

〔　　　〕

重要 **2** ケーキを1人目は$\frac{1}{3}$を食べ，2人目は残りの$\frac{1}{4}$を食べ，3人目は2人が食べた残りの$\frac{1}{5}$を食べました。はじめにあったケーキを1としたとき，3人が食べた後に，残っているケーキの割合(わりあい)を求めなさい。(7点) 〔大阪女学院中〕

〔　　　〕

3 折り紙を120枚用意しました。x人の子どもに1人7枚ずつ折り紙を配ると，折り紙が8枚あまりました。このことをxを使った式に表し，xの値(あたい)を求めなさい。(14点/1つ7点)

式〔　　　〕

xの値〔　　　〕

4 縦(たて)の長さが9 cmで横の長さがx cmの長方形と，底辺の長さがy cmで高さが6 cmの三角形があります。長方形の面積は三角形の面積より12 cm^2大きくなっています。(14点/1つ7点)

(1) xが4のとき，yの値を求めなさい。

〔　　　〕

(2) 次の□にあてはまる式を書きなさい。

$9\times x=\square$

5 右のグラフは，A組の生徒全員が10点満点のテストを受けた結果を表したものです。ところが，5点と7点のところがよごれていて人数がわかりません。A組の平均点は7点で，8点未満の得点の人数は全体の60％でした。(16点/1つ8点)　〔明治大付属中野中〕

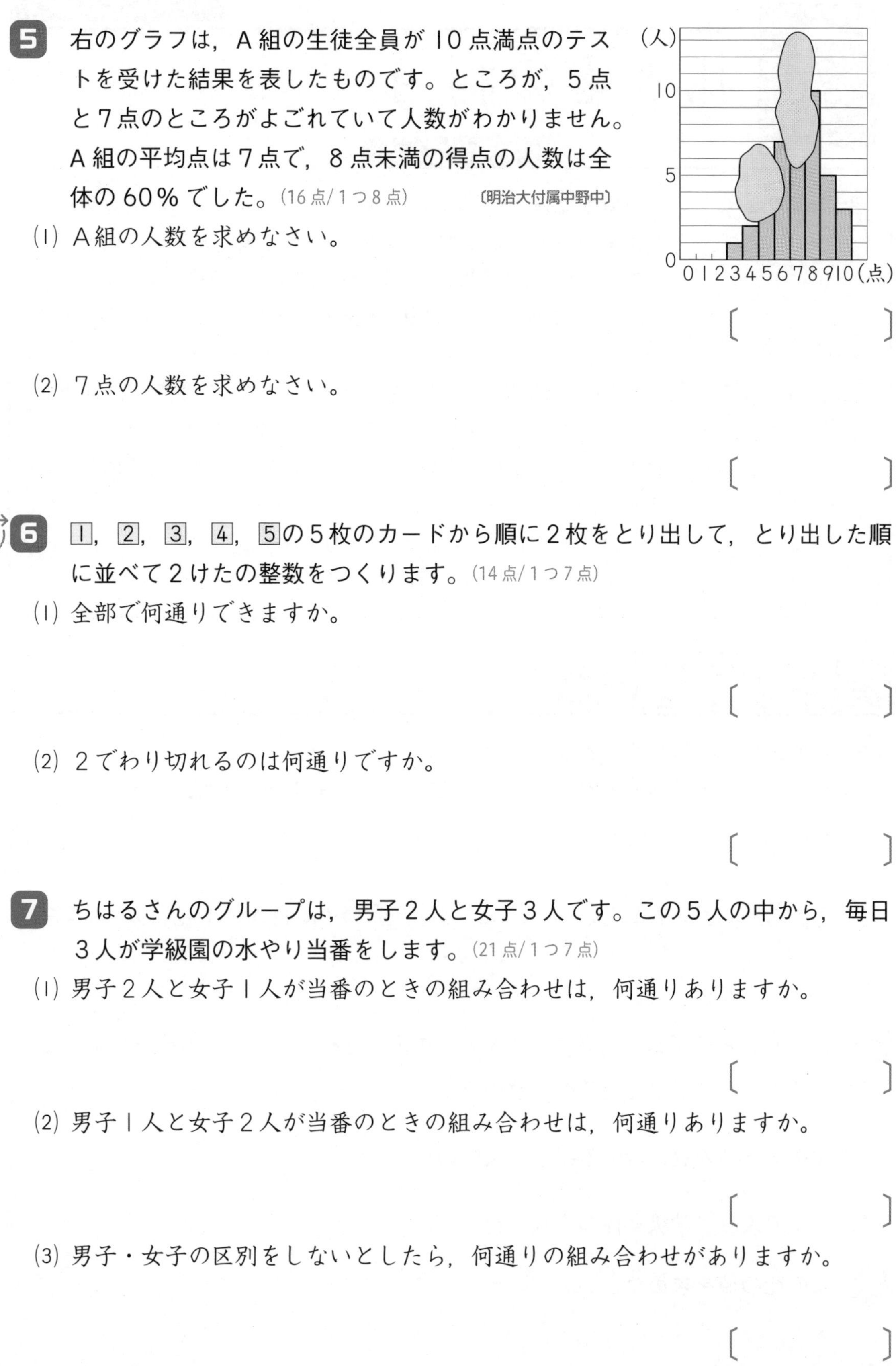

(1) A組の人数を求めなさい。

〔　　　　〕

(2) 7点の人数を求めなさい。

〔　　　　〕

重要 **6** [1]，[2]，[3]，[4]，[5]の5枚のカードから順に2枚をとり出して，とり出した順に並べて2けたの整数をつくります。(14点/1つ7点)

(1) 全部で何通りできますか。

〔　　　　〕

(2) 2でわり切れるのは何通りですか。

〔　　　　〕

7 ちはるさんのグループは，男子2人と女子3人です。この5人の中から，毎日3人が学級園の水やり当番をします。(21点/1つ7点)

(1) 男子2人と女子1人が当番のときの組み合わせは，何通りありますか。

〔　　　　〕

(2) 男子1人と女子2人が当番のときの組み合わせは，何通りありますか。

〔　　　　〕

(3) 男子・女子の区別をしないとしたら，何通りの組み合わせがありますか。

〔　　　　〕

月 日	答え ➡ 別さつ9ページ

比とその利用

要点のまとめ

❶比と比の値	✓2つの数量 A, B があって，B をもとにしたとき，A は B のいくらにあたるかという関係を $A:B$ の形で表したものを**比**といいます。A が，**比べる量**になり，B は，**もとにする量**になります。また，$A \div B$ の値を $A:B$ の**比の値**といいます。
❷比を簡単にする	✓$A:B$ の比を簡単にするとは，できるだけ**小さな整数の比に直す**ことです。比の両方の数に，0でない同じ数をかけてもわっても，比の大きさはかわりません。このことを使って，比を簡単にします。 $a:b=(a\times□):(b\times□)=(a\div○):(b\div○)$ 例 $0.4:2=(0.4\times10):(2\times10)=4:20=(4\div4):(20\div4)=1:5$

ステップ1

1 次の割合を簡単な比で表しなさい。

(1) 水 100 mL とつゆ 40 mL　〔　　　〕

(2) す 20 mL とサラダ油 30 mL　〔　　　〕

(3) 男子 35 人と女子 42 人　〔　　　〕

(4) 75° の中心角Aと 105° の中心角B　〔　　　〕

2 たかやさんの学級の人数は 38 人で，男子は 18 人です。次の比を求めなさい。

(1) 男子の人数に対する女子の人数の比　〔　　　〕

(2) 学級全体の人数に対する男子の人数の比　〔　　　〕

(3) 女子の人数と学級全体の人数の比　〔　　　〕

3 次の比の値を求めなさい。

① $8:5$　② $0.8:0.16$　③ $\frac{2}{5}:\frac{2}{3}$　④ $\frac{2}{9}:1\frac{5}{6}$

4 次の比を簡単にしなさい。

① 20：25　② 1.8：3

③ 4.2：5.6　④ $\frac{1}{3}$：$\frac{1}{4}$

5 次の式で，□にあてはまる数を求めなさい。

① 5：4=40：□　〔京都教育大附属桃山中〕

〔　　　〕

② 0.12：0.2=□：5　〔大阪産業大附中〕

〔　　　〕

③ 2.5：$\frac{5}{4}$=2：□　〔昭和学院中〕

〔　　　〕

④ $\frac{3}{2}$：$\frac{2}{3}$=$\frac{4}{5}$：□　〔甲南中〕

〔　　　〕

6 しょう油とすを 2：5 の比でまぜてたれを作ります。すを 40 dL 使うとすると，しょう油は何 dL 使いますか。

〔　　　〕

7 240 m^2 の花だんにチューリップとダリアを植えます。チューリップとダリアを植える面積の比を 5：3 にします。ダリアを植える面積を何 m^2 にすればよいですか。

〔　　　〕

8 図書室の本のうち，物語，科学，歴史それぞれの本の冊数(さっすう)を調べました。物語と科学と歴史の冊数の比は 8：6：5 で，科学の本は 48 冊ありました。

(1) 歴史の本の冊数は何冊ですか。

〔　　　〕

(2) 物語と科学と歴史の本をあわせると，全部で何冊ありますか。

〔　　　〕

確認しよう　$a:b=c:d$ は，$a \times d = b \times c$ という関係にもなっています。

月　日　答え ➡ 別さつ10ページ

ステップ 2

時間 40分　合格 80点　得点　点

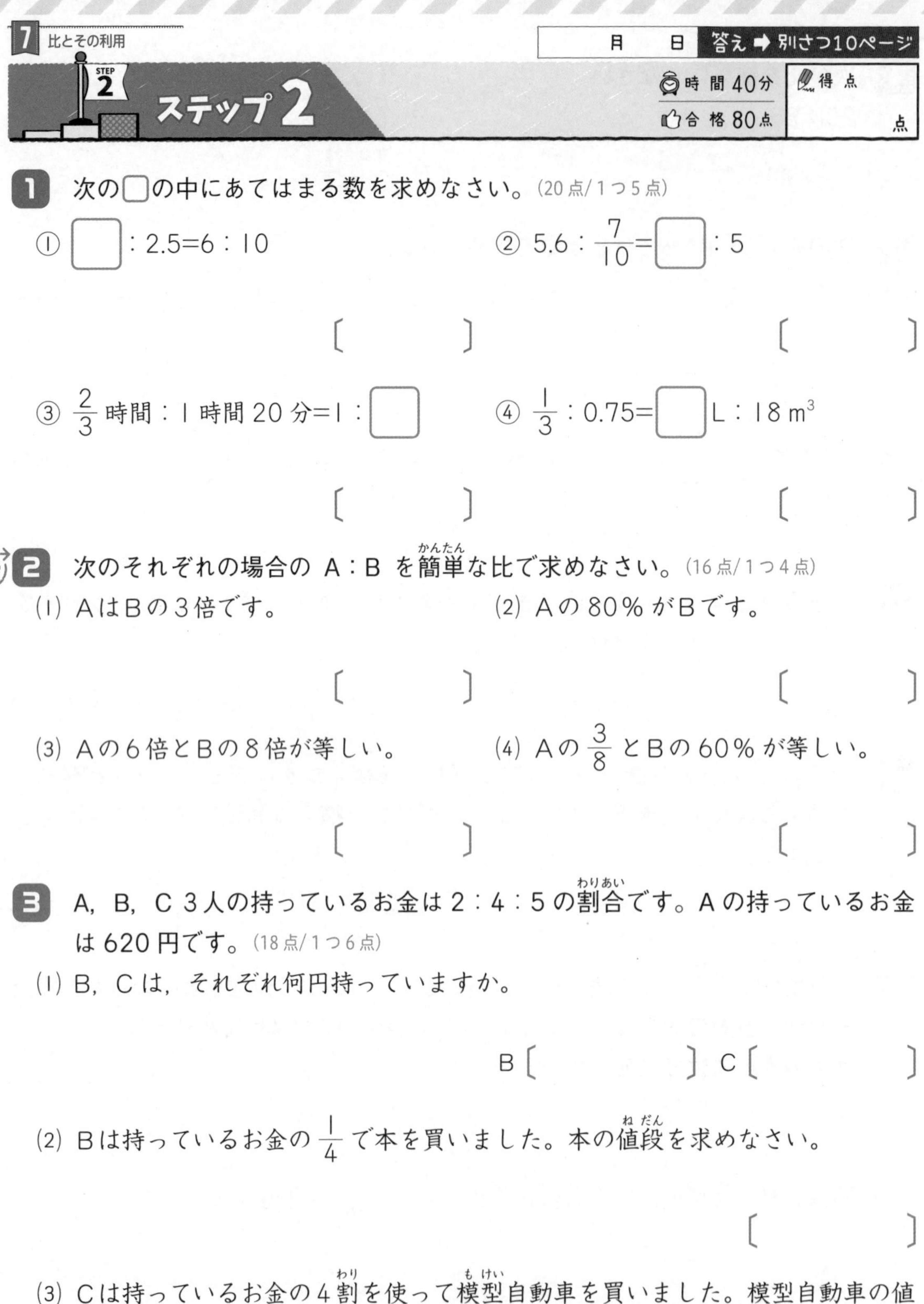

1 次の□の中にあてはまる数を求めなさい。(20点/1つ5点)

① □ : 2.5=6 : 10　〔　　〕

② $5.6 : \frac{7}{10}$= □ : 5　〔　　〕

③ $\frac{2}{3}$時間 : 1時間20分=1 : □　〔　　〕

④ $\frac{1}{3}$: 0.75= □ L : 18 m^3　〔　　〕

重要 **2** 次のそれぞれの場合の A : B を簡単(かんたん)な比で求めなさい。(16点/1つ4点)

(1) AはBの3倍です。　〔　　〕

(2) Aの80%がBです。　〔　　〕

(3) Aの6倍とBの8倍が等しい。　〔　　〕

(4) Aの$\frac{3}{8}$とBの60%が等しい。　〔　　〕

3 A，B，C 3人の持っているお金は2 : 4 : 5の割合(わりあい)です。Aの持っているお金は620円です。(18点/1つ6点)

(1) B，Cは，それぞれ何円持っていますか。

B〔　　〕 C〔　　〕

(2) Bは持っているお金の$\frac{1}{4}$で本を買いました。本の値段(ねだん)を求めなさい。

〔　　〕

(3) Cは持っているお金の4割(わり)を使って模型(もけい)自動車を買いました。模型自動車の値段を求めなさい。

〔　　〕

重要 **4** 次の問いに答えなさい。(10点/1つ5点)

(1) BはAの60%，AはCの$\frac{3}{4}$であるとき，A：B：Cを簡単な整数の比で表しなさい。

〔　　　　　〕

(2) Aの2倍とBの8割とCの$\frac{1}{3}$が等しいとき，A：B：C を求めなさい。

〔　　　　　〕

重要 **5** AさんとBさんとCさんの3人の所持金の合計は1万円です。AさんとBさんの所持金の比は2：3，BさんとCさんの所持金の比は9：5です。Aさんの所持金はいくらですか。(12点)

〔　　　　　〕

6 さとしさんが$\frac{3}{5}$km歩く間に，けんじさんは$\frac{2}{3}$km歩きます。さとしさんとけんじさんの歩く速さの比を求めなさい。(8点)

〔　　　　　〕

7 駅から学校までの道のりを，ゆみさんは8分，ようこさんは12分で歩きます。(16点/1つ8点)

(1) 歩く速さが速いのはどちらですか。考え方を書いて答えなさい。

考え方〔　　　　　　　　　　　　〕

〔　　　　　〕

(2) ゆみさんとようこさんの歩く速さの比を求めなさい。

〔　　　　　〕

8 比　例

要点のまとめ

❶ 比例と比例の式

✓2つの数量 x, y があって，**xの値**（あたい）**が2倍，3倍，4倍**，……になると，それに対応する**yの値も2倍，3倍，4倍**，……になり，また，**xの値が $\frac{1}{2}$, $\frac{1}{3}$, $\frac{1}{4}$**, ……になると，対応する**yの値も $\frac{1}{2}$, $\frac{1}{3}$, $\frac{1}{4}$**, ……になるとき，y は x に**比例する**といいます。

✓比例する2つの数量 x, y の間には，a をきまった数とすると，**$y=a\times x$** の関係があります。

❷ 比例のグラフ

✓比例する2つの数量 x, y の関係をグラフに表すと，縦（たて）の軸（じく）と横の軸が交わる**点(原点0)を通る直線**になります。a はきまった数です。

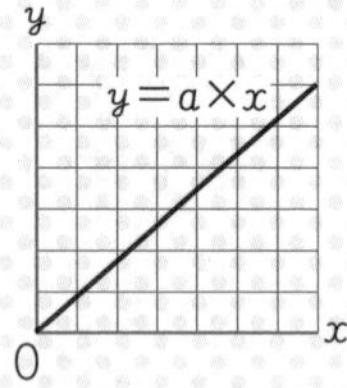

ステップ1

1 右の表は，紙の枚数（まいすう）と重さの関係を調べたものです。

枚数(枚)	10	20	30	40	50
重さ(g)	70	140	210	280	350

(1) 紙の枚数が2倍，3倍，……になるとき，紙の重さはどのように変わっていますか。

〔　　　　　　　　〕

(2) 枚数と重さの関係をことばの式に表しましょう。

枚数×㋐＝㋑

㋐〔　　　　〕 ㋑〔　　　　〕

(3) この紙が90枚のときの重さは何gですか。

〔　　　　〕

重要 **2** 次の２つの量が比例しているものは，どれですか。

① ある道のりを走るときの速さと時間
② 正三角形の１辺の長さとまわりの長さ
③ １日の昼の長さと夜の長さ
④ １m が 100 円のテープの長さと代金
⑤ 底辺が 10 cm の三角形の高さと面積
⑥ 一定の金額で買える品物の１個の値段(ねだん)と個数 〔　　　　〕

3 次の２つの量の関係を，ことばの式に表しなさい。

① 時速５km で歩いたときの時間と道のり

時間(時間)	1	2	3	4
道のり(km)	5	10	15	20

〔　　　　〕

② 紙の枚数と重さ

枚数(枚)	1	2	3	4
重さ(g)	8	16	24	32

〔　　　　〕

重要 **4** 右のグラフは，針金(はりがね)の長さと，重さの関係を表したものです。

針金の長さと重さの関係

(g)
200
160
120
80
40
0　2　4　6　8　10 (m)

(1) 針金の重さは，針金の長さに比例しますか。

〔　　　　〕

(2) □の中にあてはまることばや数を入れなさい。

重さ＝□×□

(3) 針金５m の重さは何 g ですか。

〔　　　　〕

(4) 針金が 360 g のとき，針金の長さは何 m になりますか。

〔　　　　〕

確認しよう　比例する２つの量の関係をグラフに表すと，グラフは０の点を通る直線になります。

月　日　答え ➡ 別さつ11ページ

ステップ2

時間30分　合格80点　得点　点

1 次のことがらのうち，ともなって変わる２つの量が比例しているものには○，そうでないものには×をつけなさい。(24点/1つ6点)　〔親和中〕

(1) 円の面積とその半径　〔　　〕

(2) 面積が同じ三角形の，底辺の長さと高さ　〔　　〕

(3) 縦(たて)と横の長さの比が同じ長方形の，まわりの長さと横の長さ　〔　　〕

(4) 立方体の表面積とその体積　〔　　〕

重要 **2** 次の表は，リボンの長さと代金の関係を表したものです。その関係を右のグラフに表しなさい。(10点)

長さ(m)	1	2	3	4	5
代金(円)	50	100	150	200	250

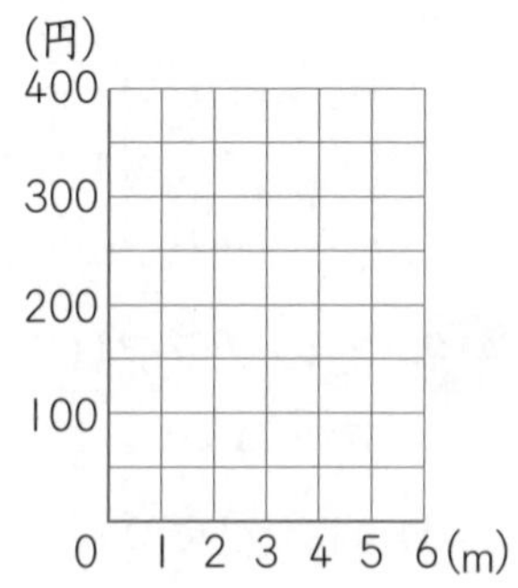

3 右のグラフは，鉄の棒(ぼう)の長さと，その重さの関係を表したものです。(18点/1つ6点)　〔京都教育大附属桃山中－改〕

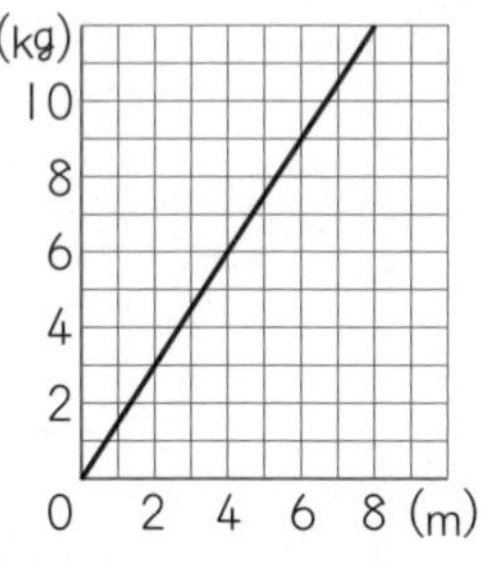

(1) 2mの鉄の棒の重さは，何kgですか。

〔　　　　〕

(2) 9kgの鉄の棒の長さは，何mですか。

〔　　　　〕

(3) □にあてはまる式を，ことばや数を使って書きなさい。

重さ＝□

4 水道のじゃ口から水を入れて(ア)の容器をいっぱいにするのに2分かかるとき，(イ)の容器をいっぱいにするには，何分何秒かかりますか。(8点)

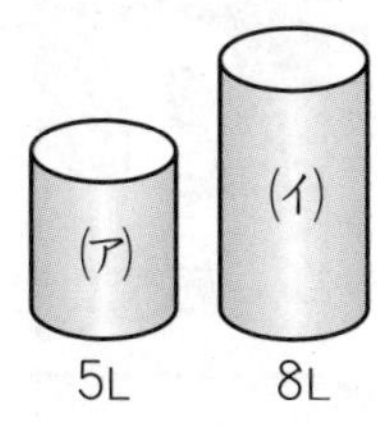

〔　　　　　〕

5 同じ針金(はりがね)でできた2つの束(たば)A，Bがあります。それぞれの重さを測ると，Aの束の重さは630gで，Bの束はAの束より210g重いことがわかりました。そのあと，Bの束から針金を6m切り取り，切り取った針金の重さを測ると90gでした。(16点/1つ8点)

(1) はじめ，Aの束の針金の長さは何mでしたか。

〔　　　　　〕

(2) いま，Aの束とBの束の針金の長さのちがいは何mですか。

〔　　　　　〕

重要 **6** 右のグラフは12Lはいる2つのバケツにじゃ口(ア)とじゃ口(イ)から水を入れたときの入れ始めてからの時間と，はいった水の量の変化のようすを表したものです。

(24点/1つ8点)〔香川大附属高松中〕

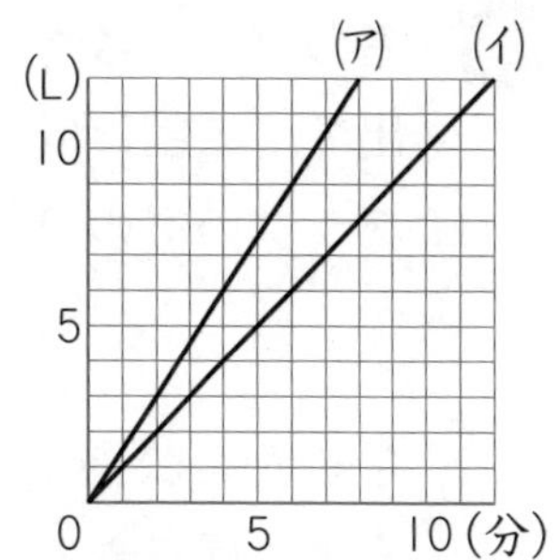

(1) じゃ口(ア)は1分間あたり何Lの水が出るか求めなさい。

〔　　　　　〕

(2) じゃ口(イ)でバケツをいっぱいにするには何分かかるか求めなさい。

〔　　　　　〕

(3) 2つのじゃ口から同時に水を入れ始めたとき，2つのバケツの水の量の差が3Lになるのは，水を入れ始めてから何分後か求めなさい。

〔　　　　　〕

9 速さのグラフ

要点のまとめ

❶ 速さの公式	✔速さ＝道のり÷時間　道のり＝速さ×時間　時間＝道のり÷速さ
❷ 速さのグラフ	✔たての目もりを出発してからの道のり，横の目もりを出発してからの時間にすると，一定の速さで進むときのグラフは直線になります。

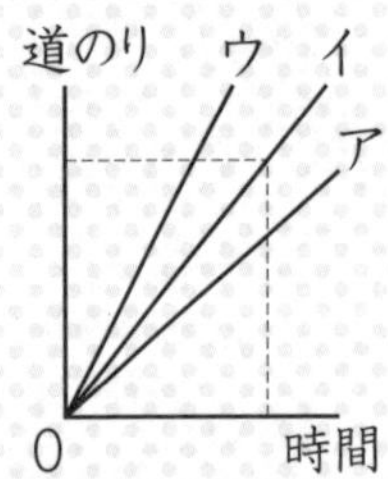

アとイ…同じ時間に進む道のりはイのほうが長いので，イがアより速い。

イとウ…同じ道のりを進むときの時間はウのほうが短いので，ウがイより速い。

ステップ1

1 右のグラフはたけるさんとそうたさんが同時に学校を出て，公園に向かうようすを表しています。

道のり（m）　たける　そうた
480
320
0　8　ア　時間（分）

(1) グラフのアの目もりの数を書きなさい。

〔　　　　〕

(2) 学校から公園までの道のりは 1.2 km です。そうたさんが公園に着くのは，たけるさんが公園に着いてから何分後ですか。

〔　　　　〕

2 ゆうさんは家から店へ買い物に行きました。家から店まで分速 50 m で歩き，店で 4 分間買い物をしたあと，家まで走って帰りました。右のグラフはゆうさんが家を出てからの時間と家からの道のりを表しています。

家からの道のり（m）
ア
0　12　イ　21　時間（分）

(1) グラフのア，イにあてはまる数を書きなさい。

ア〔　　　　〕イ〔　　　　〕

(2) 帰りに走ったときの速さは分速何 m ですか。

〔　　　　〕

3 家と公園が 3600 m はなれています。弟は歩いて８時に家を出発し，９時に公園に着きました。兄は自転車で８時 10 分に家を出発し，８時 30 分に公園に着き，10 分間休けいし，９時に家にもどりました。右のグラフは，弟が家を出発し，公園に着くまでのようすを表しています。弟の歩く速さと兄の自転車の速さは一定であるとします。〔女子美術大付中〕

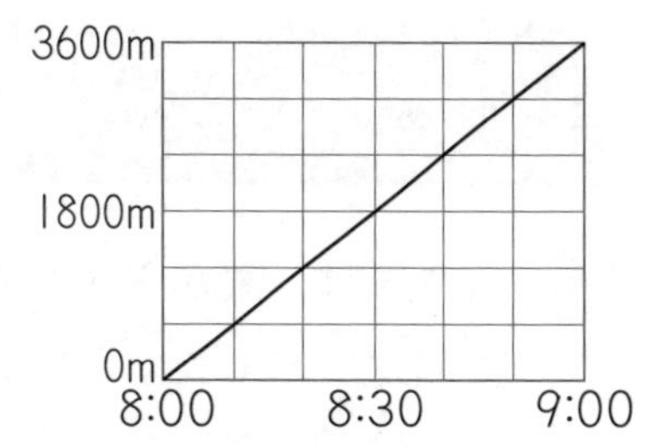

(1) 兄が家を出発し，公園まで行き，家にもどるまでのようすを表すグラフを上にかきなさい。

(2) 弟の歩く速さは分速何 m ですか。 〔　　　　〕

(3) 兄の自転車の速さは分速何 m ですか。 〔　　　　〕

(4) 兄が弟を追い越した時刻を求めなさい。 〔　　　　〕

(5) ８時 55 分のとき，兄と弟の距離は何 m ですか。 〔　　　　〕

4 園子さんは８時に家を出て，図書館に向かいました。その途中で８時 15 分に友人に出会い，相談したところ２人で図書館に行くことになりました。園子さんは友人に出会うまでは分速 80 m で歩き，友人と出会ってからは分速 100 m で歩きました。右のグラフは，園子さんが家を出てから図書館に到着するまでの時間と園子さんが歩いた道のりの関係を表したものです。〔聖園女学院中〕

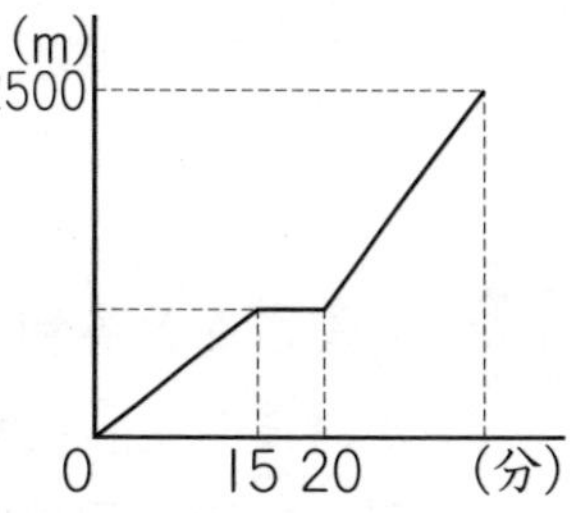

(1) 園子さんは家を出てから友人と出会うまでに何 m 歩きましたか。

〔　　　　〕

(2) 園子さんと友人が図書館に到着した時刻を求めなさい。

〔　　　　〕

(3) 園子さんのお母さんが園子さんの忘れ物に気づきました。お母さんは園子さんの家を自転車で出発し，分速 200 m で追いかけたところ，８時 30 分に２人に追いつきました。園子さんのお母さんが家を出発した時刻を求めなさい。

〔　　　　〕

確認しよう 速さを求めるときは「道のりと時間」，時間を求めるときは「道のりと速さ」のように，２つの手がかりをみつけるようにします。

1 Aさんは，家から1200 mの距離(きょり)にある駅まで歩いて向かいました。9時に家を出発して，途中で何分間か休憩(きゅうけい)して，9時30分に駅に着きました。休憩を終えてから駅に着くまでの歩く速さは分速50 mでした。右のグラフは，そのときのようすを表したものです。(24点/1つ8点)

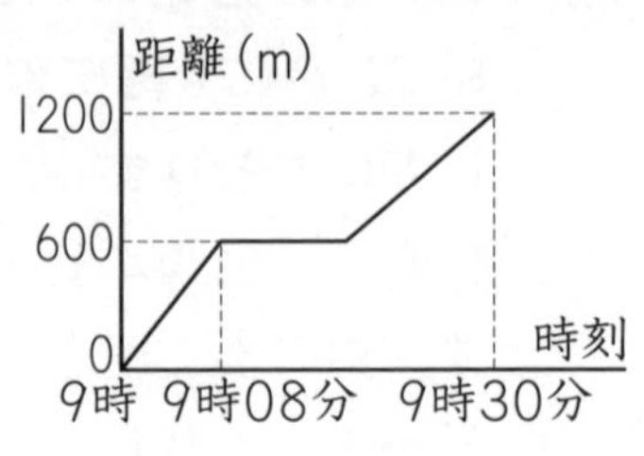

〔山手学院中〕

(1) 家を出発してから休憩するまでの歩く速さは分速何mですか。

〔　　　　〕

(2) 休憩した時間は何分間ですか。

〔　　　　〕

(3) 9時21分に兄が自転車に乗り，時速12 kmの速さで追いかけました。兄がAさんい追いつくのは9時何分ですか。

〔　　　　〕

重要 **2** 成美さんと英和さんは同時に学校から図書館へ歩いて向かいました。英和さんは途(と)中で忘れ物に気づき，学校へ戻って再び図書館へ向かいました。成美さんの速さは英和さんの速さの $\frac{3}{4}$ 倍です。また，成美さんが学校から図書館まで歩くと30分かかります。右のグラフは成美さんと英和さんが学校を出発してからの時間(分)と学校から図書館までの距離(きょり)(m)との関係を表したものです。(24点/1つ8点)

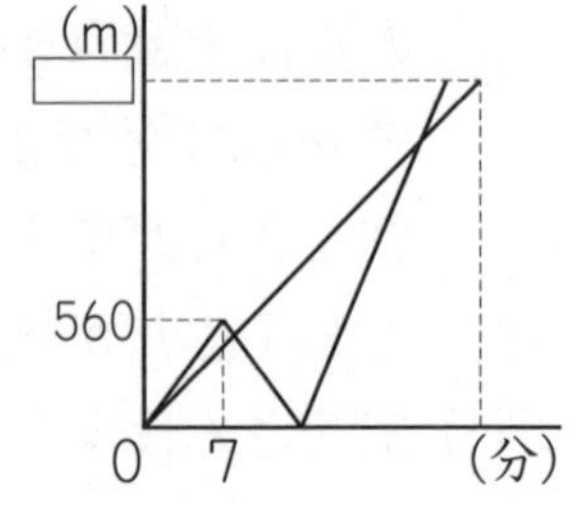

〔青山学院横浜英和中ー改〕

(1) グラフの□にあてはまる数を求めなさい。

〔　　　　〕

(2) 学校に向かって戻っている英和さんと図書館へ向かっている成美さんがすれちがったのは，英和さんが忘れ物に気づいてから何分後ですか。

〔　　　　〕

(3) 学校に戻ったあと，英和さんは最初の1.5倍の速さで図書館に向かいました。英和さんが成美さんに追いつくのは，はじめに学校を出たときから何分後ですか。

〔　　　　〕

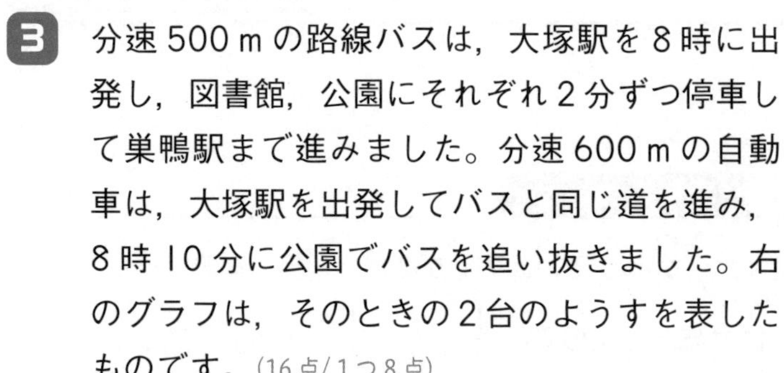

3 分速 500 m の路線バスは，大塚駅を 8 時に出発し，図書館，公園にそれぞれ 2 分ずつ停車して巣鴨駅まで進みました。分速 600 m の自動車は，大塚駅を出発してバスと同じ道を進み，8 時 10 分に公園でバスを追い抜きました。右のグラフは，そのときの 2 台のようすを表したものです。（16 点/1 つ 8 点）

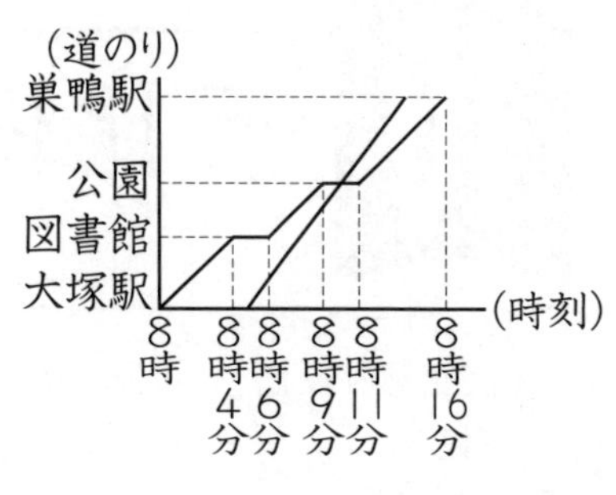

〔十文字中〕

(1) 大塚駅から巣鴨駅までの道のりは何 km ですか。

〔　　　　〕

(2) 自動車は大塚駅を 8 時何分何秒に出発しましたか。

〔　　　　〕

4 80 cm 離（はな）れた 2 点 A と B を結ぶ直線上を，点 P，Q が往復します。

P→　←Q
A　　　B

点 P は A を，点 Q は B を同時に出発します。上の図は点 P，Q が出発した直後のようすを表しており，右のグラフは点 P と点 Q が出発してからの時間と 2 点 P，Q の間の距離の関係を表したものです。ただし，点 Q より点 P の方が速いものとします。（36 点/1 つ 9 点）

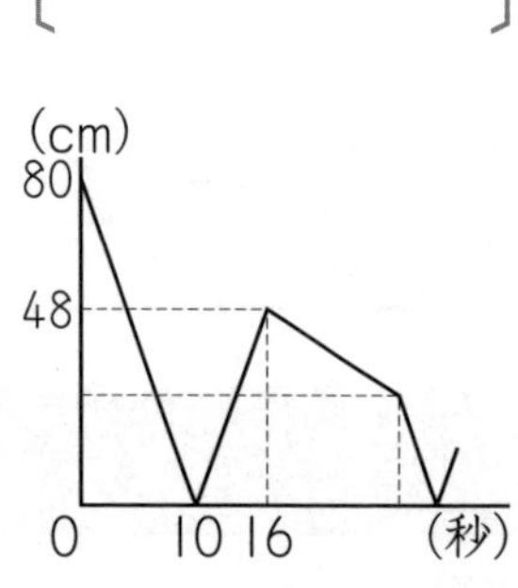

〔和洋九段女子中一改〕

(1) 点 P と点 Q がはじめて出会うのは，点 P が A を出発してから何秒後ですか。

〔　　　　〕

(2) 点 P の速さは毎秒何 cm ですか。

〔　　　　〕

(3) 点 Q の速さは毎秒何 cm ですか。

〔　　　　〕

(4) 点 P と点 Q が 2 回目に出会うのは，点 P が A を出発してから何秒後ですか。

〔　　　　〕

反比例

要点のまとめ

❶ 反比例と反比例の式

✓ 2つの数量 x，y があって，**x の値が 2倍，3倍，4倍，**……にな ると，それに対応する **y の値が $\frac{1}{2}$，$\frac{1}{3}$，$\frac{1}{4}$，**……となり，**x の値が $\frac{1}{2}$，$\frac{1}{3}$，$\frac{1}{4}$，**……になると，それに対応する **y の値が 2倍，3倍，4倍，**……になるとき，**y は x に反比例する**といいます。

✓ 反比例する2つの数量 x，y の間には，a をきまった数とすると，**$y=a\div x$** の関係があります。

❷ 反比例のグラフ

✓ 反比例する2つの数量の関係をグラフに表すと，右のような**原点を通らない曲線**になります。右は，$y=24\div x$ のグラフです。

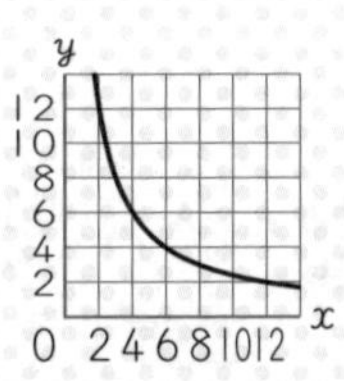

ステップ1

重要 1 下の表で，x と y は反比例の関係にあります。

(ア)

x	2	3		5	6
y		10	7.5		5

(イ)

x	3	5	6	
y	4		2	$1\frac{1}{2}$

(1) 表のあいているところに，あてはまる数を書きなさい。

(2) 表を見て，x と y の関係を式で表しなさい。

(ア)［　　　　　　］　(イ)［　　　　　　］

2 2つの数量 x と y が反比例の関係にあり，x の値が3のとき，y の値は6です。x の値が12のときの y の値はいくらですか。

［　　　　　　］

3 2つの数量xとyの間に，次の式で示される関係があります。このうちで，yがxに比例するものには○，反比例するものには△，比例も反比例もしないものには×を，〔　〕の中に書きなさい。

① $x+y=5$ 〔　　〕　② $x-y=2$ 〔　　〕

③ $y=x\times3.14$ 〔　　〕　④ $x\times y=30$ 〔　　〕

⑤ $y=x\times3+2$ 〔　　〕

4 次の2つの量が反比例しているものはどれですか。

① 長さ 60 cm のひもで，長方形をつくるときの縦(たて)と横の長さ
② 面積が 30 cm^2 の三角形の底辺と高さ
③ 20 枚(まい)のせんべいの食べた数と残っている数
④ きまった道のりを行くときの速さと時間
⑤ のべ 40 日の仕事をするときの，働く人数と仕上がるまでの日数

〔　　〕

重要 **5** 歯車AとBがあって，たがいにかみあって回転しています。Aの歯数は 36，Bの歯数は 18 です。

(1) Aの歯車が 1 回転するとき，B の歯車は何回転しますか。

〔　　〕

(2) Aの歯車が 1 分間に 10 回転するとき，B の歯車は，3 分間で何回転しますか。

〔　　〕

確認しよう　yがxに反比例するときの関係は，y=きまった数÷x で表されます。この式は，$y=\dfrac{\text{きまった数}}{x}$ や $x\times y$=きまった数 と表すこともできます。

月　日 答え ➡ 別さつ13ページ

1 次の表の中で，BがAに比例するものに比，反比例するものに反，どちらでもないものに×をつけなさい。(20点/1つ4点)

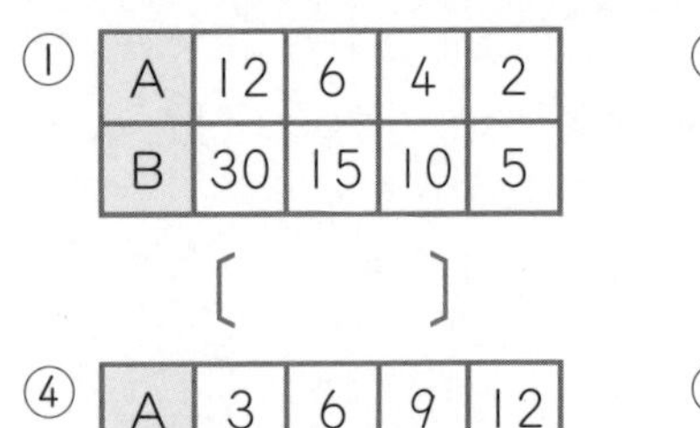

①

A	12	6	4	2
B	30	15	10	5

〔　　　〕

②

A	1	2	3	4
B	5	7	9	11

〔　　　〕

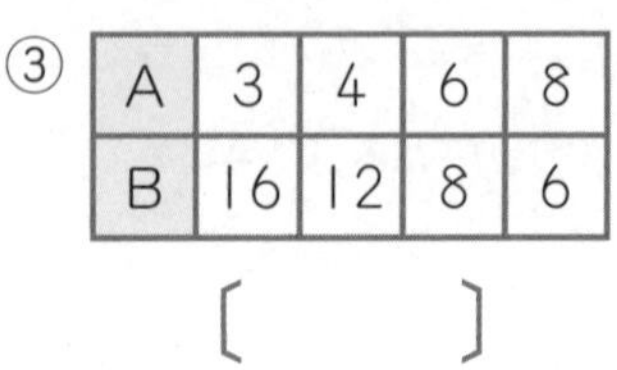

③

A	3	4	6	8
B	16	12	8	6

〔　　　〕

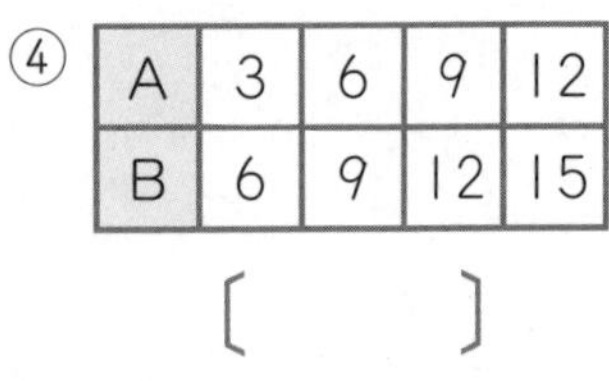

④

A	3	6	9	12
B	6	9	12	15

〔　　　〕

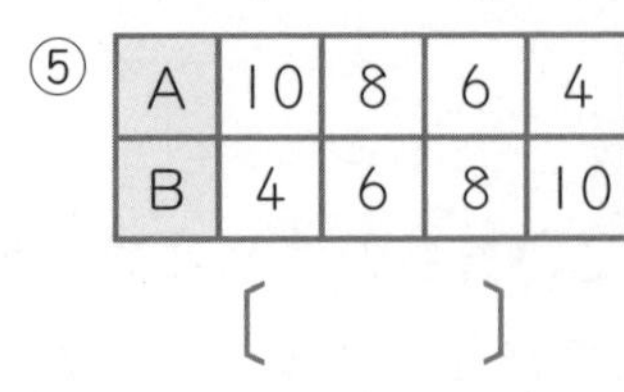

⑤

A	10	8	6	4
B	4	6	8	10

〔　　　〕

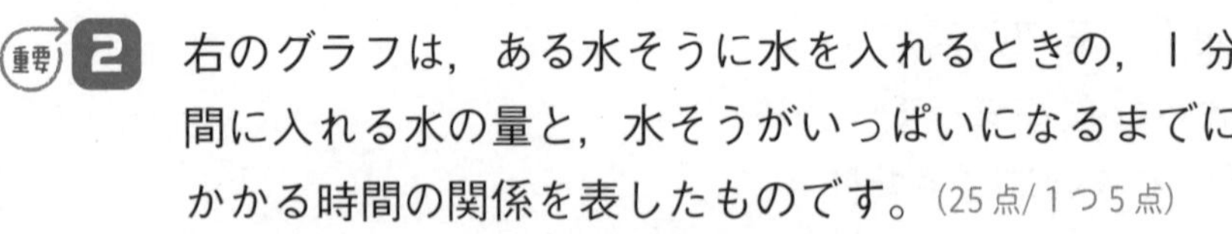

重要 **2** 右のグラフは，ある水そうに水を入れるときの，1分間に入れる水の量と，水そうがいっぱいになるまでにかかる時間の関係を表したものです。(25点/1つ5点)

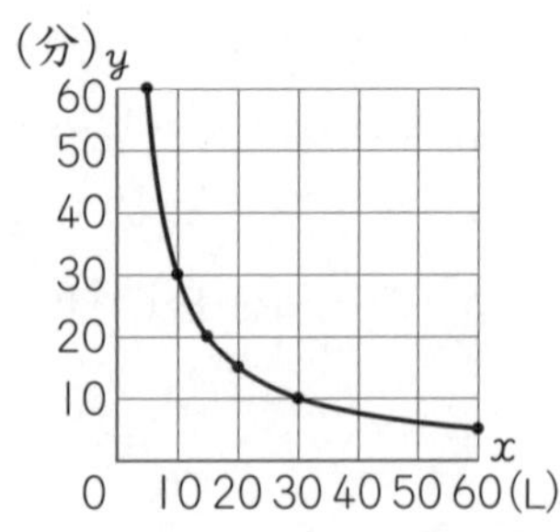

(1) 1分間に30Lずつ入れると，水そうがいっぱいになるまでに何分かかりますか。

〔　　　〕

(2) この水そうには，何Lの水がはいりますか。

〔　　　〕

(3) この水そうに20分間水を入れていっぱいにするには，1分間に何Lずつ水を入れるとよいですか。

〔　　　〕

(4) 1分間に入れる水の量と，かかる時間はどのような関係になっていますか。

〔　　　〕

(5) 1分間に入れる水の量を x L，かかる時間を y 分として，x と y の関係を式に表しなさい。

〔　　　〕

3 次のxとyの関係を式に表しなさい。（15点/1つ5点）

(1) 面積が 60 cm^2 の長方形の，縦（たて）の長さx cm と横の長さ y cm

〔　　　　　　　　〕

(2) 12 km の道のりを歩くときの，時速 x km とかかる時間y時間

〔　　　　　　　　〕

(3) 4人で1週間かかる仕事をするときの，働く人数x人と仕上げるまでにかかる日数y日

〔　　　　　　　　〕

4 のぶこさんは，A町からB町まで行くのに，いつもは時速 15 km の速さの自転車で行きます。今日はいつもより急いだので，いつもの $\frac{3}{4}$ の時間で着きました。このときの自転車の時速を求めなさい。（10点）

〔　　　　　〕

5 ある水そうに一定の割合（わりあい）で水を入れると，1時間でいっぱいになります。入れる水の割合を 20％ 少なくすると，何時間何分でいっぱいになりますか。

（10点）〔青山学院中〕

〔　　　　　〕

6 図のように，3つの歯車A，B，Cがかみ合っています。Aの歯の数は48で，Cの歯の数は36です。また，歯車Aが1回転すると，歯車Bは3回転します。

（20点/1つ10点）〔関西大第一中〕

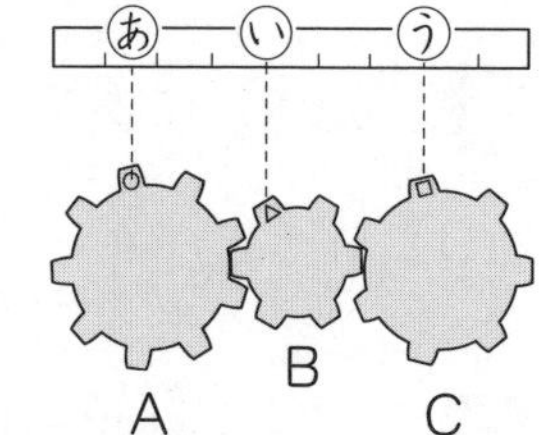

(1) 歯車Bの歯の数はいくつですか。

〔　　　　　〕

(2) あ，い，うの位置で，上の図のように歯車に印をつけます。歯車Aを時計まわりに回転させると，再びあ，い，うの位置にそれぞれの歯車の印がきました。歯車Aは時計まわりに何回転しましたか。

〔　　　　　〕

ステップ 3

月　日　答え ➡ 別さつ14ページ

時間 35分　合格 80点　得点　点

重要 1 長さの異(こと)なる2つのばねA，Bがあります。Aのばねにおもりを下げたときの，おもりの重さとばねののびの関係をグラフに表したのが右の図です。〔福山暁の星女子中ー改〕

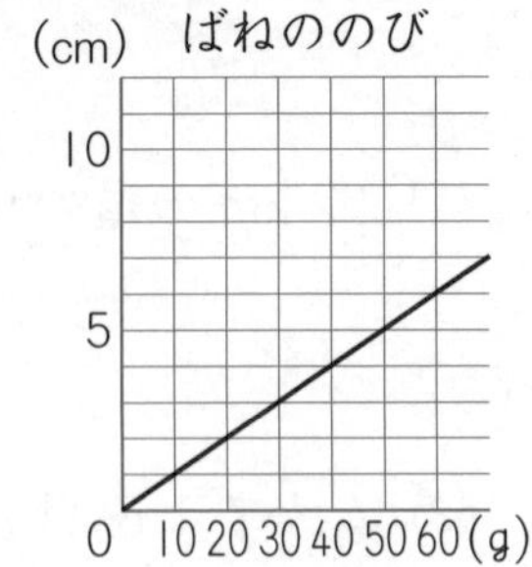

(1) Aのばねについて答えなさい。(14点/1つ7点)

① おもりの重さが1g増えると，ばねは何cmのびますか。

〔　　　　〕

② 60gのおもりを下げたときのばねの長さは16cmでした。おもりを下げないときのばねの長さは何cmですか。

〔　　　　〕

(2) Bのばねののびは，おもりの重さに比例します。20gのおもりを下げたときのばねの長さは11cm，60gのおもりを下げたときのばねの長さは17cmでした。Bのばねについて答えなさい。(14点/1つ7点)

① おもりの重さが1g増えると，ばねは何cmのびますか。

〔　　　　〕

② おもりの重さと，ばねののびの関係を表すグラフを上の図にかきなさい。

2 次の□にあてはまる数を答えなさい。(10点/1つ5点)

(1) $\frac{5}{6}:1\frac{1}{4}=\square:24$　　(2) 36 dL：9 L＝□：25

3 $a:b$ を簡単(かんたん)な比で表しなさい。(12点/1つ6点)

(1) a は b の7割です。

〔　　　　〕

(2) a の3倍と，b の45％が等しくなります。

〔　　　　〕

4 50円玉と100円玉があります。枚数（まいすう）の比は3：2で，合計金額は2100円です。50円玉は何枚ありますか。(7点)

〔　　　　〕

重要 **5** 歯数が80の歯車Aと歯数が144の歯車Bがかみ合っています。歯車Aは40秒間に270回転します。歯車Bは1分間に何回転しますか。(7点)

〔　　　　〕

6 1日に正しい時間より50秒進む時計があります。1月5日午前11時にこの時計は55秒遅れていました。1月7日午後11時には，この時計は午後何時何分何秒をさしていますか。(8点)

〔　　　　〕

重要 **7** A町とB町の間は20km離（はな）れています。太郎君はA町を8時に出発し，歩いてB町に向かいます。次郎君はA町を9時に出発し，自転車でB町に向かい，B町で30分間休んでからA町へ戻ってきます。右のグラフはそのようすを表しています。(28点/1つ7点)　〔慶應義塾中－改〕

道のり(km)
B町 20
A町 0
8:00　9:00　10:15　12:00　13:00　時刻

(1) 太郎君の速さは時速何kmですか。

〔　　　　〕

(2) 次郎君の速さは時速何kmですか。

〔　　　　〕

(3) 次郎君が太郎君に追いつく時刻は何時何分ですか。

〔　　　　〕

(4) 次郎君がB町から戻る途中（とちゅう）で太郎君に出会うところは，A町から何km離れていますか。

〔　　　　〕

11 線対称な図形

要点のまとめ

❶ 線対称

✓１本の直線を折り目にして折ったとき，折り目の両側がぴったり重なる形を**線対称な図形**といいます。また，その折り目にした直線を**対称の軸**といいます。１つの形に対称の軸が２本以上ある場合があります。

❷ 対応する点と線と角

✓対称の軸で折ったとき，重なり合う点や辺や角をそれぞれ，**対応する点，対応する辺，対応する角**といいます。

✓対称の軸から対応する２つの点までの長さは等しく，対応する点を結ぶ直線は，対称の軸と**垂直**に交わっています。

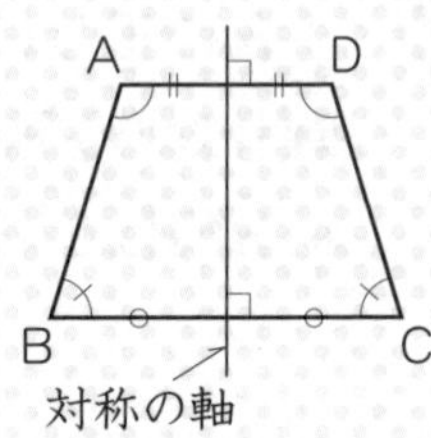

ステップ１

1 次の形の中で，線対称な図形はどれですか。記号を書きなさい。また，線対称な図形には，対称の軸をかきこみなさい。

㋐二等辺三角形　㋑正方形　㋒平行四辺形　㋓正三角形　㋔おうぎ形

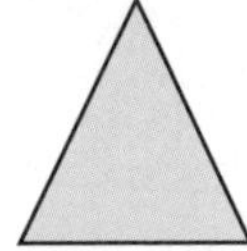

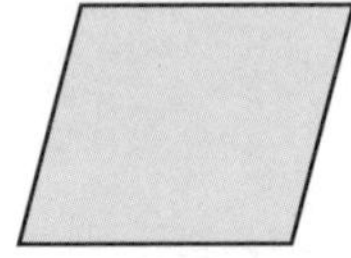
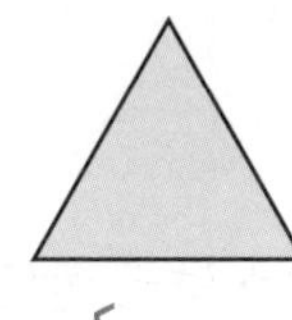
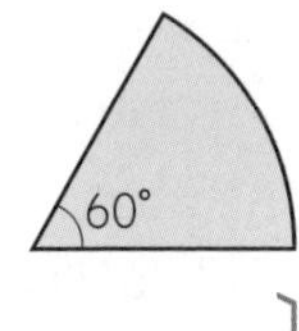

〔　　　　〕

2 次の図は，線対称な図形です。直線ABを対称の軸としたとき，CやDに対応する点はどの点ですか。また，辺CDに対応する辺はどの辺ですか。

①

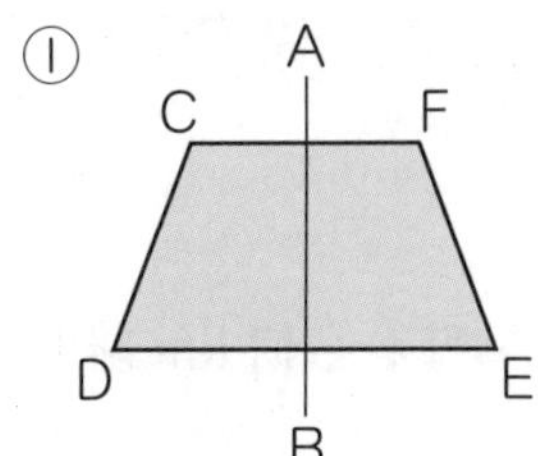

C〔　　〕 D〔　　〕 CD〔　　〕

②

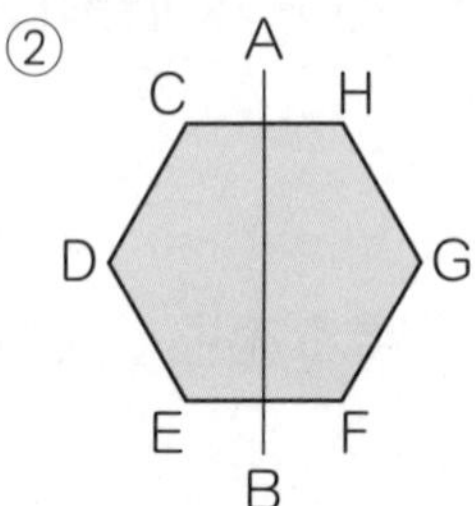

C〔　　〕 D〔　　〕 CD〔　　〕

3 次の形の中で，線対称な図形はどれですか。記号を書きなさい。また，線対称な図形には，対称な軸をかきこみなさい。

㋐ 

㋑ 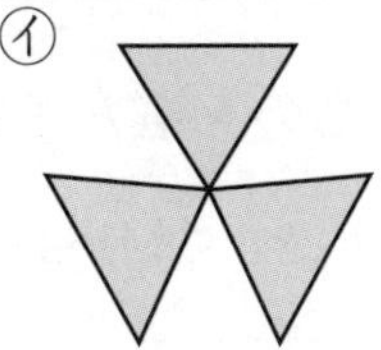

㋒ 

㋓ 

［　　　　　　］

重要 **4** 方眼上の点を使って，右の図のような線対称な図形をつくりました。

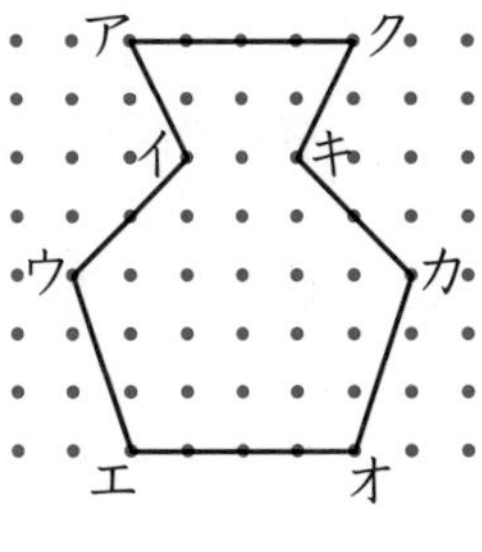

(1) 対称の軸をかきなさい。

(2) 点アや点エに対応する点は，どの点ですか。

点ア［　　　　］　点エ［　　　　］

(3) 辺ウエに対応する辺は，どの辺ですか。

［　　　　］

(4) 直線アクや直線エオは，対称の軸とどのように交わっていますか。

［　　　　　　］

重要 **5** 点線を対称の軸とする線対称な図形を完成しなさい。

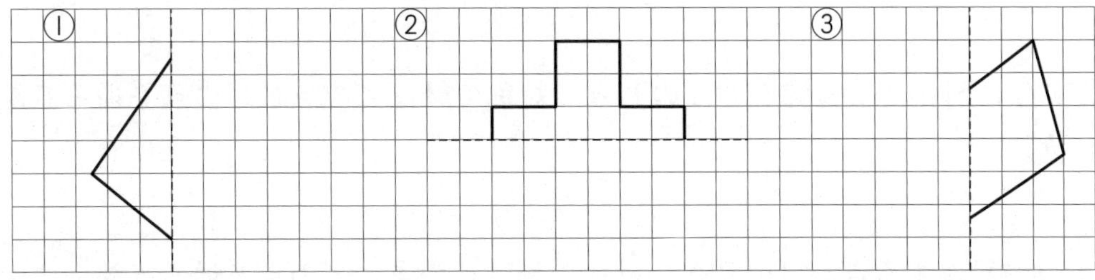

確認しよう　対称の軸は１本だけとは限りません。対称の軸の位置から対応する点や辺をみつけたり，対応する点や辺から対称の軸をみつけたりします。

月　日　答え ➡ 別さつ15ページ

STEP 2
ステップ 2

時間 30分
合格 80点
得点　点

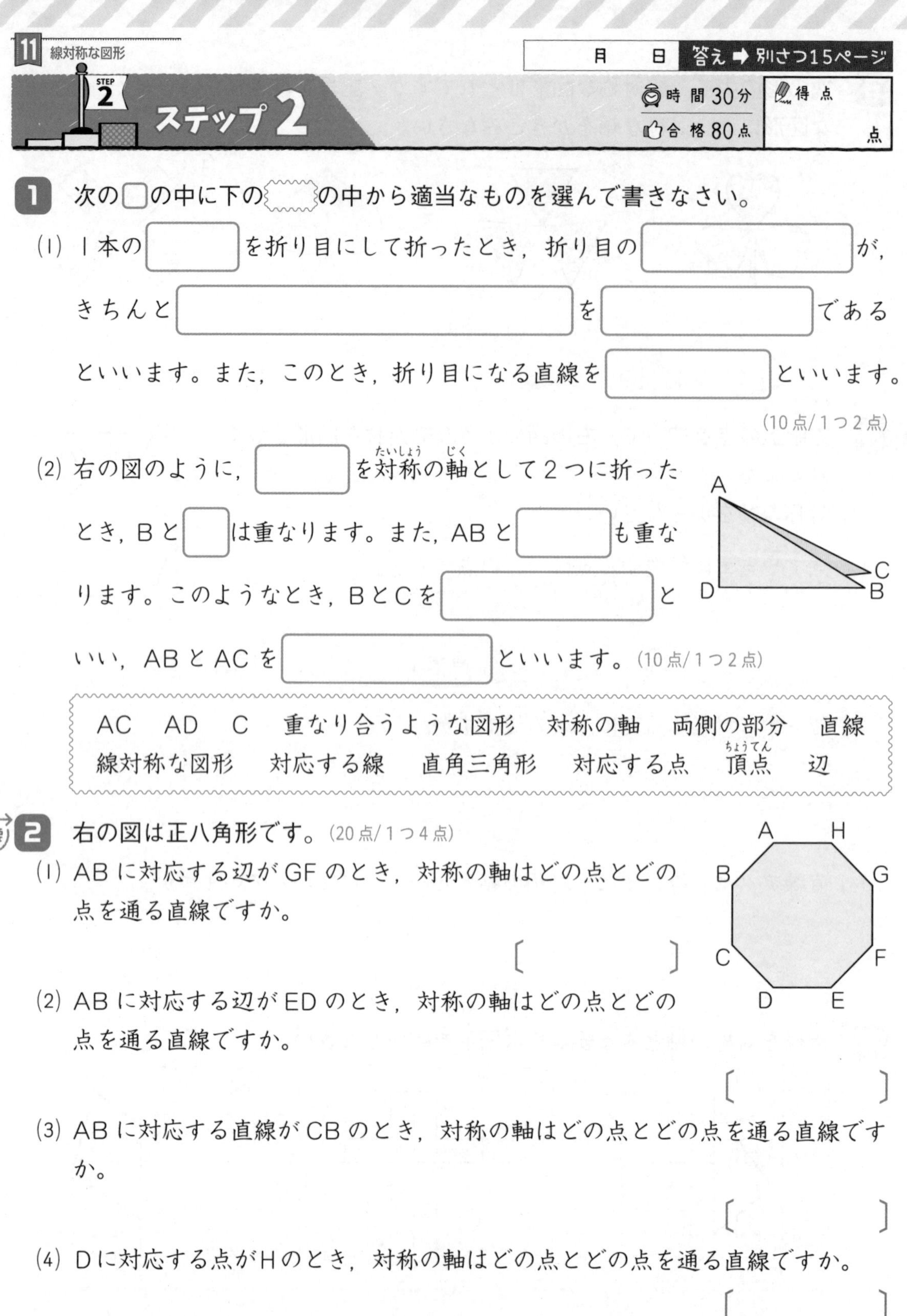

1 次の□の中に下の[　]の中から適当なものを選んで書きなさい。

(1) 1本の[　]を折り目にして折ったとき，折り目の[　]が，きちんと[　]を[　]であるといいます。また，このとき，折り目になる直線を[　]といいます。

(10点/1つ2点)

(2) 右の図のように，[　]を対称の軸として2つに折ったとき，Bと[　]は重なります。また，ABと[　]も重なります。このようなとき，BとCを[　]といい，ABとACを[　]といいます。(10点/1つ2点)

AC　AD　C　重なり合うような図形　対称の軸　両側の部分　直線
線対称な図形　対応する線　直角三角形　対応する点　頂点　辺

重要 **2** 右の図は正八角形です。(20点/1つ4点)

(1) ABに対応する辺がGFのとき，対称の軸はどの点とどの点を通る直線ですか。

[　　　　]

(2) ABに対応する辺がEDのとき，対称の軸はどの点とどの点を通る直線ですか。

[　　　　]

(3) ABに対応する直線がCBのとき，対称の軸はどの点とどの点を通る直線ですか。

[　　　　]

(4) Dに対応する点がHのとき，対称の軸はどの点とどの点を通る直線ですか。

[　　　　]

(5) Dに対応する点がFのとき，対称の軸はどの点とどの点を通る直線ですか。

[　　　　]

重要 **3** 下の図は，いろいろな正多角形です。対称の軸をかきこみ，その本数を答えなさい。(20点/1つ5点)

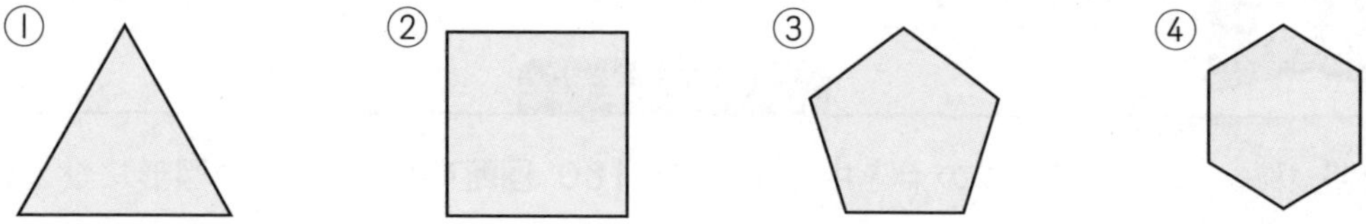

①　②　③　④

〔　　　〕〔　　　〕〔　　　〕〔　　　〕

4 次の字の中で，線対称な形はどれですか。記号で答えなさい。また，それらの形の対称の軸の本数の和は，全部で何本になりますか。(20点/1つ10点)

㋐ A　㋑ B　㋒ Z　㋓ F　㋔ D

㋕ K　㋖ I　㋗ N　㋘ E　㋙ S

線対称な形〔　　　〕　対称の軸の本数の和〔　　　〕

5 右の図のように，同じ大きさのたたみ6枚(まい)をしいてある6じょうの部屋があります。ただし，右の図のしき方は除(のぞ)くものとします。(20点/1つ10点)　〔プール学院中〕

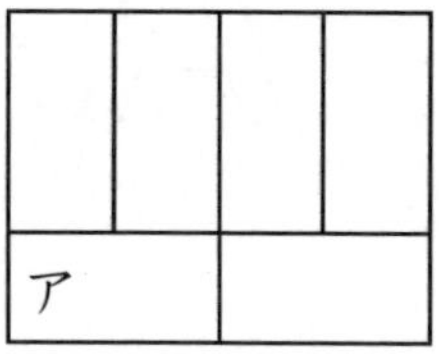

(1) 線対称になるようにたたみをしきかえるとき，しき方の図を4通りえがきなさい。

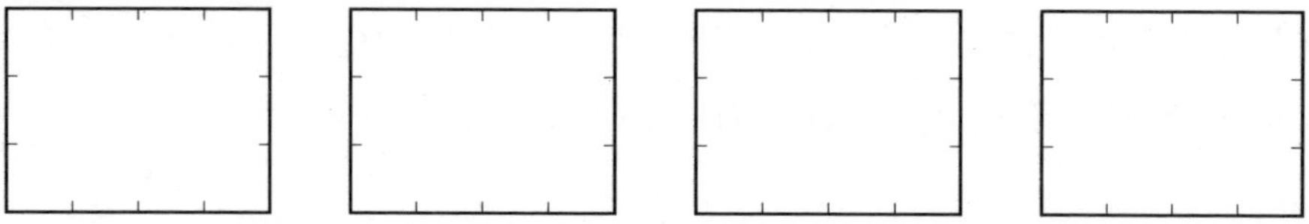

(2) アのたたみを動かさないで，しき方をかえるとき，しき方は何通りありますか。

〔　　　〕

12 点対称な図形

要点のまとめ

❶ 点対称（てんたいしょう）

✓ 1つの点を中心にして，180°**回転する**と，もとの図形にぴったり重なる形を**点対称な図形**といいます。また，回転するときに中心にした点を，**対称の中心**といいます。

❷ 対応する点と線

✓点対称な図形で，一直線上にあって，対称の中心からもとの点までと同じ長さになっている点を**対応する点**といいます。対応する点をみつけると**対応する辺**がみつかります。右の平行四辺形ABCDでは，対称の中心は点Oで，点Aに対応する点は点Cになります。また，辺ABに対応する辺は辺CDになります。

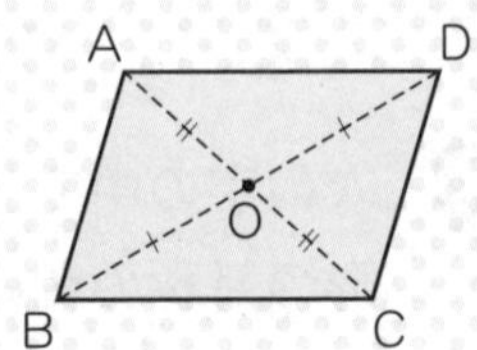

ステップ 1

1 次の文字の中で，点対称な形はどれですか。また，点対称な形で，対称の中心は，どこになりますか。それぞれに・印をつけなさい。

  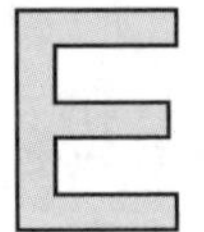  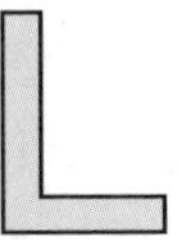 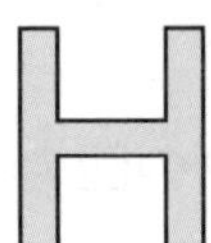

〔　　　　　　　　〕

2 右の正六角形は，点対称な図形です。

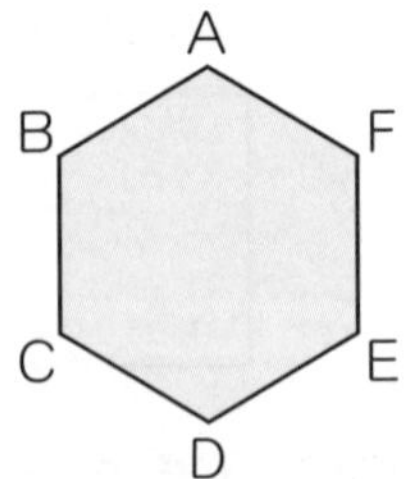

(1) 対称の中心は，どこになりますか。図の中にかき入れなさい。

(2) A，B，Cに対応する点は，それぞれどの点ですか。

A〔　　〕 B〔　　〕 C〔　　〕

(3) AB，BC，CDの辺に対応する辺は，それぞれどの辺ですか。

AB〔　　　〕 BC〔　　　〕 CD〔　　　〕

3 次の図から，×印を対称の中心とする対称な図形を完成しなさい。

①　②　③

重要 4 次の図形について，線対称・点対称な図形には，それぞれ○を，そうでない図形には×を，あてはまるわくに書きなさい。

	正方形	長方形	平行四辺形	二等辺三角形	おうぎ形	正五角形	正八角形
線対称							
点対称							

重要 5 ２本の直線が，下の図のように交わっています。直線の端の点を結ぶとそれぞれどんな四角形がかけますか。また，点対称な図形はどれですか。

①　②　③　④

〔　　〕〔　　〕〔　　〕〔　　〕

点対称な図形〔　　　〕

6 右の図は平行四辺形です。①や⑦の三角形と点対称になるのは，それぞれ何番の三角形ですか。また，⑦と⑧を組み合わせた三角形と点対称になるのは，何番と何番を組み合わせた三角形ですか。

⑥ ⑤ ⑦ ④ ⑧ ③ ① ②

①〔　　〕⑦〔　　〕⑦と⑧〔　　〕

点対称な図形では，対応する点を結ぶ直線はすべて対称の中心を通ります。また，対称の中心から対応する２つの点までの長さは等しくなっています。

月　日　答え ➡ 別さつ16ページ

ステップ 2

時間 30分　合格 80点　得点　点

1 下の㋐～㋗の図形について，次の問いに答えなさい。(18点/1つ6点)

㋐ 平行四辺形	㋑ 長方形	㋒ 台形	㋓ 正方形
㋔ 二等辺三角形	㋕ ひし形	㋖ 円	㋗ 正六角形

(1) 線対称(せんたいしょう)な図形で，対称の軸(じく)を２本だけもつ図形はどれですか。あるだけ，すべてあげなさい。

〔　　　　　〕

(2) 点対称な図形はどれですか。あるだけ，すべてあげなさい。

〔　　　　　〕

(3) 四角形のうち，２本の対角線で切ってできる４つの三角形が，二等辺三角形になるのはどれですか。あるだけ，すべてあげなさい。

〔　　　　　〕

重要 **2** 下の方眼を利用して，次の問いにあてはまる図形を１つ作図しなさい。(16点/1つ8点)

(1) 点対称であり，線対称でもある図形

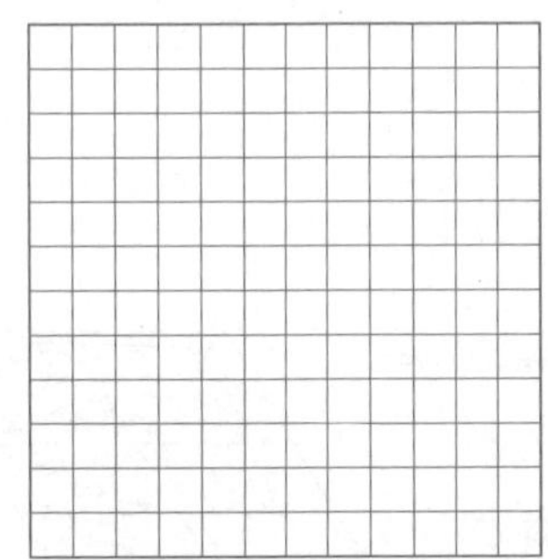

(2) 点対称ではあるが，線対称ではない図形

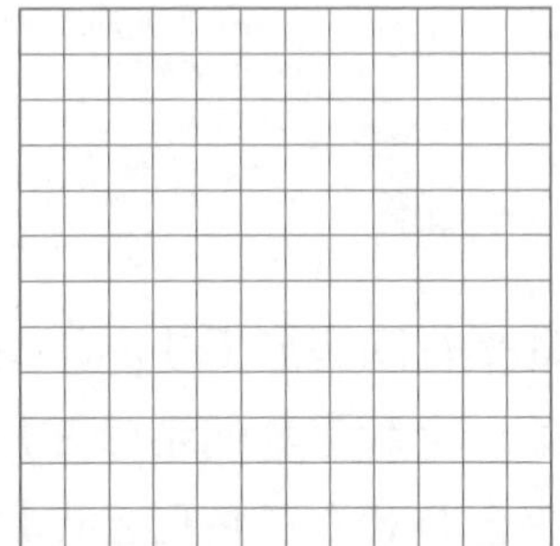

3 右の図形を見て，次の問いに答えなさい。(12点/1つ6点)

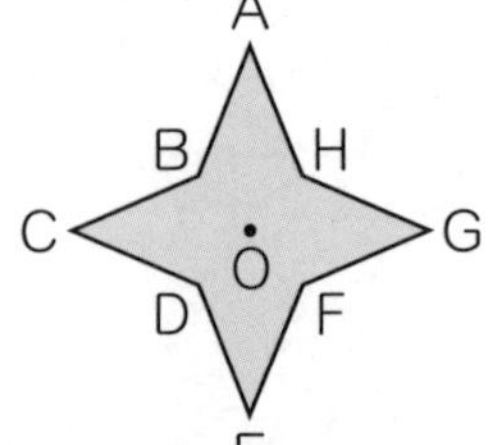

(1) この図形の対称の軸は何本ですか。

〔　　　　　〕

(2) この図形を対称の中心(点O)で，時計の針(はり)のまわる方向に回転させたとき，点Hが点Bと重なるのは，何度回転させたときですか。

〔　　　　　〕

4 右の図のような１辺が４cmの正六角形ABCDEFがあります。点Pは点Aから出発して１秒間に１cmずつ，A→B→C→…の順に進みます。また，点Qは点Dから出発して点Pと同じ速さで，D→E→F→…の順に進みます。このとき，点Pと点Qは点対称な位置にあります。(24点/１つ６点)

(1) 対称の中心を図にかきなさい。

(2) 右の図のとき，点Qを図にかきなさい。

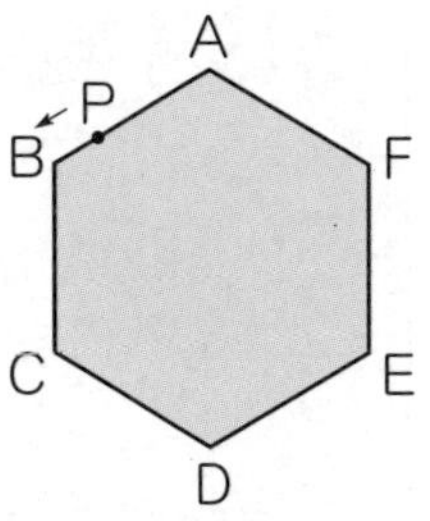

(3) 点Pが点Aを出発して５秒後，点Pと点Qを結ぶ直線で正六角形を２つの図形に分けてできる図形の名前を書きなさい。

〔　　　　〕

(4) 点Pと点Qを結ぶ直線で正六角形を２つの図形に分けてできる図形が等きゃく台形になるときがあります。点Pが点Aを出発してから，２回目に等きゃく台形ができるのは，点Pが出発してから何秒後ですか。

〔　　　　〕

重要 **5** 右の図１のような模様(もよう)のタイルが４枚(まい)あります。(20点/１つ10点)

（図１）

(1) ４枚のタイルを正方形の形に並(なら)べます。そのうち２枚のタイルを図２のように置くとき，全体の形が点対称な形になるように，残りのタイルを図にかきなさい。

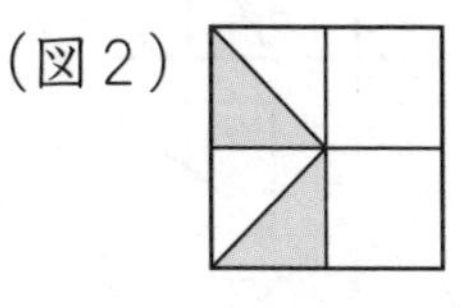

（図３）

(2) ４枚のタイルを横１列に並べます。左はしのタイルを図３のように置き，全体の形が点対称な形になるように残りのタイルを置きます。このような置き方は全部で何通りありますか。

〔　　　　〕

重要 **6** 右の図は，点Oを対称の中心とした点対称な図形の半分だけをかいています。この点対称な図形全体のまわりの長さは，何cmになりますか。(10点)

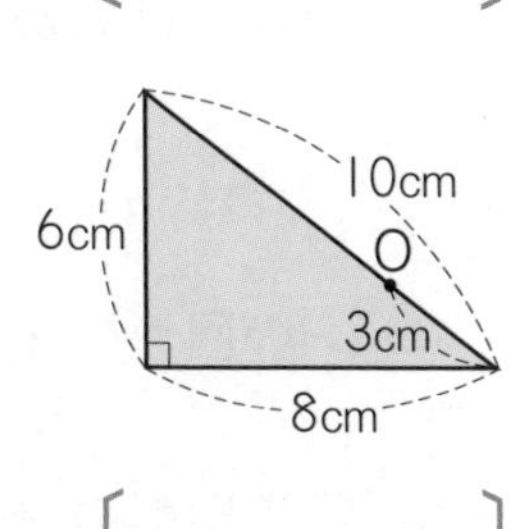

〔　　　　〕

図形の拡大と縮小

要点のまとめ

❶ 拡大図・縮図	✓対応する角の大きさが全部同じであり，対応する辺の長さの比がすべて同じになっている形を**相似な形**といいます。このとき，対応する辺の比を $a:b$（bはもとの形）とすると， **$a>b$……拡大図　$a=b$……合同　$a<b$……縮図**
❷ 縮尺の表し方	✓縮図のときは，実際の長さを縮めた割合を **$a:b$** のように比の形で表したり，$\frac{a}{b}$ のように分数で表したりします。このような割合のことを**縮尺**といいます。ほかにも 0　10　20　30m のように長さを使って表す場合もあります。

ステップ 1

1 下の図を見て，次の問いに答えなさい。

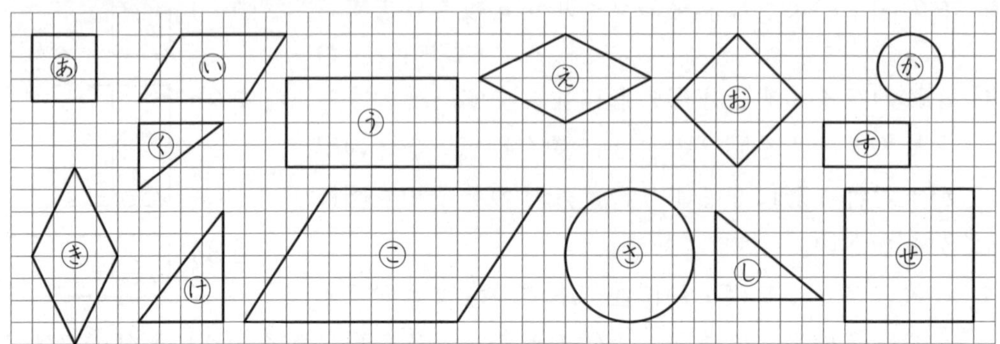

(1) 合同な図形はどれとどれですか。すべてあげなさい。

［　　　　　　　　］

(2) 大きさはちがっても，形の同じものはどれとどれですか。すべてあげなさい。

［　　　　　　　　］

(3) ㋐の図形の２倍の拡大図はどれですか。　［　　　　］

(4) ㋙の図形の $\frac{1}{2}$ の縮図はどれですか。　［　　　　］

2 右の図は，縦（たて）3 cm，横 4 cm の長方形と，この長方形を2倍に拡大した長方形を重ね合わせたものです。

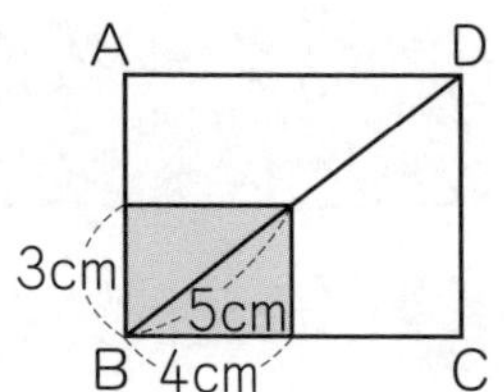

(1) 辺 AB，辺 BC，対角線 BD の長さは，それぞれ何 cm になりますか。

辺 AB [　　　　] 辺 BC [　　　　] 対角線 BD [　　　　]

(2) 拡大した長方形の面積は，もとの長方形の面積の何倍になりますか。

[　　　　]

重要 **3** 右の四角形 ABCD は，四角形 EFGH を 2 倍に拡大した四角形です。

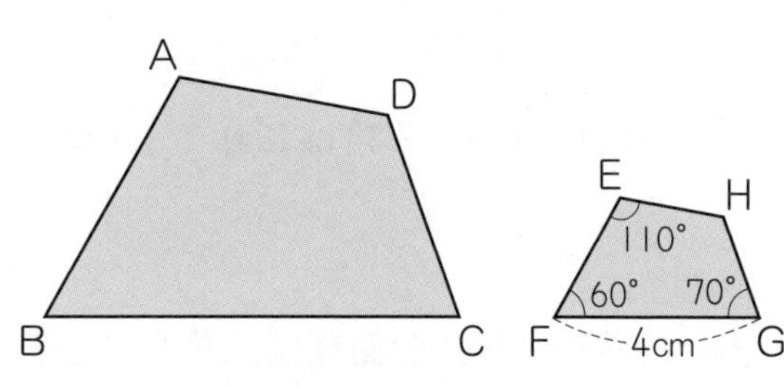

(1) 角 D は何度ですか。また，辺 BC は何 cm ですか。

角 D [　　　　] 辺 BC [　　　　]

(2) 四角形 ABCD の面積は，四角形 EFGH の面積の何倍になりますか。

[　　　　]

重要 **4** 次の問いに答えなさい。

(1) $\frac{1}{5000}$ の縮図で，3 mm の長さは，実際の長さに直すと何 m になりますか。

[　　　　]

(2) 1 辺の長さが 60 m の正方形の土地があります。縮尺 1：2000 の縮図でこの土地の面積は何 cm^2 ですか。

[　　　　]

2 倍，3 倍，……の拡大図では面積は 4 倍，9 倍，……となり，$\frac{1}{2}$，$\frac{1}{3}$，……の縮図では面積は $\frac{1}{4}$，$\frac{1}{9}$，……となります。

1 右の図で，三角形 ABC は三角形 ADE の拡大図です。

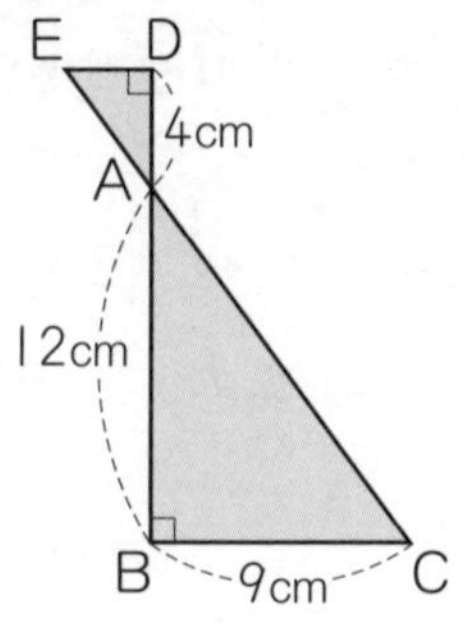

(1) 三角形 ABC は，三角形 ADE の何倍の拡大図ですか。(4点)

[　　　　]

(2) 辺 BC に対応する辺はどれですか。また，その長さは何 cm ですか。(6点/1つ3点)

辺 [　　　　] 長さ [　　　　]

(3) 角 C に対応する角はどれですか。(4点)

[　　　　]

(4) 三角形 ABC の面積は三角形 ADE の面積の何倍ですか。(5点)

[　　　　]

重要 **2** 下のそれぞれの図の□にあてはまる数を求めなさい。(16点/1つ4点)

①

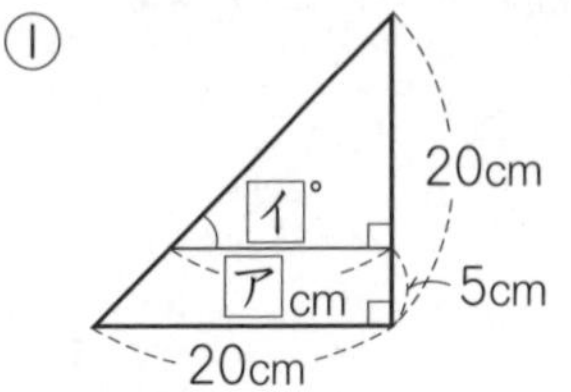

②

A 7cm D
6cm
□cm
B 14cm C

(四角形 ABCD は台形)

③

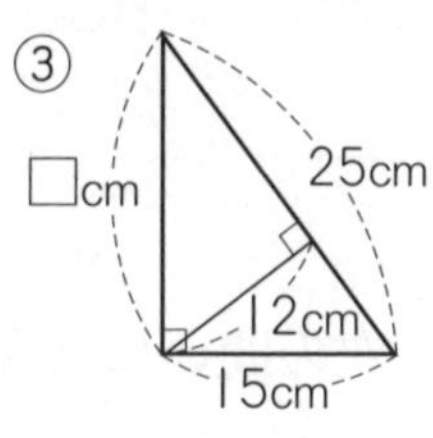

ア [　　　　] イ [　　　　] [　　　　] [　　　　]

3 右の図のような池のまわりにある２本の木の間の距離を，直角三角形を使って調べます。(15点/1つ5点)

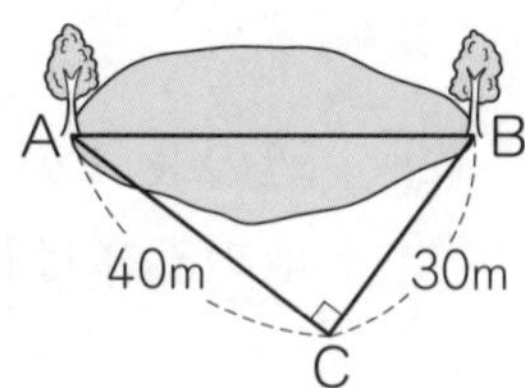

(1) 直角三角形の $\frac{1}{1000}$ の縮図をかきなさい。

(2) AB に対応する線の長さは，縮図では何 cm になりますか。

[　　　　]

(3) 実際の木と木の間の距離は何 m ですか。

[　　　　]

4 ある木のかげの長さをはかったら 11.5 m ありました。そこで，1.2 m の棒(ぼう)を地面に垂直(すいちょく)に立て，そのかげの長さをはかったら，40 cm ありました。このとき，この木の高さは何 m になりますか。(10点)

〔　　　　〕

重要 **5** こうじさんとさとるさんで，同じ土地の縮図をかきました。こうじさんの縮尺(しゅくしゃく)は $\frac{1}{5000}$，さとるさんの縮尺は $\frac{1}{2000}$ です。(20点/1つ10点)

(1) こうじさんの縮図で 12 cm の長さのところは，さとるさんの縮図では何 cm ですか。

〔　　　　〕

(2) さとるさんの縮図で 300 cm^2 の面積は，こうじさんの縮図では何 cm^2 ですか。また，その面積は実際には何 m^2ですか。

〔　　　　　　　　〕

重要 **6** 1辺が 16 cm の正方形があります。これを1番目の正方形とします。次に，4辺の真ん中の点を結んで2番目の正方形をつくります。このようにして，3番目，4番目と正方形をつくっていきます。(20点/1つ5点)

(1) 2番目の正方形の面積は何 cm^2 ですか。

〔　　　　〕

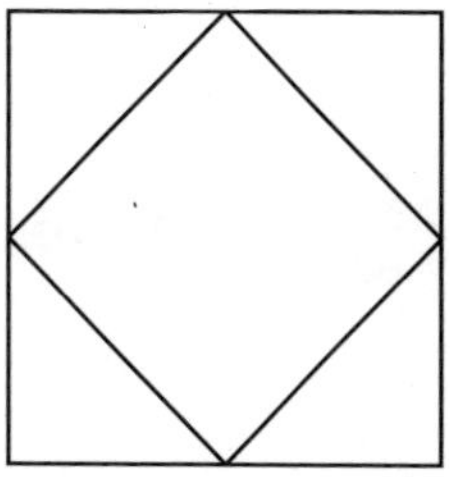

(2) 右の図に3番目の正方形をかきなさい。

(3) 3番目の正方形の1辺の長さは何 cm ですか。また，そのときの面積は1番目の正方形の何倍になっていますか。

辺〔　　　　〕 面積〔　　　　〕

(4) 正方形の面積が 8 cm^2 になるのは，何番目の正方形ですか。

〔　　　　〕

月　日　答え ➡ 別さつ17ページ

円の面積

要点のまとめ

❶ 円の面積	✓円の面積は，次の公式で求めることができます。 **円の面積=半径×半径×円周率**
❷ おうぎ形の面積	✓2つの半径で区切られた円の一部を**おうぎ形**といいます。 ✓おうぎ形の面積は，円の面積をもとにして次の式から求められます。 **おうぎ形の面積=円の面積×$\frac{中心角}{360°}$**

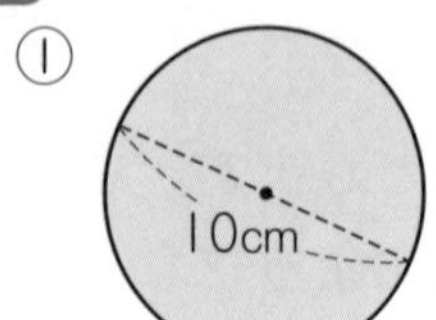

ステップ 1

（円周率はすべて 3.14 とします。）

1 次のそれぞれの円の面積は何 cm^2 になりますか。

①

10cm

［　　　　］

②

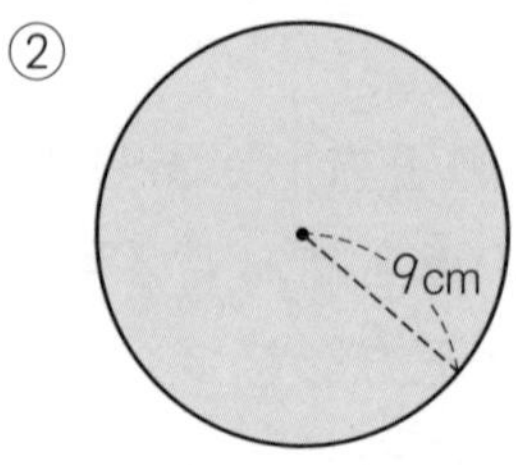

［　　　　］

2 右の図の色のついた部分の面積を求めなさい。〔筑波大附中－改〕

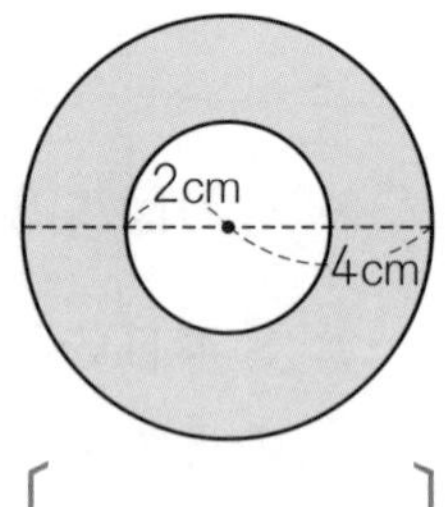

［　　　　］

重要 **3** 右の図のように，半径 12 cm，中心角 120° のおうぎ形があります。このおうぎ形の面積を求めなさい。

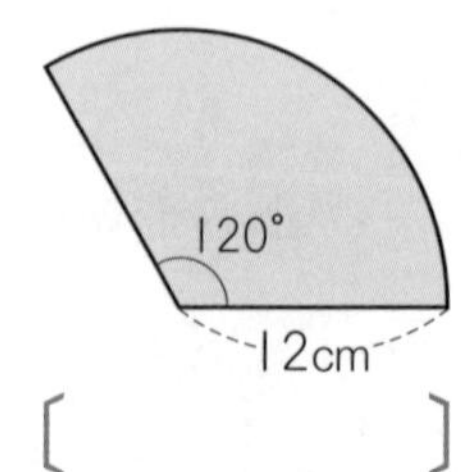

［　　　　］

重要 **4** 次の色のついた部分のまわりの長さと面積を求めなさい。

①

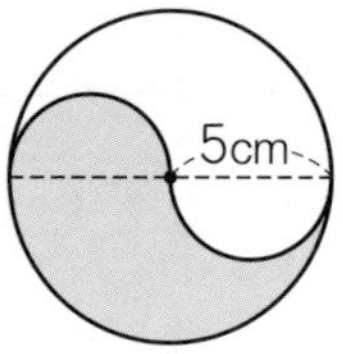

5cm

長さ〔　　　〕 面積〔　　　〕

②

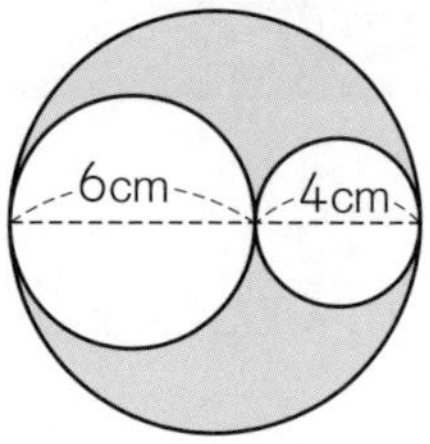

6cm　4cm

長さ〔　　　〕 面積〔　　　〕

③ 〔比治山女子中-改〕

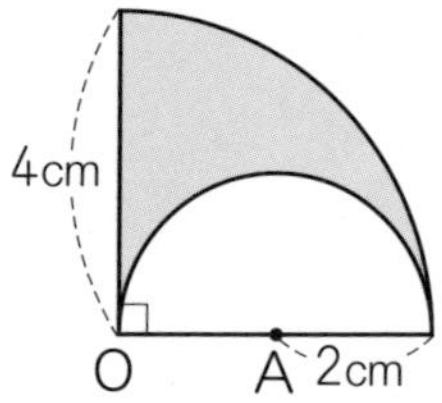

4cm　O　A　2cm

長さ〔　　　〕 面積〔　　　〕

④ 〔共立女子第二中〕

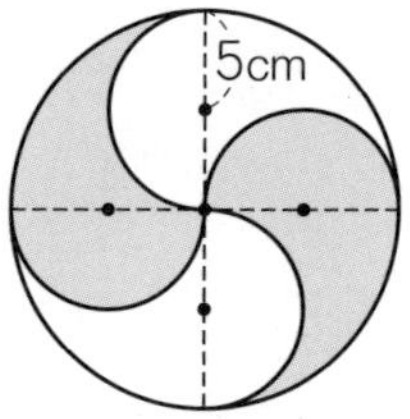

5cm

長さ〔　　　〕 面積〔　　　〕

⑤

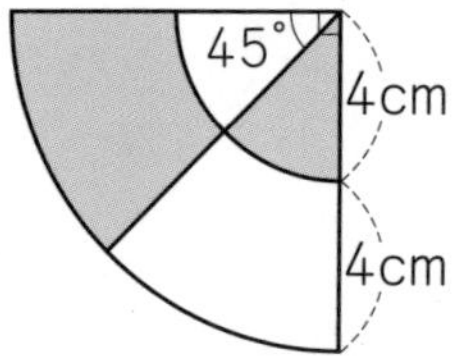

45°　4cm　4cm

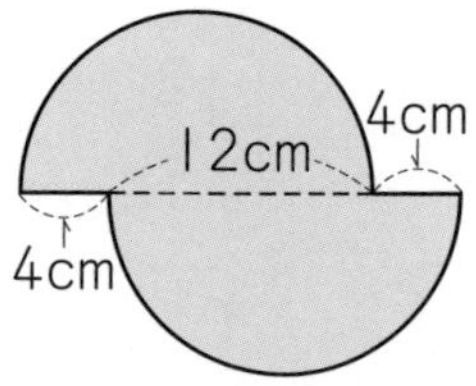

長さ〔　　　〕 面積〔　　　〕

⑥

12cm　4cm　4cm

長さ〔　　　〕 面積〔　　　〕

5 下の図で，色のついた部分の面積を求めなさい。

①

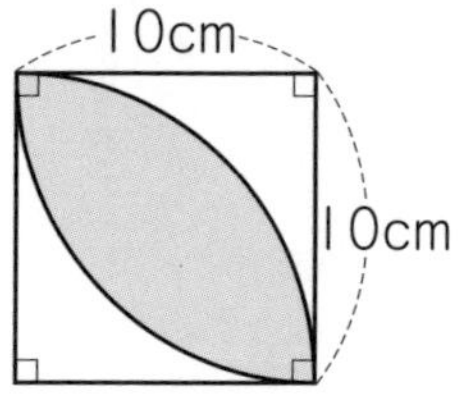

10cm　10cm

〔　　　〕

②

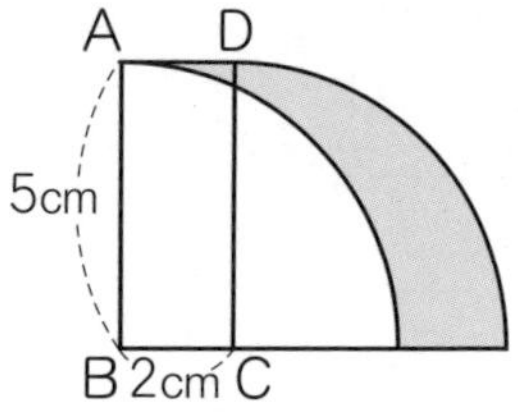

A　D　5cm　B　2cm　C

〔　　　〕

円の面積やおうぎ形の面積を求めるときに，円周率を使う回数をできるだけ少なくするように式を変えたり，図を動かしたりくふうしましょう。

（円周率はすべて 3.14 とします。）

重要 **1** 次の図で，色のついた部分の面積を求めなさい。（48点/1つ8点）

①

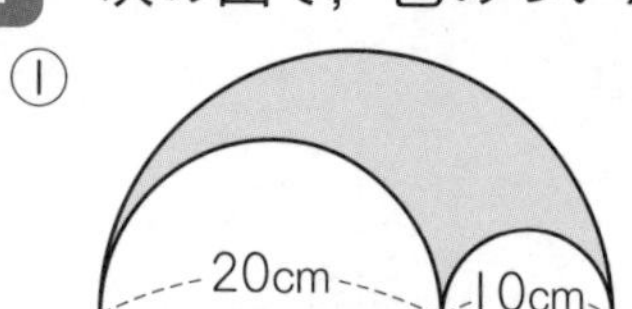

［　　　　］

② 四角形 ABCD は正方形　〔賢明女子学院中〕

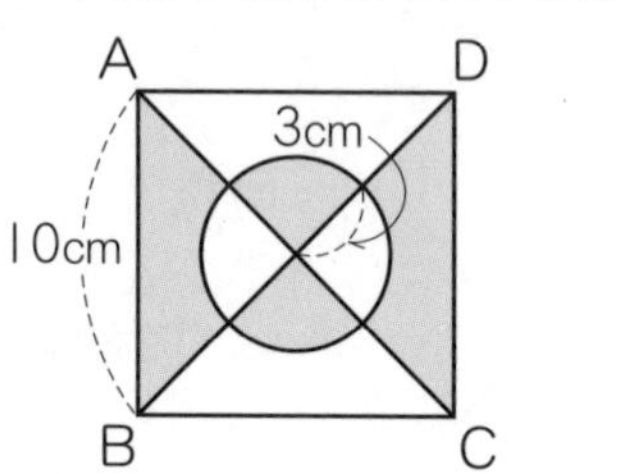

［　　　　］

③

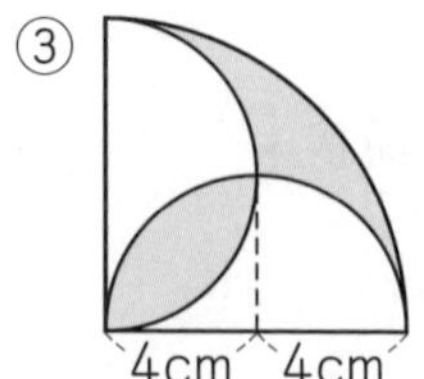

［　　　　］

④

3cm
3cm

［　　　　］

⑤

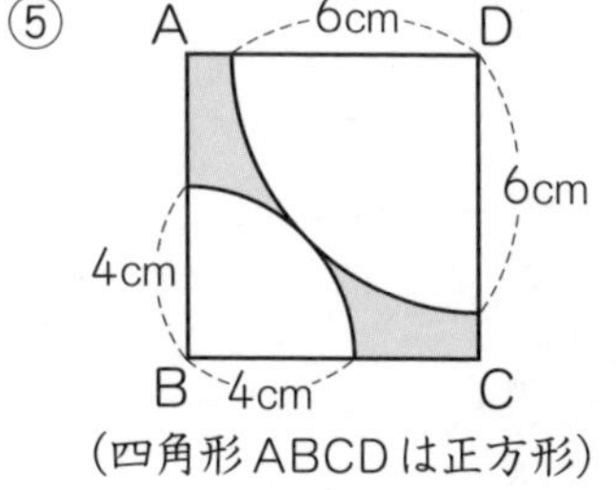

（四角形 ABCD は正方形）

［　　　　］

⑥　〔大阪女学院中〕

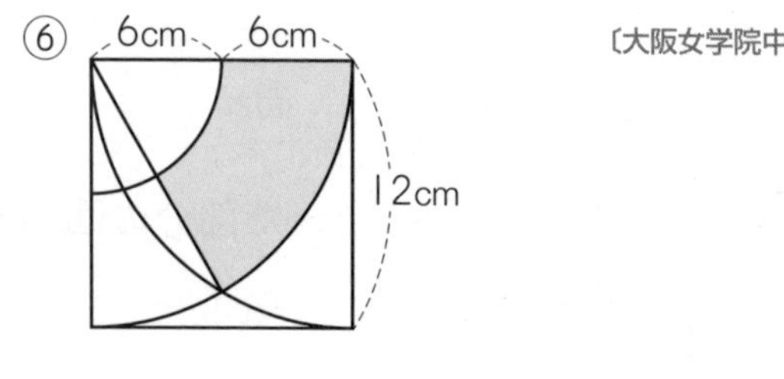

［　　　　］

2 右の図は，正方形と半円を組み合わせたもので，点Aは，半円の曲線部分の真ん中の点です。色のついた部分の面積を求めなさい。（10点）　〔京華女子中〕

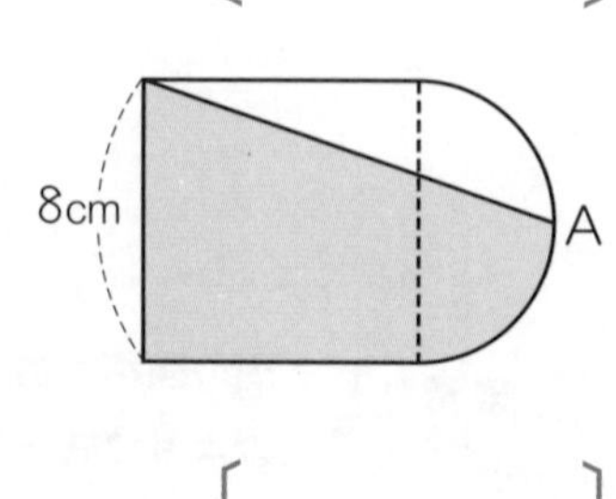

［　　　　］

重要 **3** 右の図は，１辺の長さ 10 cm の正方形 ABCD の辺 AB，BC をそれぞれ直径とする半円をかいたものです。

点Oは，２つの半円と対角線 AC との交点です。色のついた部分の面積を求めなさい。（小数第２位を四捨五入しなさい。）(10 点)

〔広島大附属東雲中〕

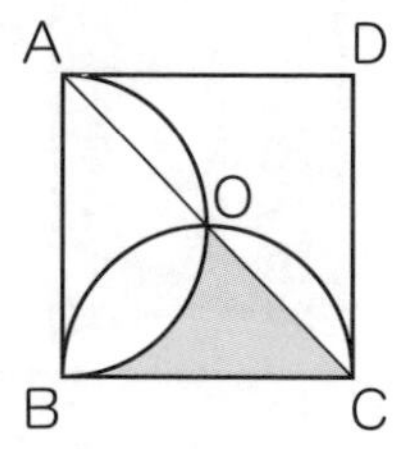

〔　　　　〕

4 右の図のように，１辺が 2 cm の正方形と，円の４分の１を４つ組み合わせた図形があります。(20 点/1 つ 10 点)

〔京都教育大附属桃山中－改〕

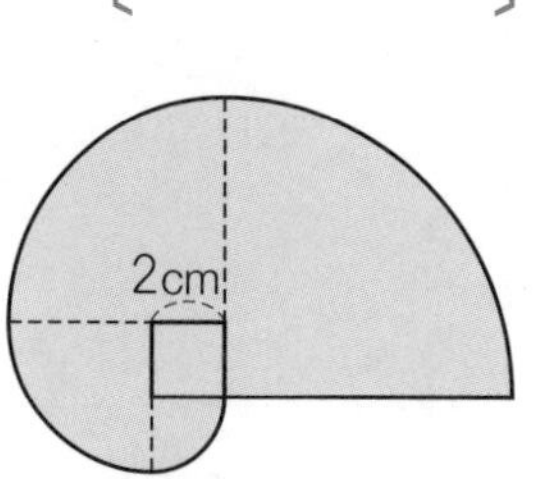

(1) 色のついた部分のまわりの長さを答えなさい。

〔　　　　〕

(2) 色のついた部分の面積を求めなさい。

〔　　　　〕

5 下の図のように半径 2 cm の円の形のつつ４個をぴったりつけて横に並べ，ひもでくくりました。ひもとつつのすき間にできる色のついた部分の面積の合計は，次の計算で求めることができます。

{(１辺 4 cm の正方形の面積)−(半径 2 cm の円の面積)}×3

「色のついた部分の面積」がなぜこの式で答えが求められるのか，図を使って簡単に説明しなさい。図に線などをかき入れたり，別の図をかいて説明してもかまいません。(12 点)

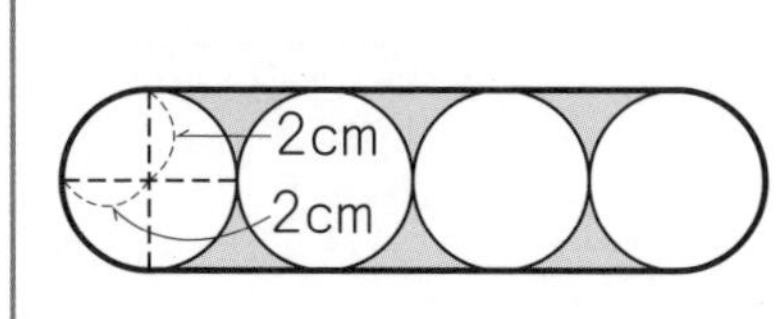

〔　　　　〕

平面図形のいろいろな問題

要点のまとめ

❶ 三角形の面積の比

✓高さが等しい三角形の面積の比は，底辺の比に等しく，底辺が等しい三角形の面積の比は，**高さの比に等しくなります。**

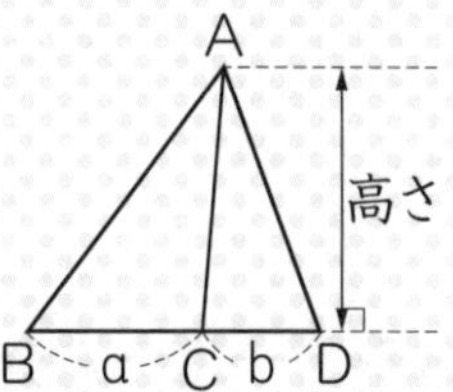

三角形 ABC と三角形 ACD の面積の比は **a：b**

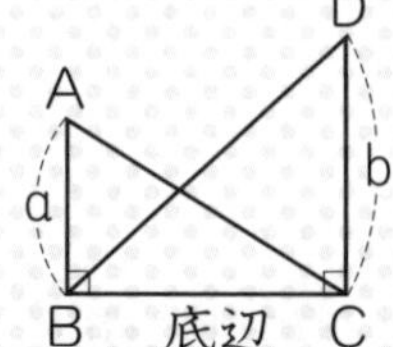

三角形 ABC と三角形 DBC の面積の比は **a：b**

❷ 図形の移動

✓点や図形が移動する問題では，点や図形が移動するにしたがって形や重なりが変わるところと変わらないところに注意します。

✓点が動いたあとの線や，図形が動いたあとの形を図にかき加えて，変わり方を調べるようにします。

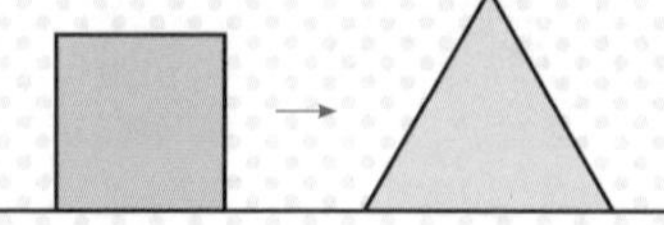

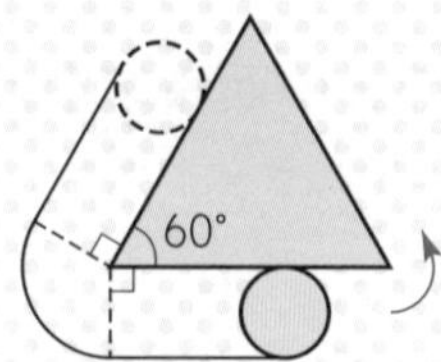

ステップ 1

（円周率はすべて 3.14 とします。）

1 次の図で，アとイの面積を，簡単（かんたん）な整数の比で表しなさい。

①

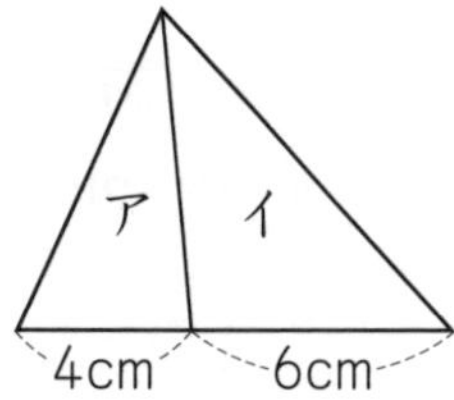

②

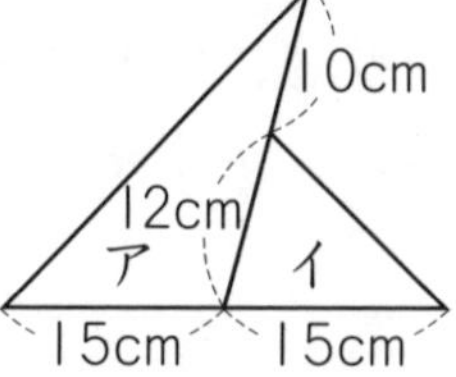

③ 台形 ABCD

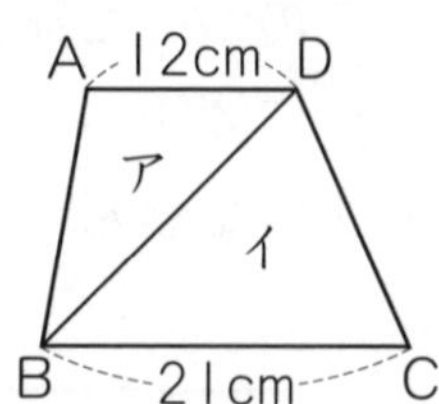

〔　　　　〕　〔　　　　〕　〔　　　　〕

2 右の図の平行四辺形 ABCD で，AE：EC=1：3，AF：FD=3：2 で，三角形 ABE の面積は 10 cm² です。

(1) 平行四辺形 ABCD の面積は何 cm² ですか。

〔　　　　〕

(2) 三角形 ECF の面積は何 cm² ですか。

〔　　　　〕

重要 **3** 右の図の直角三角形 DEC は，直角三角形 ABC を C を中心にして，矢印の方向に 90° 回転させたもので，曲線 AD は A，曲線 BE は B の動いたあとです。〔立正大付属立正中〕

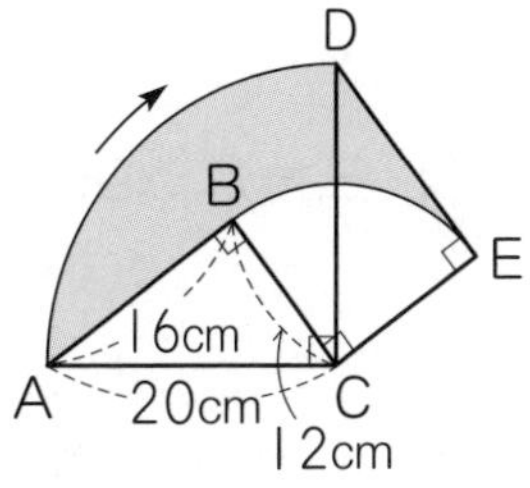

(1) A が動いた長さと B が動いた長さとの差を求めなさい。

〔　　　　〕

(2) おうぎ形 ADC の面積を求めなさい。

〔　　　　〕

(3) 図の色のついた部分の面積を求めなさい。

〔　　　　〕

4 右の図のように長方形 ABCD が，直線 PQ の上をすべらずにころがって進みます。

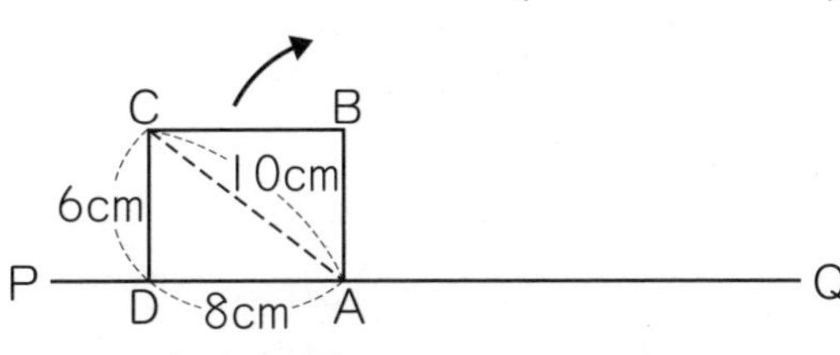

(1) 2 回ころがると，辺 BC が直線 PQ と重なります。このときまでに点 C が動いた長さを求めなさい。

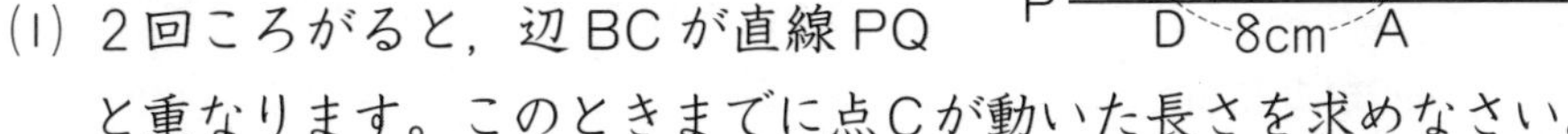

〔　　　　〕

(2) 辺 DA が直線 PQ と重なったところで止まりました。このときまでに点 D が動いた長さを求めなさい。

〔　　　　〕

移動に関する問題文は，移動のようすを説明するために長くなることがあります。問題文を読みながら，わかったことは図の中にかき入れましょう。

時間 40分
合格 75点
得点
点

（円周率はすべて 3.14 とします。）

1 図において，三角形 ABC の面積は 90 cm² です。

（16 点/1 つ 8 点）〔千葉日大第一中〕

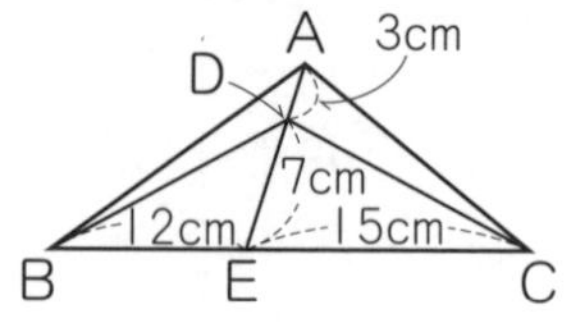

(1) 三角形 ABD の面積は何 cm² ですか。

〔　　　　　〕

(2) 三角形 ADC と三角形 ABC の面積の比を，最も簡単な整数の比で表しなさい。

〔　　　　　〕

2 右の図の三角形 ABC で，D と E はそれぞれ AB，AC のまん中の点で，CD と BE の交わる点を F とします。（24 点/1 つ 8 点）

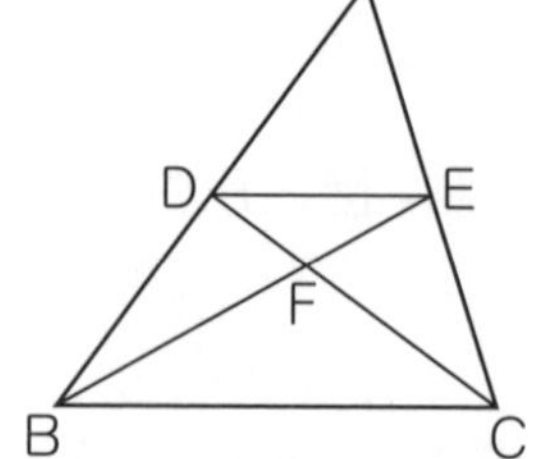

(1) BC の長さは DE の何倍ですか。

〔　　　　　〕

(2) BF と FE の長さの比を求めなさい。

〔　　　　　〕

(3) 三角形 ADE の面積は 6 cm² です。
三角形 FBC の面積は何 cm² ですか。

〔　　　　　〕

3 右の図のように，縦（たて）6 cm，横 10 cm の長方形のまわりを半径 2 cm の円がころがりながら 1 周します。この円が通ったあとの面積は何 cm² ですか。（10 点）

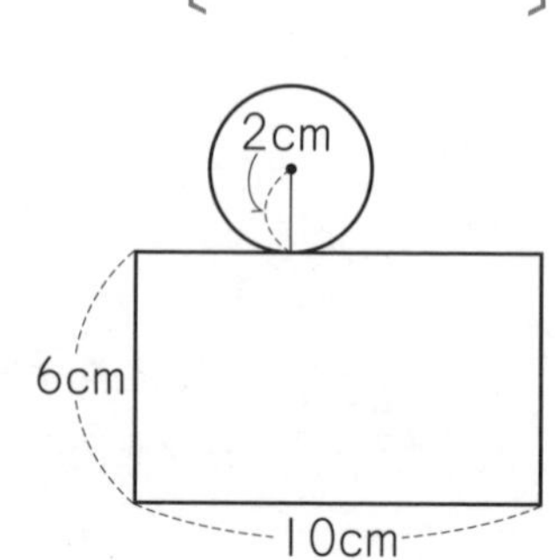

〔　　　　　〕

4 〔図１〕のように，角Bが直角である直角三角形ABCの辺の上を，点PがA→C→Bの順に毎秒２cmの速さで動きます。

〔図２〕のグラフは，点PがAを出発してからの時間と三角形APBの面積の関係を表したものです。(20点/１つ10点)　〔和洋国府台女子中〕

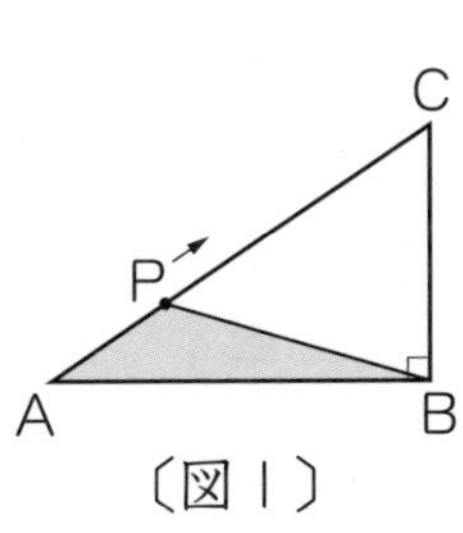

〔図１〕

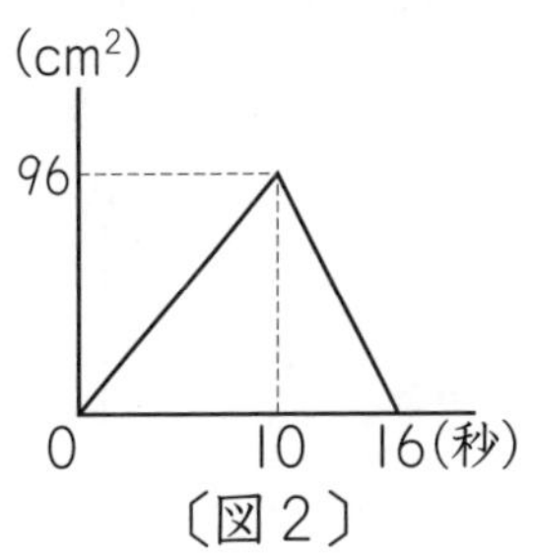

〔図２〕

(1) BCの長さは何cmですか。

〔　　　　〕

(2) 点PがAを出発してから12秒後の三角形APBの面積は何cm^2ですか。

〔　　　　〕

5 下の図のように，直線の上に直角二等辺三角形ABCと長方形DEFGがあります。直角二等辺三角形ABCは毎秒１cmの速さで辺BCが直線と重なったまま右に進みます。□にあてはまる数やことばを答えなさい。(30点/１つ10点)

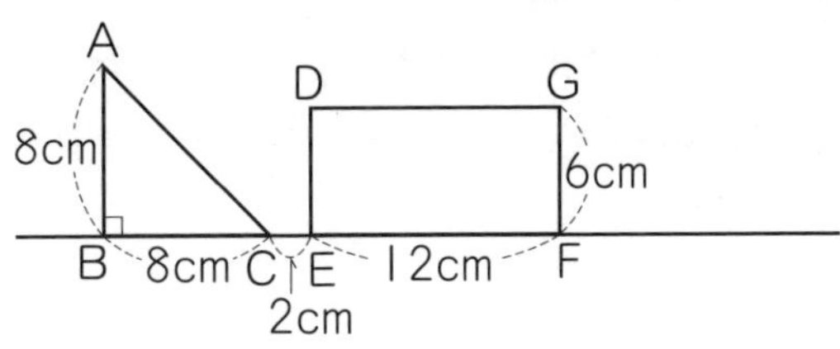

(1) 動きはじめてから６秒後に２つの図形が重なっている部分の面積は□cm^2です。

〔　　　　〕

(2) 動きはじめてから11秒後に２つの図形が重なっている部分の面積は□cm^2です。

〔　　　　〕

(3) ２つの図形が重なっている部分の形は，順に□→□→□→□と変わっていきます。

〔　　　　〕→〔　　　　〕→〔　　　　〕→〔　　　　〕

月　日　答え ➡ 別さつ20ページ

時間 40分
合格 80点
得点　点

（円周率はすべて 3.14 とします。）

1 正方形の紙を次のように折りたたみ，影の部分を切り取ります。紙を開いた右の図で，切り取った部分に色をつけなさい。（20点/1つ10点）

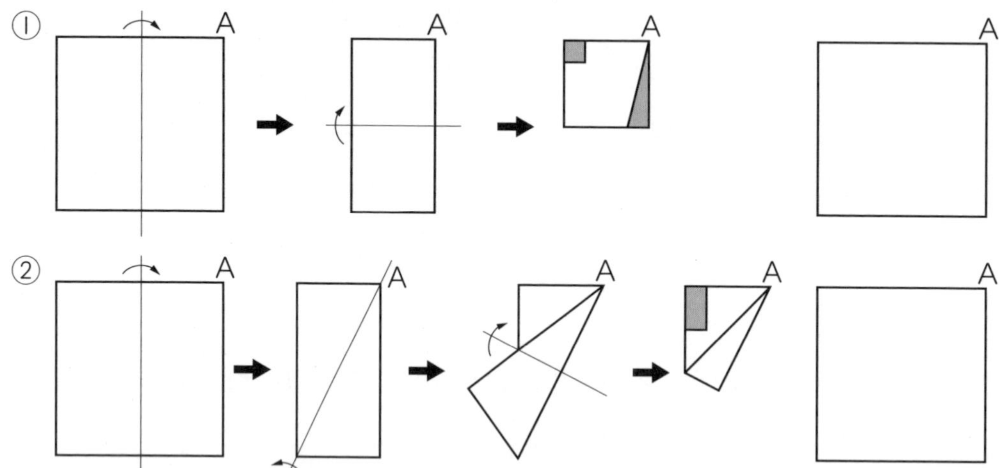

2 右の図は平行四辺形 ABCD です。辺 AD 上に点 E を，辺 BC 上に点 F をとり，四角形 EBFD がひし形になるようにするには，点 E の位置を辺 AD 上のどこに決めるとよいですか。簡単（かんたん）に説明しなさい。また，右の図にひし形 EBFD をかきなさい。（14点/説明7点・図7点）

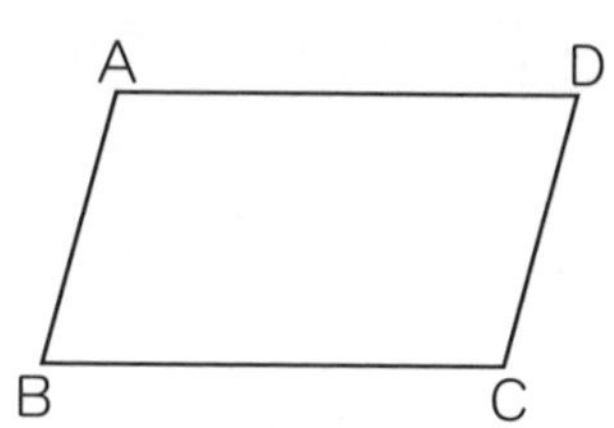

［　　　　］

3 右の図は，木(AB)の高さをはかる方法を示した図です。ただし，単位は cm です。木の高さは何 cm ですか。（10点）

〔大阪星光学院中〕

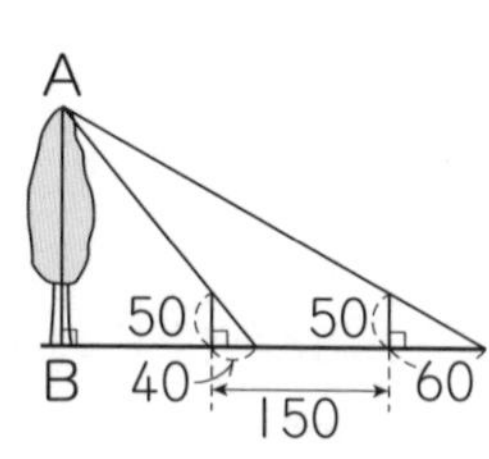

［　　　　］

4 右の図は，1 辺が 12 cm の正方形に円をかき入れたものです。色のついた部分の面積の合計は何 cm^2 になりますか。（10点）

〔筑波大附中〕

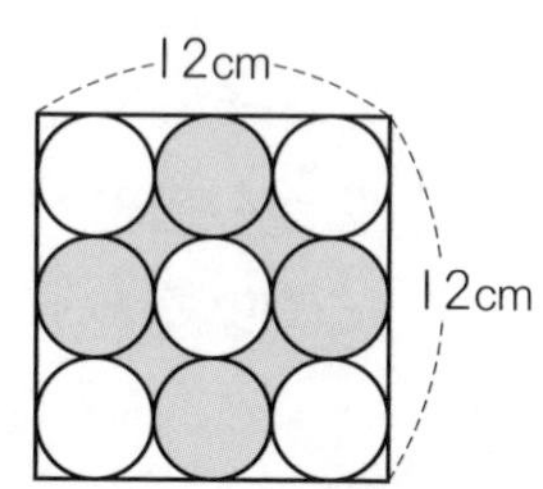

［　　　　］

5 右の図のような，長方形と２つのおうぎ形を組み合わせた図形において，　　色の部分の面積は何 cm^2 ですか。

（10点）〔日本大中〕

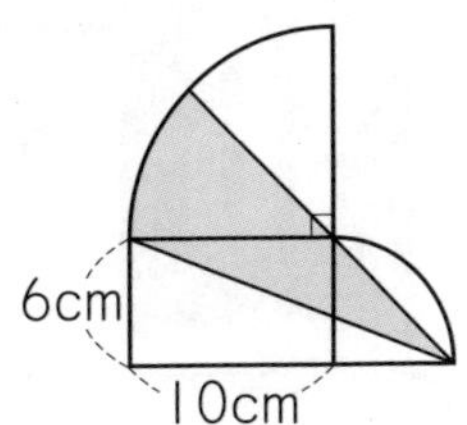

〔　　　　　〕

6 右の図のひし形 ABCD で，対角線 AC の長さは 8 cm，対角線 BD の長さは 6 cm です。E，F はそれぞれ辺 AB，BC を２等分する点です。また，G は辺 CD 上の点，H は辺 AD 上の点で，CG：GD=AH：HD=2：1 です。

（16点/1つ8点）〔桐朋中〕

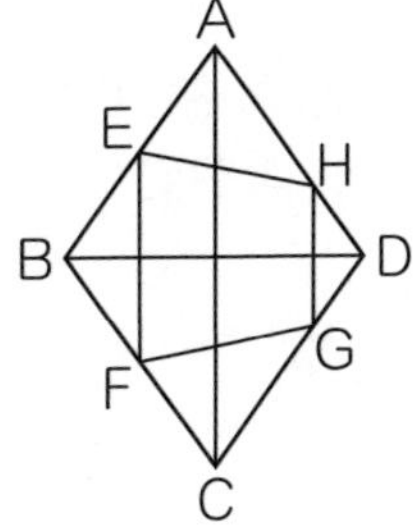

(1) GH の長さは何 cm ですか。

〔　　　　　〕

(2) 四角形 EFGH の面積は何 cm^2 ですか。

〔　　　　　〕

7 1辺が 3 cm で，角Dの大きさが 60° のひし形 ABCD を，図のようにすべらないように，直線上をころがしました。はじめの姿勢（しせい）にもどるまでに，点Aの移動する長さを求めなさい。（10点）

〔文教大付中〕

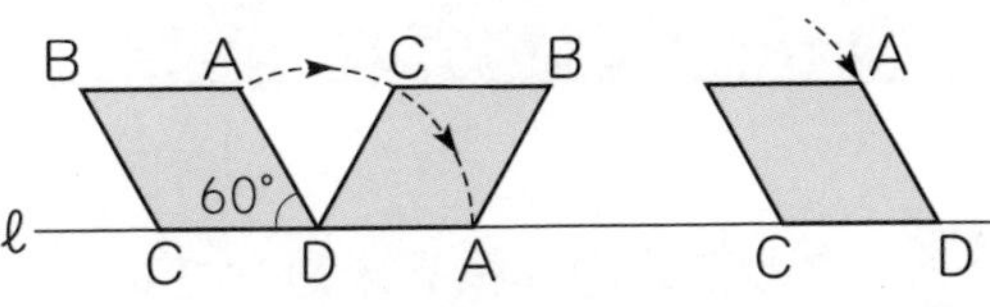

〔　　　　　〕

8 1辺が 20 cm の正三角形にそって，直径 4 cm の円がころがりながら1周します。この円が通ったあとの面積は何 cm^2 ですか。（10点）

〔東洋英和女学院中〕

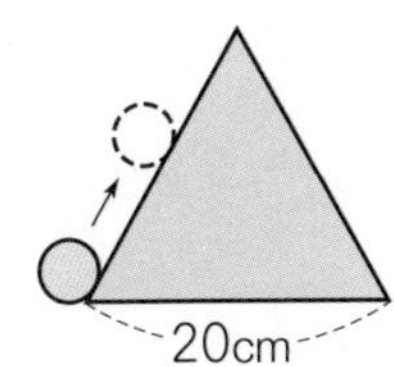

〔　　　　　〕

角柱と円柱の体積と表面積

要点のまとめ

❶ 角柱と円柱の体積

✓角柱と円柱の体積は，次の公式で求められます。

角柱と円柱の体積=底面積×高さ

❷ 角柱と円柱の表面積

✓表面積は展開図(てんかいず)の面積に等しく，２つの底面と側面の長方形の面積の和で求められます。

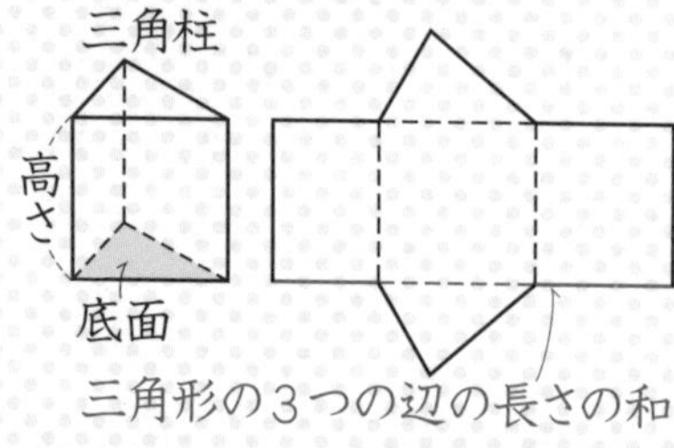

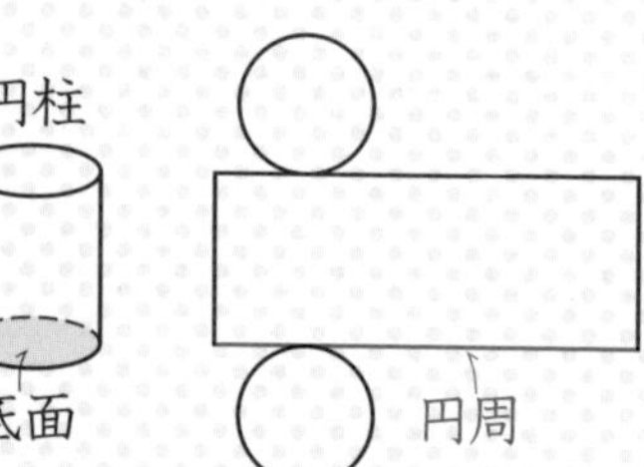

✓角柱や円柱の側面の面積

側面の長方形の縦(たて)の長さは角柱や円柱の高さに等しく，横の長さは底面のまわりの長さに等しいので，次の式で求められます。

底面のまわりの長さ×高さ

ステップ１

（円周率はすべて 3.14 とします。）

1 次の立体の体積を求めなさい。

①

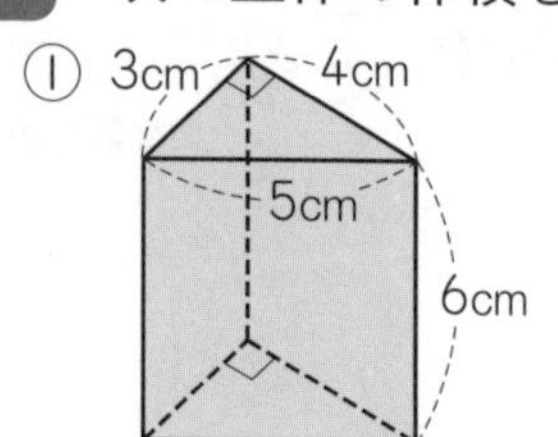

〔　　　　〕

②

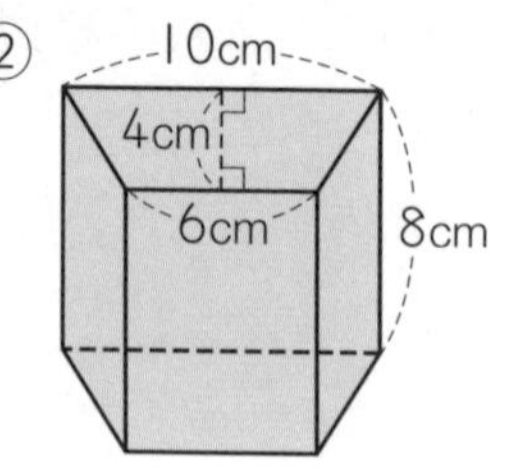

〔　　　　〕

③

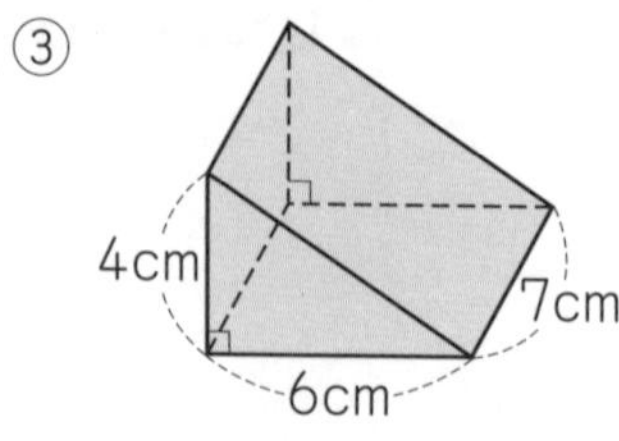

〔　　　　〕

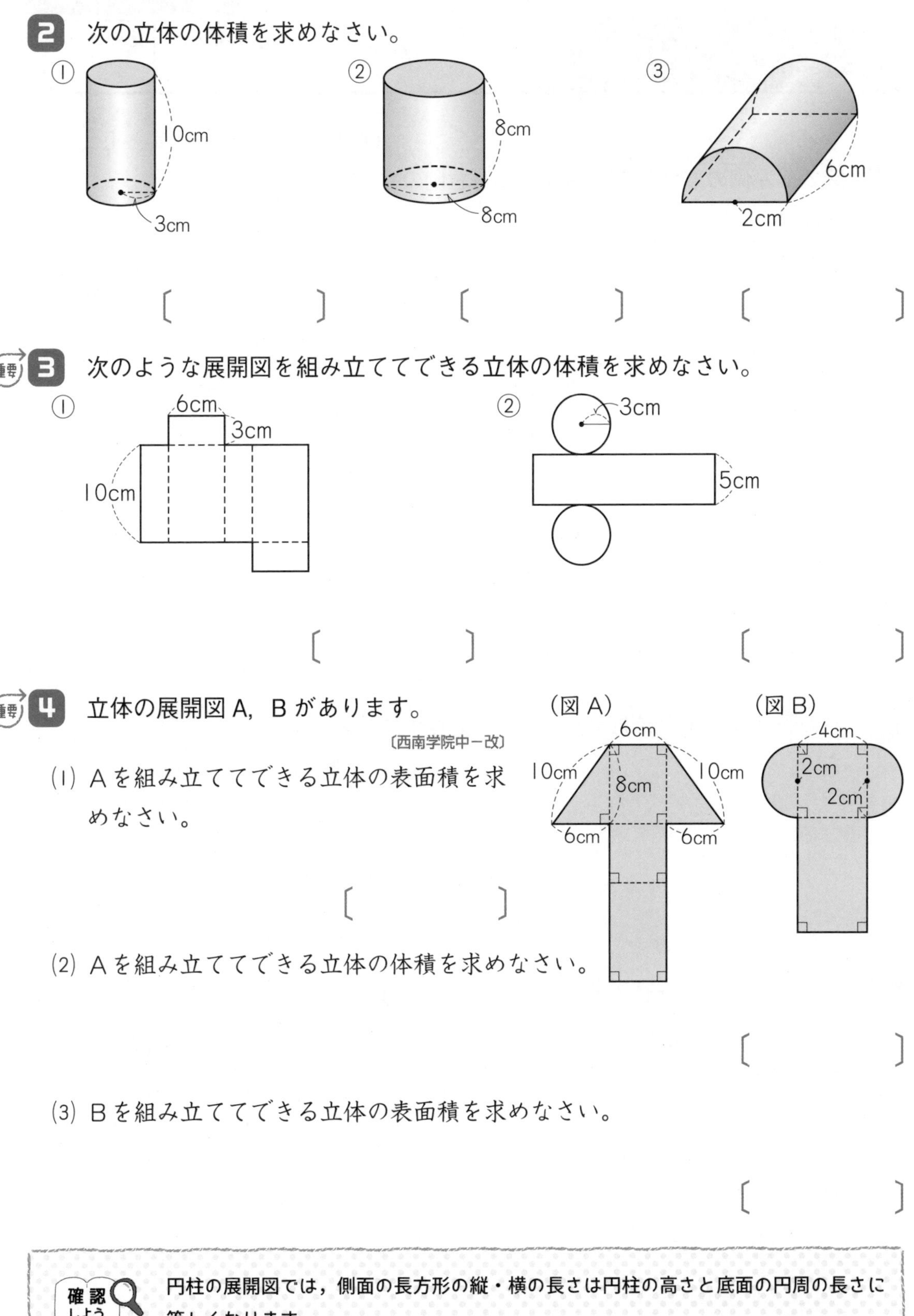

2 次の立体の体積を求めなさい。

① 〔　　　　〕　② 〔　　　　〕　③ 〔　　　　〕

重要 **3** 次のような展開図を組み立ててできる立体の体積を求めなさい。

① 〔　　　　〕　② 〔　　　　〕

重要 **4** 立体の展開図 A，B があります。

〔西南学院中一改〕

(1) A を組み立ててできる立体の表面積を求めなさい。

〔　　　　〕

(2) A を組み立ててできる立体の体積を求めなさい。

〔　　　　〕

(3) B を組み立ててできる立体の表面積を求めなさい。

〔　　　　〕

確認しよう 円柱の展開図では，側面の長方形の縦・横の長さは円柱の高さと底面の円周の長さに等しくなります。

(円周率はすべて 3.14 とします。)

1 図で，左側の展開図(てんかいず)を組み立てると右側の立体になります。(20点/1つ10点)

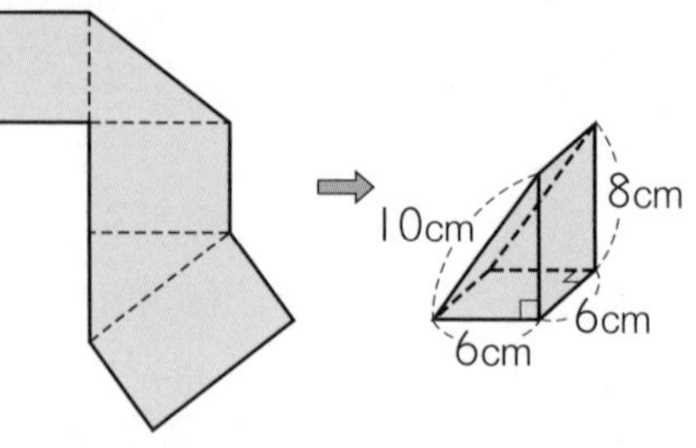

(1) この立体の体積を求めなさい。

〔　　　　〕

(2) この立体の表面積を求めなさい。

〔　　　　〕

2 右の図は直方体の展開図です。この立体の体積を求めなさい。(10点)

〔筑波大附中〕

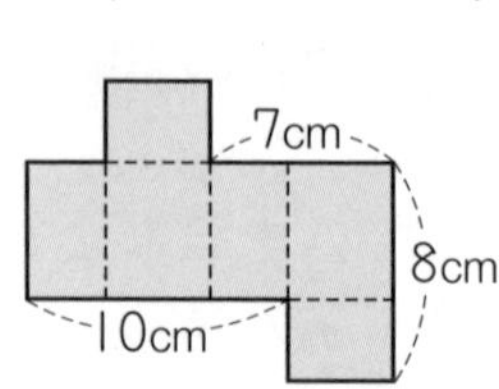

〔　　　　〕

3 右の図の立体の体積を高松(たかまつ)さんは，40×30×30と式をつくって求めました。どのように考えたのか図に線をかき入れ説明しなさい。(20点)

〔香川大附属高松中〕

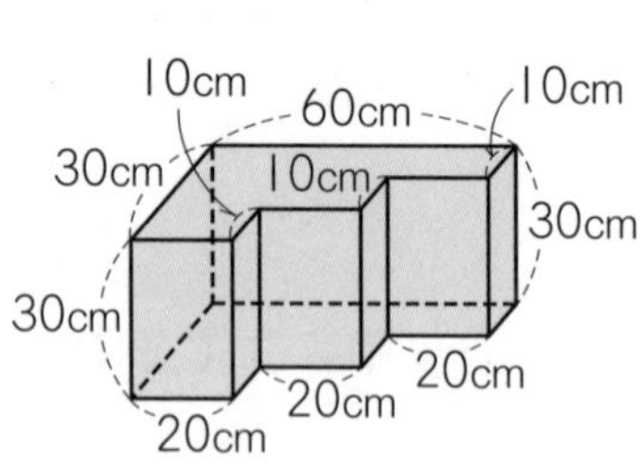

〔　　　　〕

重要 **4** 右の図は，１辺の長さが 10 cm の立方体から円柱を切りぬいたものです。このとき円柱の底面の円は，正方形の各辺にぴったりとくっついています。(20点/1つ10点)

〔武庫川女子大附中〕

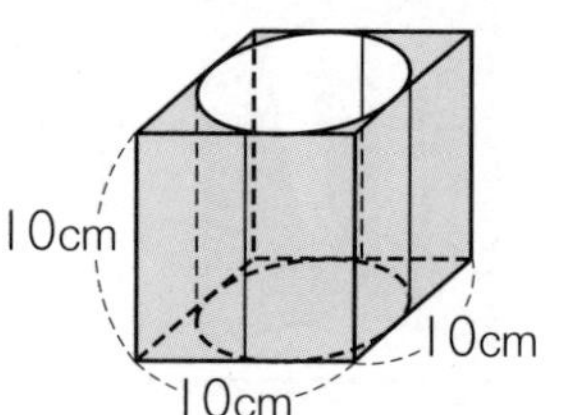

(1) この立体の体積は何 cm^3 ですか。

〔　　　　〕

(2) この立体の表面積は何 cm^2 ですか。

〔　　　　〕

5 次の図を組み立ててできる直方体の体積は 160 cm^3 です。図の中のアの長さを求めなさい。(10点)

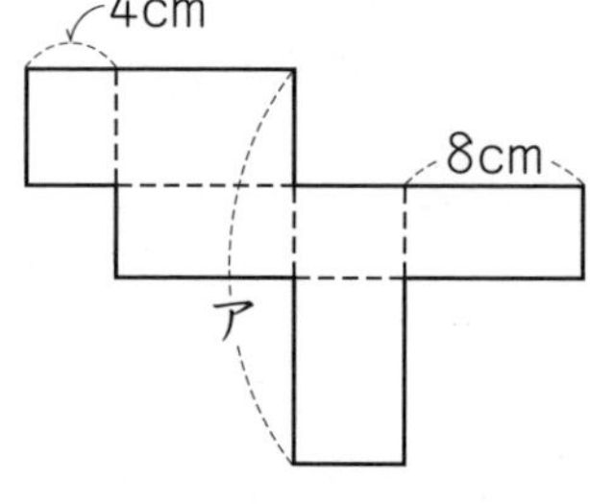

〔　　　　〕

6 右の図１の立体は直方体，図２の立体は三角柱です。右の図３のように，図１と図２の２種類の立体を，図１の立体からはじめて，右の方向へ，図２の立体，図１の立体，図２の立体，……とたがいちがいにくっつけていき，別の１つの立体をつくります。(20点/1つ10点)

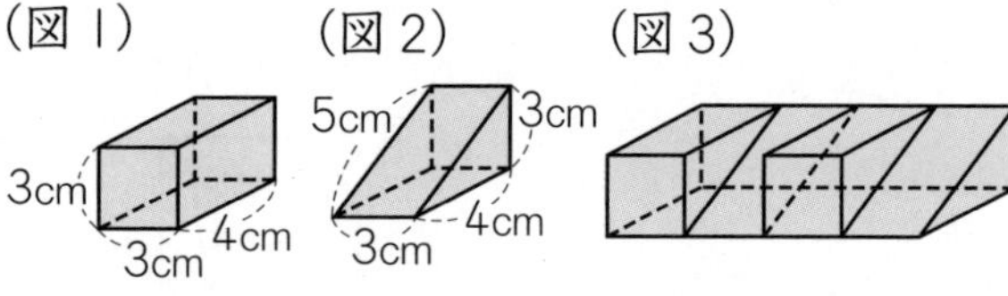

〔京都教育大附属京都中－改〕

(1) 図１と図２の立体をあわせて，15個くっつけたときにできる立体の体積を求めなさい。

〔　　　　〕

(2) 図１と図２の立体をあわせて，５個くっつけたときにできる立体の表面積を求めなさい。

〔　　　　〕

17 立体のいろいろな問題

要点のまとめ

❶ 立体の見方（投影図）

✓立体図形を真正面，真上，真横など決まった方向から見たとき，見える形は平面図形になります。

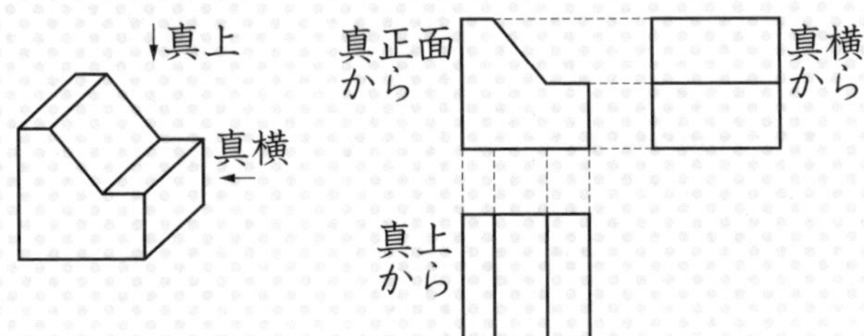

❷ 平面図形を回転させてできる図形（回転体）

✓平面図形をある直線を軸に回転させると，**回転体**ができます。

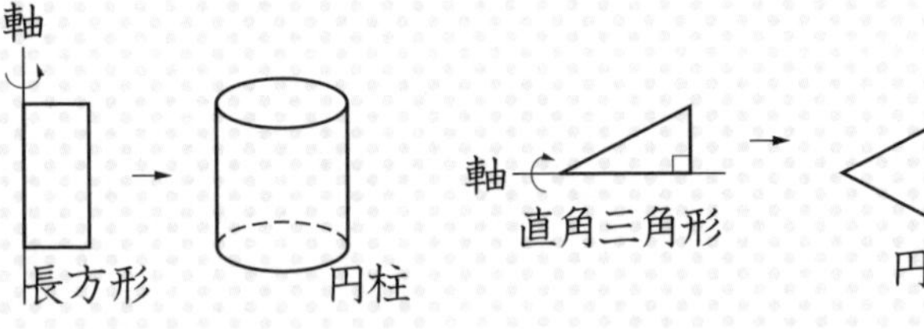

❸ 立体の切り口

✓立方体を平面で切ると，切り口は**三角形**，**四角形**，**五角形**，**六角形**のいずれかの形になります。

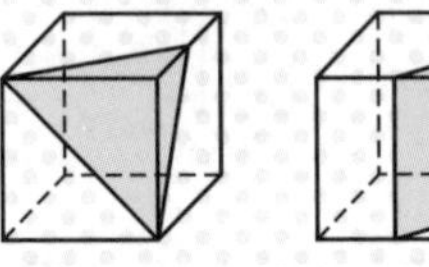
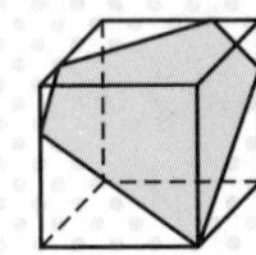
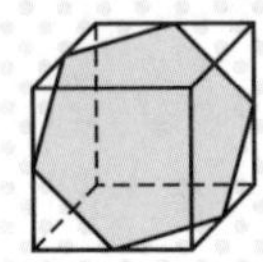

ステップ 1

重要 **1** 右の図の長方形 ABCD を，直線 CD を軸にして 1 回転させてできる立体について答えなさい。

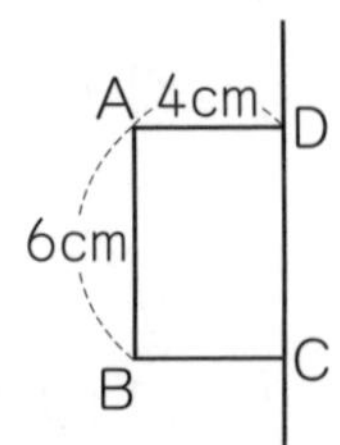

(1) できる立体はどんな形ですか。

〔　　　　〕

(2) 立体の体積は何 cm^3 になりますか。

〔　　　　〕

重要 2 次の図の立方体を・印をつけた３つの点を通る平面で切るときにできる切り口の形を下のア～コから選んで，記号で答えなさい。ただし，・印は立方体の頂点か，それぞれの辺の真ん中の点についています。

① 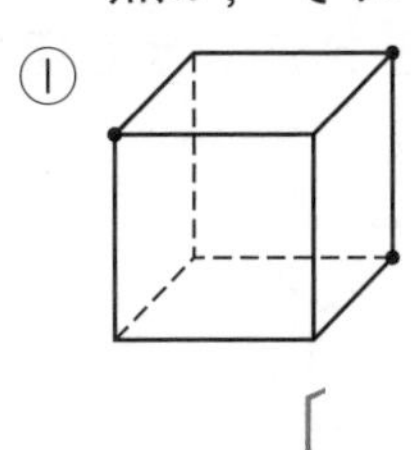
〔　　　〕

② 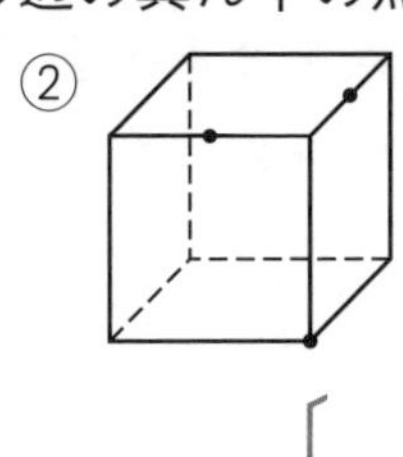
〔　　　〕

③ 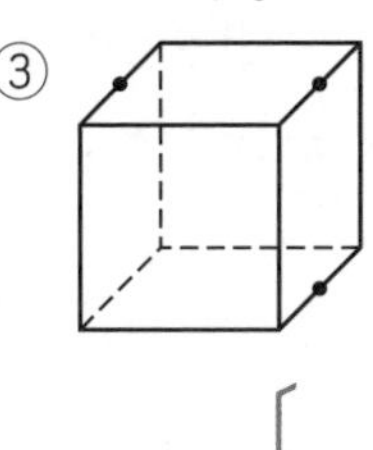
〔　　　〕

④ 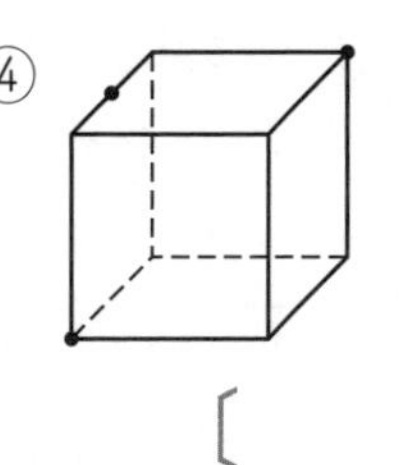
〔　　　〕

ア　正三角形	イ　二等辺三角形	ウ　直角三角形	エ　正方形
オ　長方形	カ　ひし形	キ　平行四辺形	

3 右の図は底面が１辺５cm の正方形の角柱を平面で切ってできた立体です。

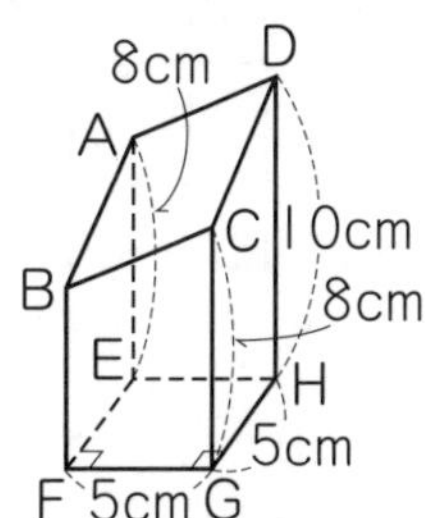

(1) 辺 BF の長さは何 cm ですか。

〔　　　〕

(2) この立体の体積は何 cm^3 ですか。

〔　　　〕

重要 4 右の図は１辺１cm の立方体を積み重ねたものです。

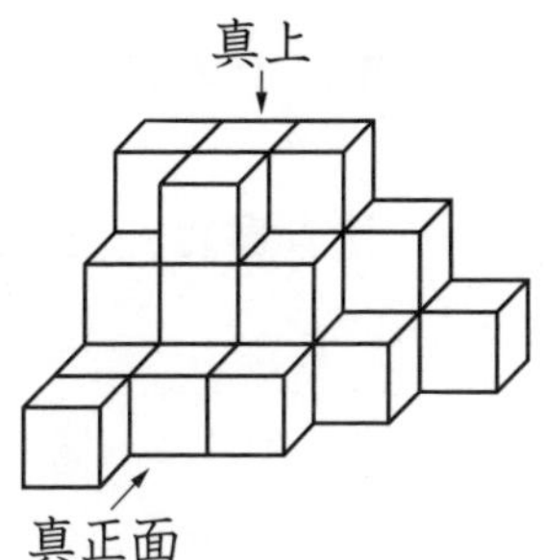

(1) 立方体は全部で何個ありますか。

〔　　　〕

(2) 真上から見ると，立方体の面はいくつ見えますか。

〔　　　〕

(3) 真正面から見ると，立方体の面はいくつ見えますか。

〔　　　〕

立方体や直方体を平面で切るとき，切り口の図形の向かいあう辺は平行になります。

1 次の図の立方体を，・印をつけた３つの点を通る平面で切るときにできる切り口をそれぞれの図にかき入れ，切り口の形を答えなさい。(36点/１つ６点)

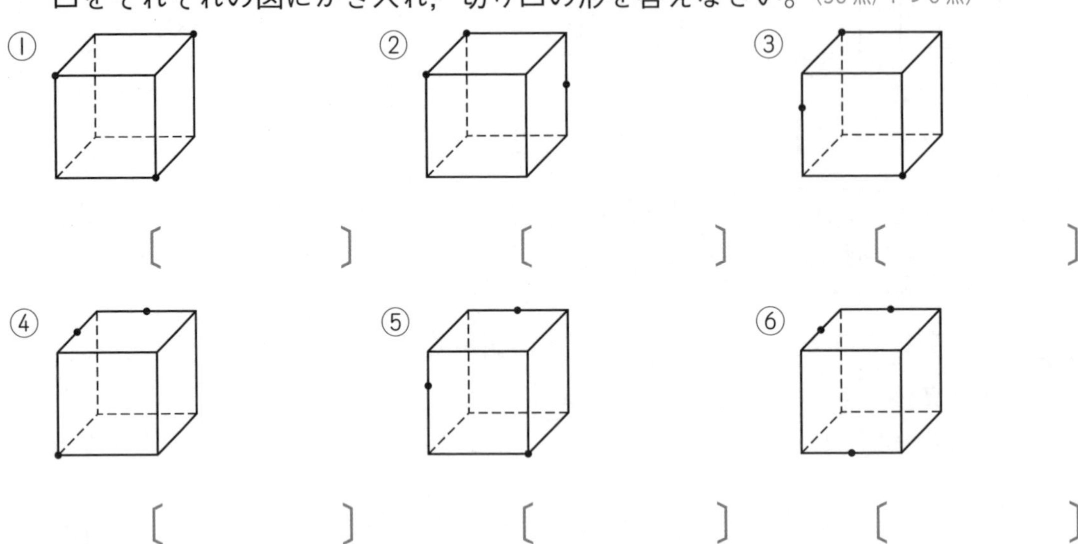

〔　　　　〕　〔　　　　〕　〔　　　　〕

④　⑤　⑥

〔　　　　〕　〔　　　　〕　〔　　　　〕

2 右の図のように台の上に１辺１cmの立方体を積み重ねて置き，表面にペンキをぬりました。台に接している面と，立方体が接していて外から見えない面にはペンキをぬっていません。たとえばアの立方体には上，前，右の３つの面にペンキがぬられています。

(24点/１つ６点)

(1) 積み重ねた立方体は全部で何個ですか。

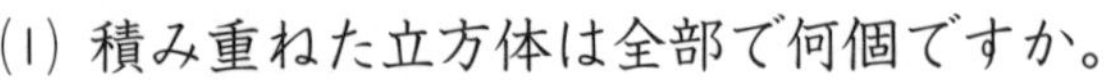

〔　　　　〕

(2) ペンキがぬられている面積は，全部で何 cm^2 ですか。

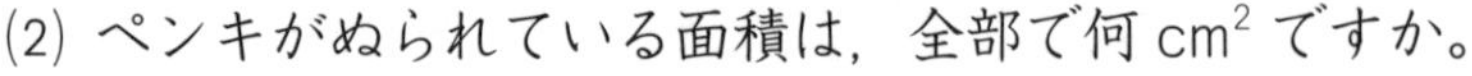

〔　　　　〕

(3) ペンキが４つの面にぬられている立方体は何個ありますか。

〔　　　　〕

(4) ペンキがぬられていない立方体は何個ありますか。

〔　　　　〕

3 次の図は，中の見える立方体の容器の中に入れた棒を，正面と真上から見たものです。

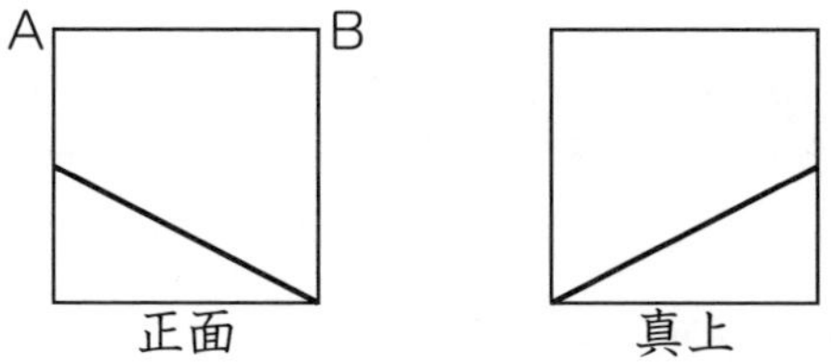

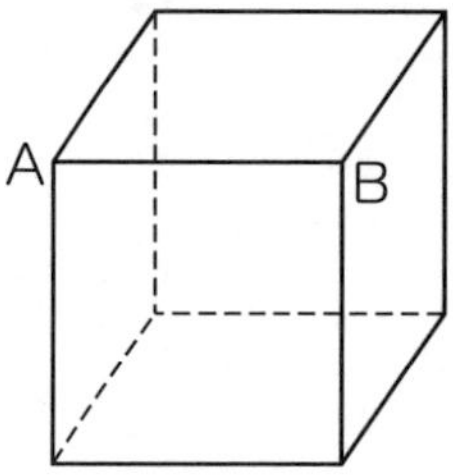

右の見取図において，棒はどのように見えますか。右の見取図にかきなさい。(10点)　〔筑波大附中〕

4 右の図は1辺6 cmの立方体で，前後，左右，上下の方向にそれぞれ1辺2 cmの正方形の穴があいています。それぞれ向こう側につきぬけていて，どの面も同じ形です。

(12点/1つ6点)

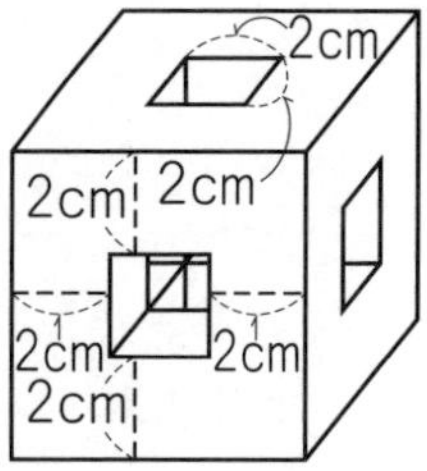

(1) この立体の体積は何 cm^3 ですか。

〔　　　　〕

(2) この立体の表面積は何 cm^2 ですか。

〔　　　　〕

5 右の図の四角形ABCDは長方形です。この長方形の辺ABを軸(じく)として1回転させてできる立体を㋐，辺BCを軸として1回転させてできる立体を㋑とします。これについて，次の比を最も簡単な整数の比で答えなさい。

(18点/1つ6点)〔普連土学園中〕

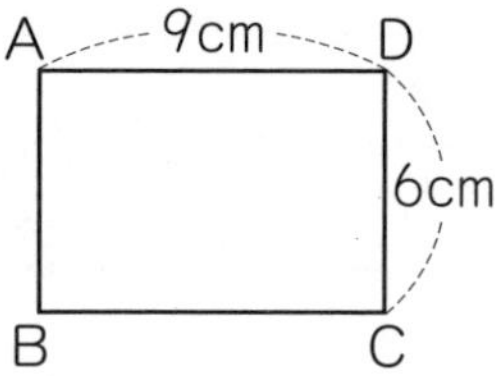

(1) ㋐と㋑の体積の比

〔　　　　〕

(2) ㋐と㋑の側面積の比

〔　　　　〕

(3) ㋐と㋑の表面積の比

〔　　　　〕

18 容　積

要点のまとめ

❶ 容積と深さ・底面積

- 入れものに入る水などの体積を**容積**といいます。容積は体積と同じ考えかたで計算できます。
  容積＝底面積×深さ(高さ)
- 厚さのある容器などで，内側の辺の長さを**内のり**といいます。
- 入れものに入っている水の量が変わらないとき，底面積と深さはともなって変わります(反比例の関係)。
  深さ＝容積÷底面積　　底面積＝容積÷深さ

❷ 容器をかたむける問題

- 直方体の容器を横にかたむけて水がこぼれないときは，容器の手前の面を底面，奥行きを高さとみると，**高さが変わらないので底面積も変わりません。**

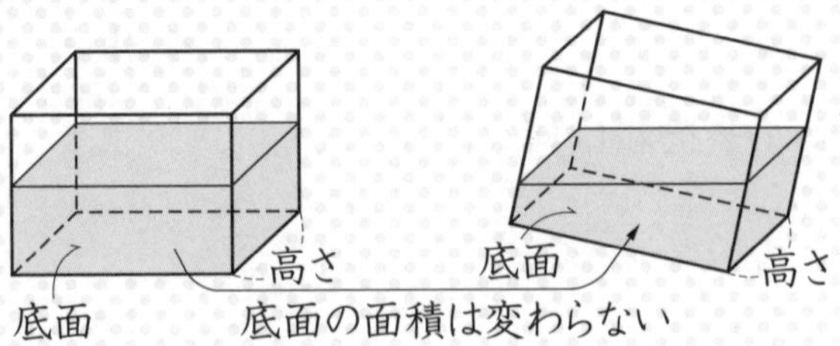

ステップ 1

(円周率はすべて 3.14 とします。)

1 右の図のような内のりが底面の円の半径が 10 cm，高さが 20 cm の円柱の形をした容器があり，容器の底から 11 cm の高さまで水が入っています。

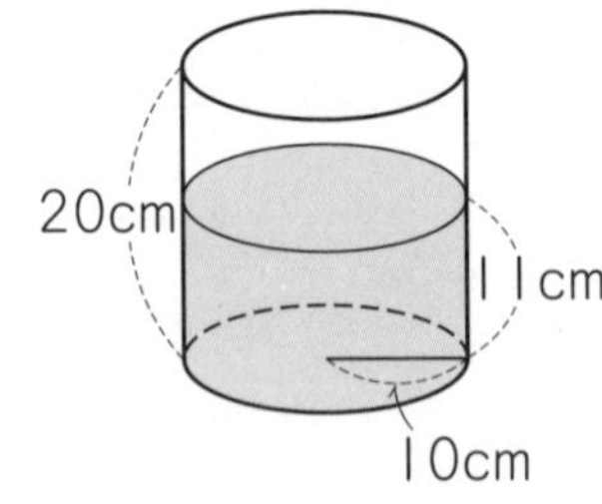

(1) 容器に入っている水は何 cm^3 ですか。

〔　　　　〕

(2) この中に石を入れると，石は全体が水の中にしずみ，水面の底からの高さが 13.5 cm になりました。石の体積は何 cm^3 ですか。

2 厚さが 2 cm の板を使って右の図のような直方体の形をしたふたのない容器をつくりました。この容器の容積は何 cm^3ですか。

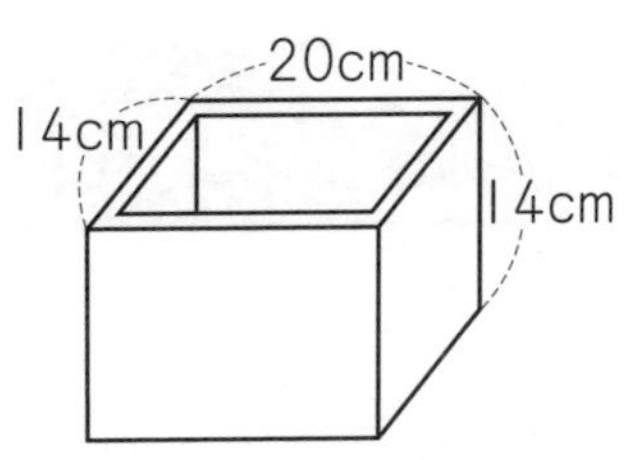

〔　　　　〕

3 下の図 1 のような底面が 1 辺 10 cm の正方形で深さ 15 cm の直方体の形の容器に，底から 12 cm の高さまで水が入っています。□にあてはまる数を答えなさい。

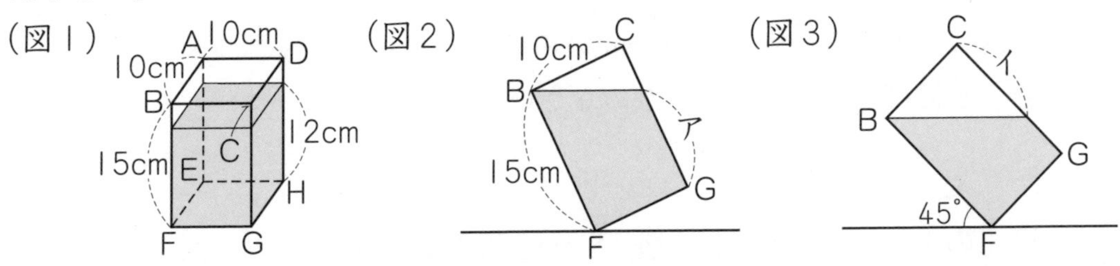

(1) 図 2 のように水面が辺 AB と重なるまで容器をかたむけました。このとき，アの長さは□cm です。

〔　　　　〕

(2) 図 3 のように容器と台との角度が 45° になるまでかたむけると，水がこぼれました。このとき，イの長さは□cm で，こぼれた水は□cm^3 です。

〔　　　　〕〔　　　　〕

4 右の図 1 のような底面が 1 辺 10 cm の正方形で深さが 20 cm の容器があり，底から 12 cm の高さまで水が入っています。図 2 のようにこの中に底面が 1 辺 5 cm の正方形で高さが 25 cm の四角柱の形をした鉄の棒を容器の底面に垂直（すいちょく）に立てると，水面の高さは何 cm になりますか。

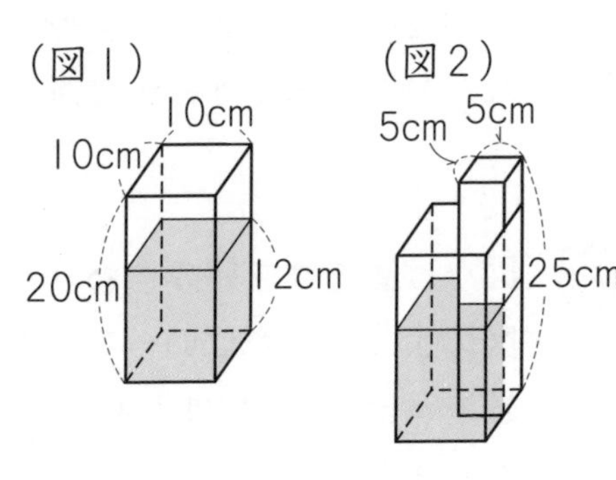

〔　　　　〕

直方体の形の容器で水の量が変わらないとき「底面積×深さ」は一定です。

月　日　答え ➡ 別さつ24ページ

ステップ2

時間40分　合格80点　得点　点

（円周率はすべて3.14とします。）

1 縦（たて）の長さが20 cm，横の長さが15 cm，高さが20 cmの直方体の容器があります。容器の厚さを考えないものとします。（20点/1つ10点）〔プール学院中〕

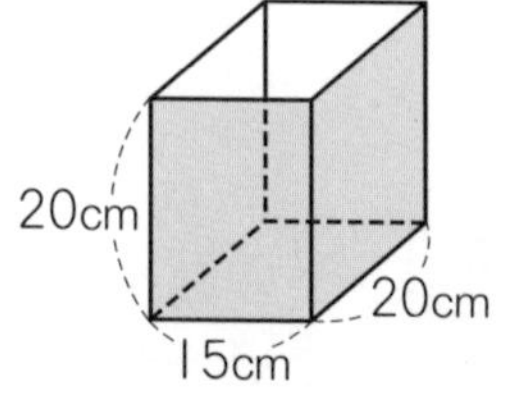

(1) この容器に4.5 Lの水を入れたときの深さを求めなさい。

〔　　　〕

(2) さらに，半径5 cm，高さ6 cmの円柱形のおもりを容器に入れました。このとき，水面は何cm上がるか求めなさい。

〔　　　〕

重要 **2** 図1のように，縦10 cm，横18 cm，高さ15 cmの直方体の水そうに9 cmまで水がはいっています。この中に，図2のような，縦4 cm，横9 cm，高さ15 cmの直方体を半分に切った三角柱を入れます。（20点/1つ10点）〔大阪教育大附属池田中〕

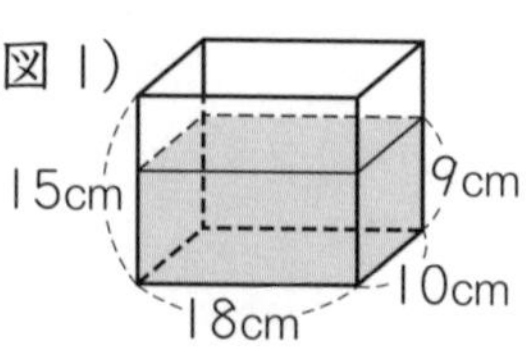

(1) 三角柱がすっかりしずむように入れたとき，水そうの水の深さは何cmになりますか。

〔　　　〕

(2) 右の図のように直角三角形の面を底にし，三角柱を立てて入れたとき，水そうの水の深さは何cmになりますか。

〔　　　〕

重要 **3** 図1は直方体を組み合わせた形の容器で，図のように水がはいっています。この容器を45°かたむけたら，図2のようになりました。（20点/1つ10点）〔東海中〕

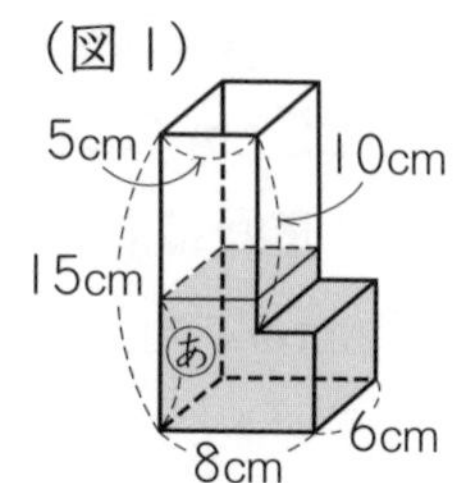

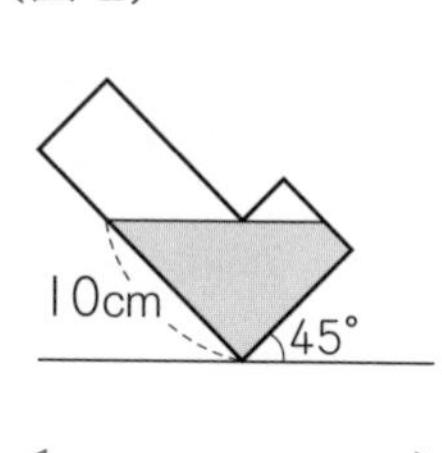

(1) 水の量は何cm^3ですか。

〔　　　〕

(2) 図1のあの長さを求めなさい。

〔　　　〕

4 底面の半径が 10 cm，高さが 20 cm の円柱の容器に水をいっぱいに満たします(図1)。次にこの容器をゆっくりかたむけて水をこぼしていきます。容器の上端(たん)Aから水面Bまでの長さを AB と表します(図2)。(20点/1つ10点)

〔品川女子学院中〕

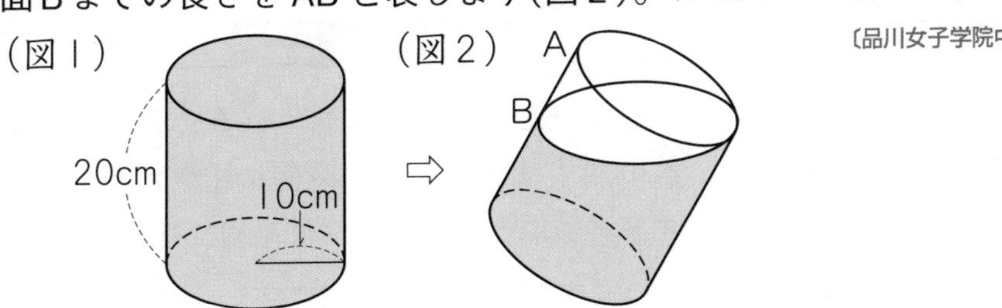

(1) AB=12 cm になったとき，容器の中に残った水の量は何 cm^3 ですか。

〔　　　　〕

(2) 容器の中に残った水の量が，水をいっぱいに満たしたときの $\frac{5}{8}$ になるのは，AB が何 cm のときですか。

〔　　　　〕

5 図1のような，立方体から1つの直方体を切り取った形の重い物体があります。また，1辺の長さが 20 cm より長い立方体の形をした水そうがあり，水そうの底から 12 cm のところまで水が入っています。図1の物体を，この向きのまま水そうに入れると，水面の高さは水そうの底から 16 cm になりました。

(20点/1つ10点)〔浦和明の星女子中〕

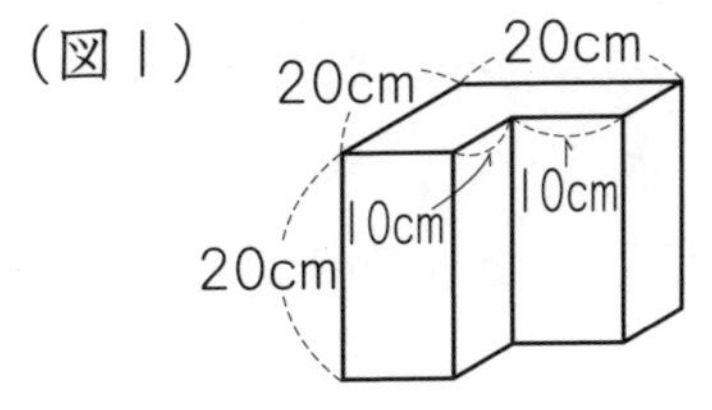

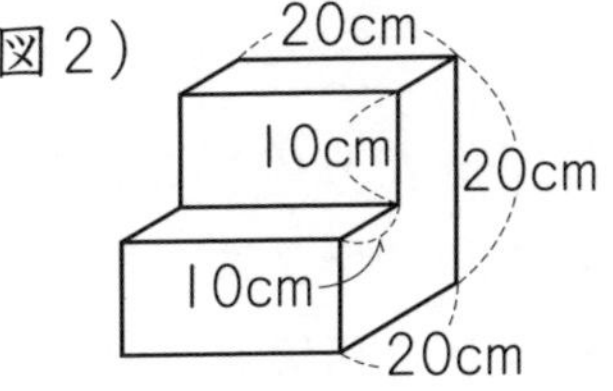

(1) 水そうの底の面積は何 cm^2 ですか。

〔　　　　〕

(2) 図1の物体を，図2のようにたおして水そうに入れると，水面の高さは水そうの底から何 cm になりますか。

〔　　　　〕

月	日	答え ➡ 別さつ25ページ

水量の変化とグラフ

要点のまとめ

❶ 水量の変化とグラフ

✓容器に一定の割合(わりあい)で水を入れるとき，底面積が変わらなければ水の深さは水を入れた時間に**比例**します。時間を横軸(じく)，水の深さを縦(たて)軸にとるとグラフは直線になります。

❷ 底面積の変化と水面の上がり方

✓底面積が大きくなると水面の上がり方はゆるやかになり，底面積が小さくなると水面の上がり方は急になります。グラフのかたむきが変わるところでは，底面積が変わっています。

❸ 仕切りなどがある問題

水が仕切りなどをこえて別の部分に水がたまる場合には，別の部分に水がたまっている間はグラフが**水平**になります。

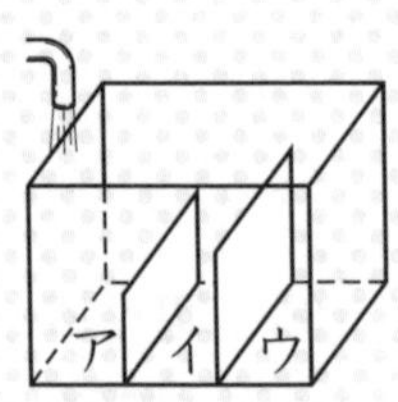

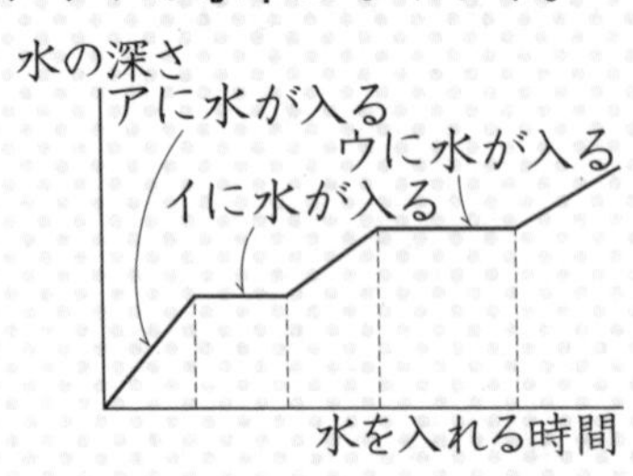

ステップ 1

（円周率はすべて 3.14 とします。）

重要 **1** 図1のように底からの高さが 22 cm の水そうに，水を一定の割合で入れていきます。図2のグラフは，水を入れはじめてからの時間と，水そうの底から水面までの高さとの関係を表したものです。〔東京学芸大附属竹早中ー改〕

(1) 図1の㋐の長さを求めなさい。

〔　　　　　　〕

(2) 毎分何 cm^3 の水を入れていますか。

〔　　　　　　〕

(3) 図1の㋑の長さを求めなさい。

〔　　　　　　〕

（図1）　㋑　22cm　㋐　12cm　10cm

（図2）(cm)　18　10　高さ　0　5　11 (分)　時間

(4) この水そうがいっぱいになるのは，水を入れはじめてから何分後ですか。

〔　　　　　　〕

2 右の図のように１辺が20 cmの立方体の容器の中をガラスで仕切り，左の部分から一定の割合で水を入れます。グラフは満水になるまでの水を入れた時間と左の部分の水の深さの関係を表したものです。ガラスの厚さは考えないものとします。

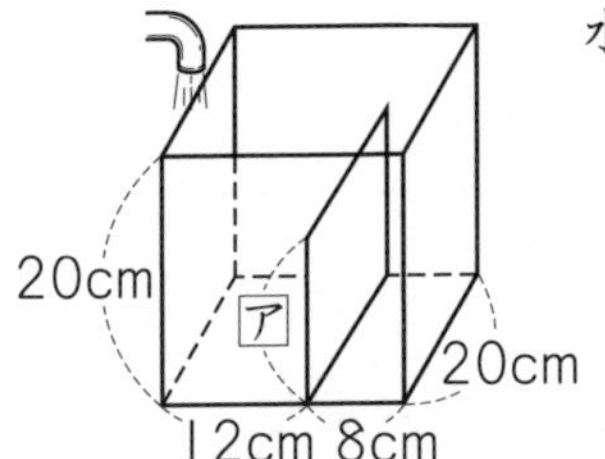

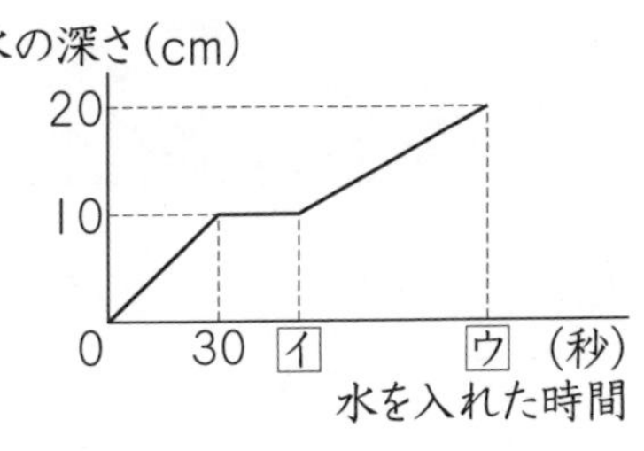

(1) アの長さは何 cm ですか。

(2) 毎秒何 cm^3 の水を入れましたか。

(3) イ，ウにあてはまる数を答えなさい。

イ 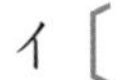 ウ 

3 右の図のように半径 6 cm，高さ 10 cm の円柱状の大きい水そうの中に，半径 4 cm，高さ 6 cm の円柱状の小さい水そうを入れ，この小さい水そうの中に毎秒 6 cm^3 の割合で水を入れ続けました。

〔春日部共栄中一改〕

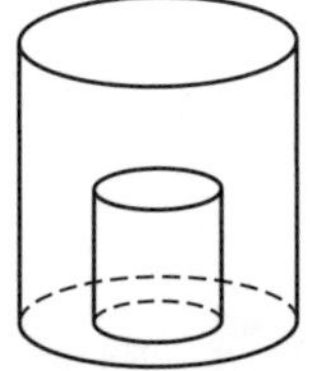

(1) 小さい水そうに水がいっぱいになるのは，水を入れ始めてから何秒後ですか。

(2) 水を入れ始めてから大きい水そうが満水になるまでの時間と，そのときの水そうの最も高い水面の高さとの関係を表すグラフとして最も適当なものを，次の①～④より１つ選びなさい。また，選んだ理由を簡単に説明しなさい。

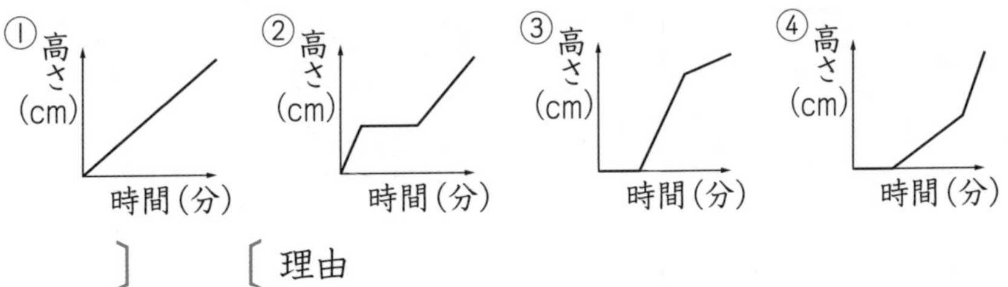

〔　　　　〕　〔理由　　　　　　　　　　〕

(3) 大きい水そうに水がいっぱいになるのは，水を入れ始めてから何秒後ですか。

グラフの変わり目では，底面積や水の入りかたに変化が起こっています。

月　日　答え ➡ 別さつ25ページ

ステップ 2

時間 35分　合格 80点　得点　点

1 図のような一辺が 10 cm の立方体のおもりの入った空(から)の水そうがあります。この水そうに毎分 1 L の割(わり)合(あい)で水を入れていきます。グラフは水を入れ始めてからの時間と水面の高さを表したものです。

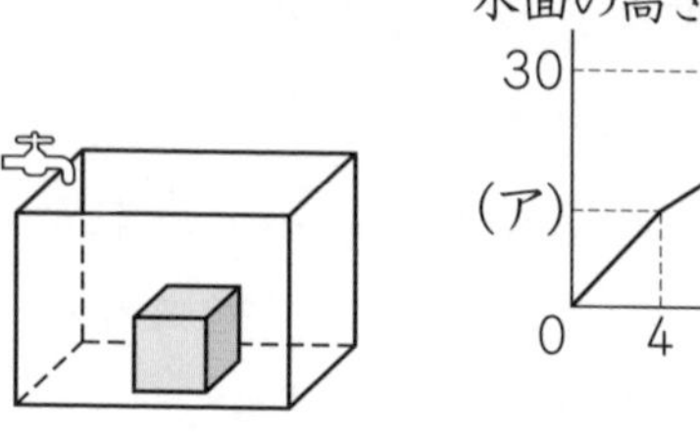

(24 点/1 つ 8 点)〔藤嶺学園藤沢中一改〕

(1) グラフの(ア)に入る数はいくつですか。

〔　　　　〕

(2) 水そうの底面積は何 cm^2 ですか。

〔　　　　〕

(3) 14 分後，水を止めました。水そうからおもりを取り出すと水面の高さは何 cm になりますか。

〔　　　　〕

2 図 1 のような直方体の容器の中に，図 2 のような大きさの違う直方体を組み立ててできた積み木を入れ，一定の割合で水を入れていきます。図 3 は水を入れ始めてからの時間と水面の高さの関係を表したものです。ただし，この積み木は水に浮かないものとします。(24 点/1 つ 8 点)

〔かえつ有明中〕

(図 1)

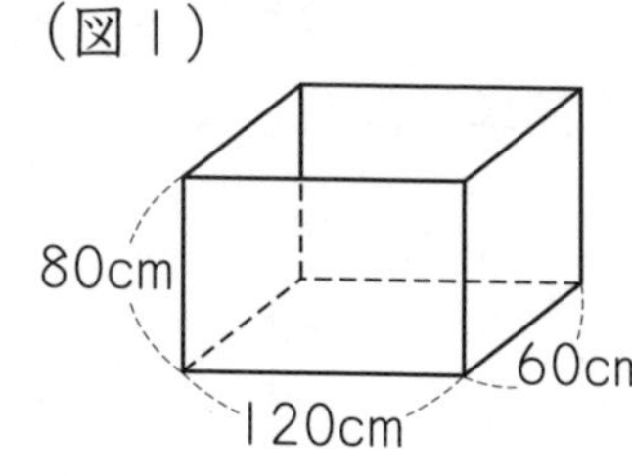

(図 2)

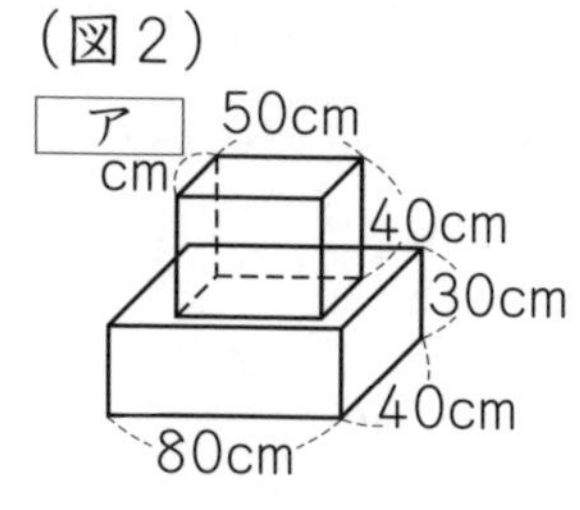

(図 3)

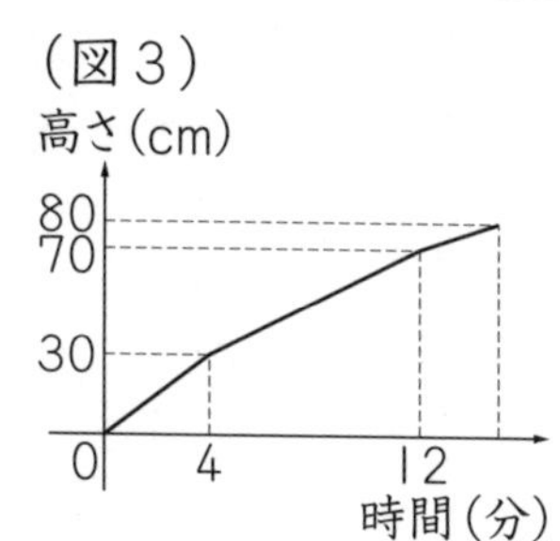

(1) 毎分何 L の水が入りますか。

〔　　　　〕

(2) ア に当てはまる数字はいくつですか。

〔　　　　〕

(3) 水を入れ始めてから何分何秒後に容器の水がいっぱいになりますか。

〔　　　　〕

3 図１のような直方体の水そうに２枚の長方形の仕切り板ア，イを底面に垂直(すいちょく)となるように入れます。仕切り板アの高さは４cmです。この水そうに底面Ａの部分から毎分 50 cm^3 で満水になるまで水を注いでいきます。図２はこのときの，時間と水面の高さの関係を表したグラフです。(30点/１つ10点)〔千葉日本大第一中〕

（図１）

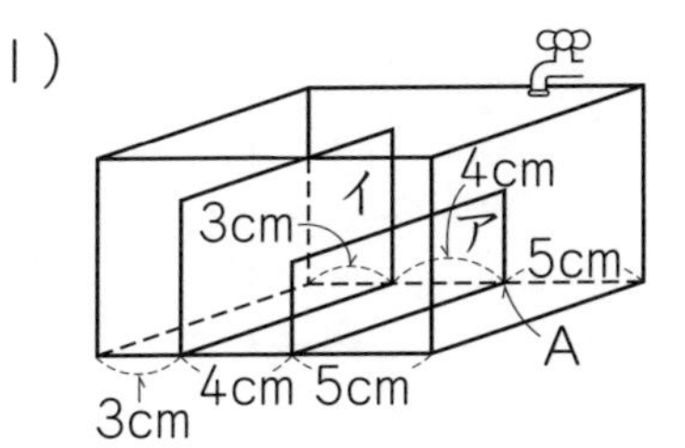

（図２）

(cm) 10 0 8 12.6 □ 48(分)

(1) この水そうの奥行を求めなさい。

〔　　　　　〕

(2) 仕切り板イの高さを求めなさい。

(3) 図２の□に入る値を求めなさい。

〔　　　　　〕

4 下の図１のような直方体の容器を長方形の板で仕切り，中をＡとＢの部分に分けました。Ａには毎秒 40 cm^3，Ｂには毎秒 60 cm^3 の割合で同時に水を入れはじめ，容器全体が満水になるまで水を入れます。図２のグラフはＡの部分について，水を入れた時間と水面の高さの関係を表しています。板の厚さは考えないものとします。

（図１）

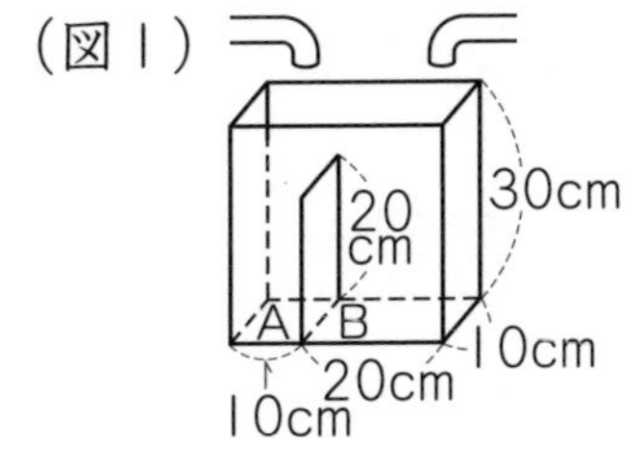

図（２）

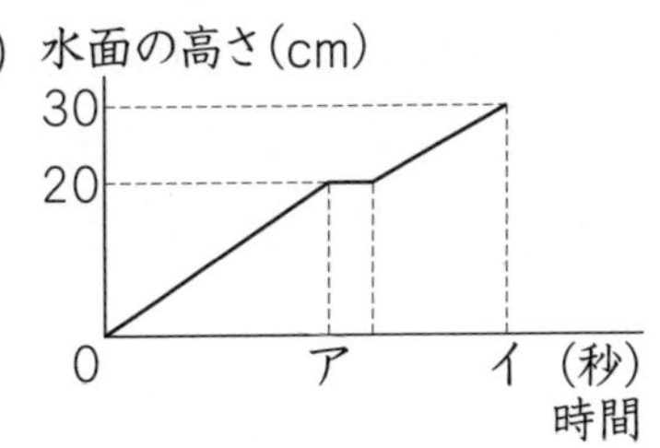

(1) 図２のア，イにあてはまる数を答えなさい。(12点/１つ６点)

ア〔　　　　　〕　イ〔　　　　　〕

(2) Ｂの部分の水面の高さの変化を表すグラフを図２にかき入れなさい。(10点)

STEP 3 16 ~ 19

ステップ 3

月　日　答え ➡ 別さつ26ページ

時間 40分　合格 70点　得点　点

（円周率はすべて 3.14 とします。）

1 右の図１と図２で表された立体の体積で，大きいほうの体積は何 cm³ ですか。（8点）

〔広島大附属東雲中〕

（図１）

$\frac{16}{3}$cm　4cm　9cm

三角柱の展開図

（図２）

3cm　2cm　3cm　5.3cm　4cm

２つの直方体

〔　　　　　〕

2 右の図のように，直方体からその一部分を切り取ったところ，体積はもとの直方体の体積の $\frac{7}{8}$ になりました。㋑の部分の長さは何 cm ですか。（8点）

〔日本女子大附中〕

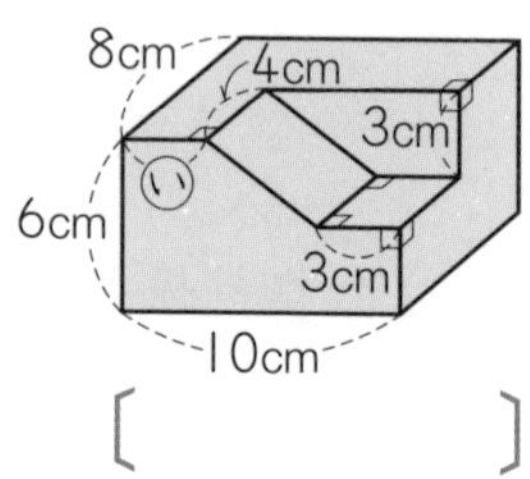

〔　　　　　〕

重要 **3** 右の図の長方形 ABCD を，直線 ℓ を軸（じく）にして１回転させてできる立体があります。（16点/１つ８点）

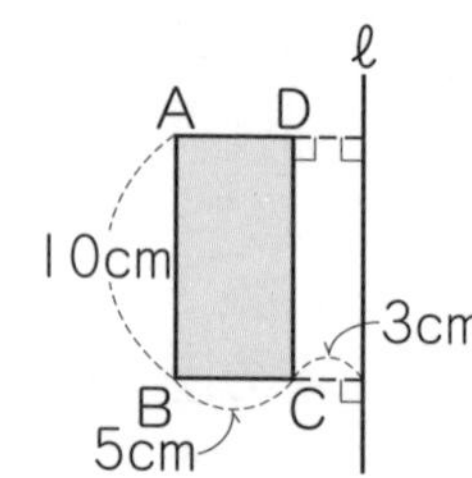

(1) 体積は何 cm³ ですか。

〔　　　　　〕

(2) 表面積は何 cm² ですか。

〔　　　　　〕

4 右の図のように６個の立方体ア～カを積み，３点 A, B, C を通る平面で切断して，それぞれの立方体にできる切り口を考えます。（24点/１つ８点）

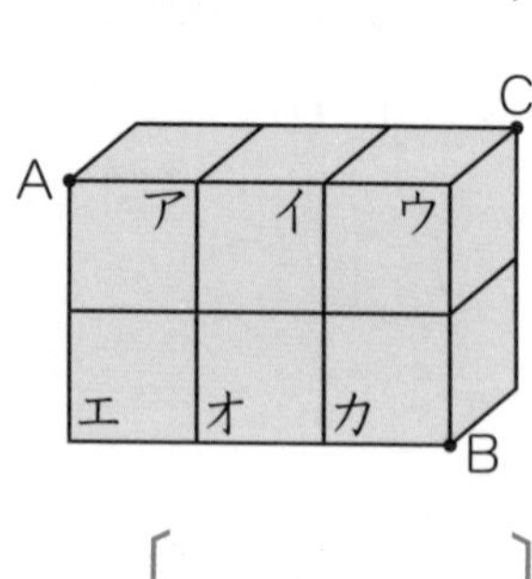

(1) 切り口ができない立方体はどれですか。記号を書きなさい。

〔　　　　　〕

(2) 立方体イにできる切り口は何角形ですか。

〔　　　　　〕

(3) 切り口の面が三角形になる立方体はどれですか。あるだけ記号を書きなさい。

〔　　　　　〕

5 図のように，高さが 20 cm で，1 辺が 10 cm である正方形を底面とする四角柱の容器の中に，円柱の容器がぴったりと入っていて，さらに円柱の容器の中に，正方形を底面とする四角柱の容器がぴったりと入っています。この容器の真ん中に毎分一定の割合で水を注ぎ入れます。このとき，水を入れ始めてからの時間と底面から最も高い水面までの高さとの関係を表したグラフを見て，次の問いに答えなさい。ただし，水は中央に近い容器から順に満たされ，それまでは外側の容器に入らないようになっています。また，容器の厚さは考えないものとします。(24 点/1 つ 8 点) 〔鎌倉学園中〕

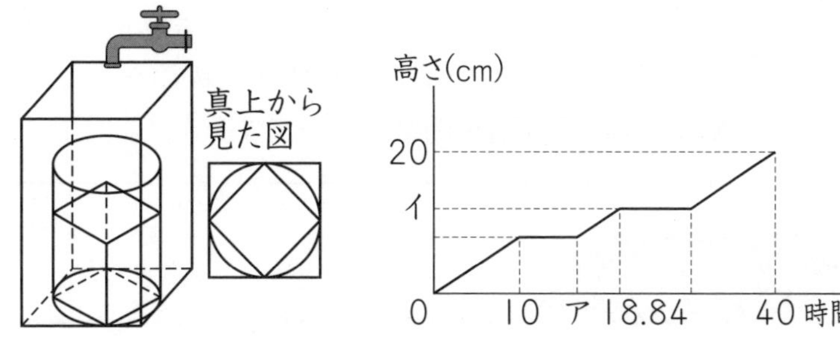

(1) 毎分何 mL の水が容器に注がれていますか。

〔　　　　〕

(2) アの値はいくつですか。

〔　　　　〕

(3) イの値はいくつですか。

〔　　　　〕

重要 **6** 右の図は，底面の直径が 8 cm，高さが 10 cm の円柱状のつつを，底面に垂直(すいちょく)な面でちょうど半分の大きさに切断してつくった容器です。この容器を，面 ABCD が床(ゆか)と平行になるように置き，水を満たしました。

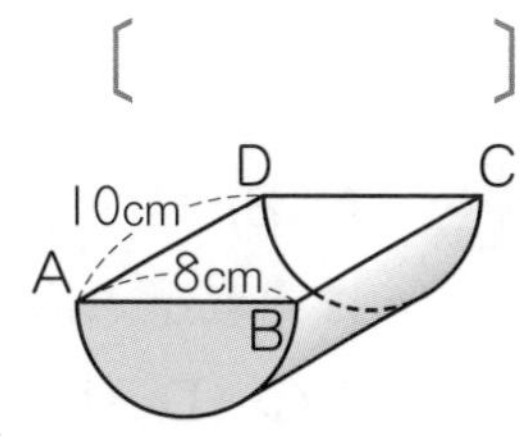

(20 点/1 つ 10 点) 〔青雲中〕

(1) このときの水の体積を求めなさい。

〔　　　　〕

(2) 水を満たした後，面 ABCD と床が 45° になるまで容器を静かにかたむけたとき，容器に残った水の体積を求めなさい。

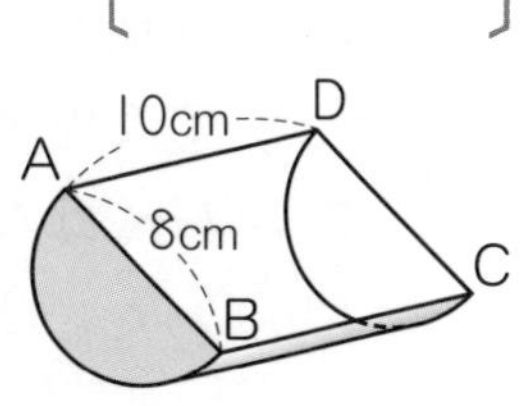

〔　　　　〕

月　日　答え ➡ 別さつ27ページ

20 推理や規則性についての問題

要点のまとめ

❶ 推理の問題	✓問題の中にある条件やきまりから推理して答えを求めます。文章を整理して，条件に合うもの，合わないものを見つけると，わかりやすくなります。
❷ 周期性の問題	✓あるきまりにしたがってならんでいる数や図形などから，それぞれの周期性(同じことがくり返し起こること)を見つけ出して解く問題を**周期性の問題**といいます。

ステップ 1

1 身体測定での５人が身長をはかると，次のことがわかりました。５人を，身長の高い順に並べなさい。

・同じ身長の人はいない。
・ＡさんはＢさんより高い。
・ＣさんはＤさんより低い。
・ＥさんはＤさんより高く，Ａさんより低い。
・Ｅさんより高い人が２人以上いる。

〔　　　〕→〔　　　〕→〔　　　〕→〔　　　〕→〔　　　〕

重要 **2** A, B, C, D, Eの５人が，ある時刻に待ち合わせをしました。その結果を５人はそれぞれ次のように言っています。待ち合わせの場所に着いた順番をA→B→C→D→Eのように答えなさい。 〔帝塚山学院泉ケ丘中〕

Ａ：「ぼくは待ち合わせの時刻より６分早く着いた」
Ｂ：「わたしはＥさんより５分早く着いた」
Ｃ：「時間どおり着いたつもりだったけれど，ぼくの時計が２分おくれていることに後から気づいた」
Ｄ：「ぼくはＡ君より３分おそく着いた」
Ｅ：「わたしはＣ君より２分早く着いた」

〔　　　〕→〔　　　〕→〔　　　〕→〔　　　〕→〔　　　〕

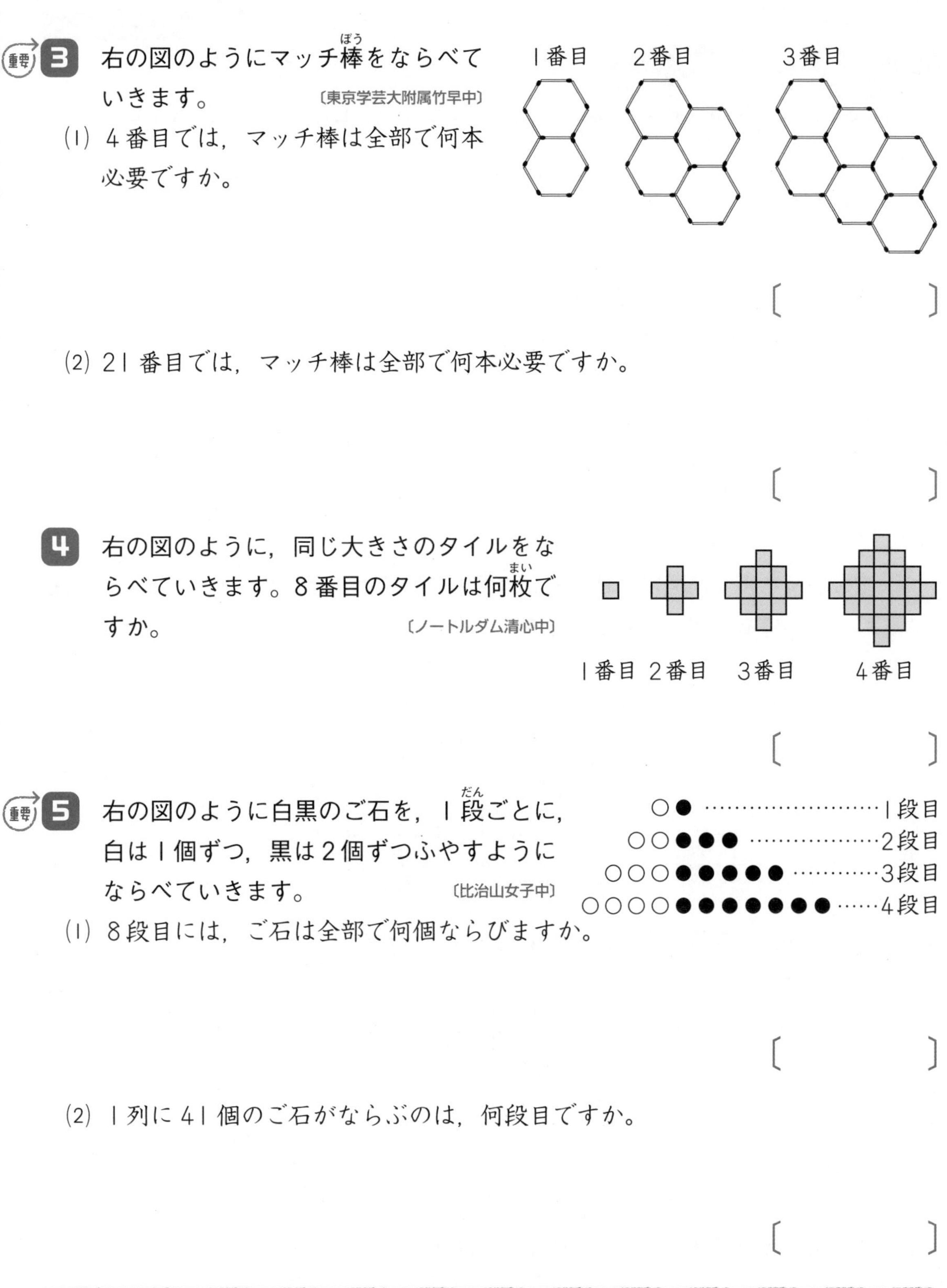

3 右の図のようにマッチ棒をならべていきます。〔東京学芸大附属竹早中〕

1番目　2番目　3番目

(1) 4番目では，マッチ棒は全部で何本必要ですか。

〔　　　　〕

(2) 21番目では，マッチ棒は全部で何本必要ですか。

〔　　　　〕

4 右の図のように，同じ大きさのタイルをならべていきます。8番目のタイルは何枚ですか。〔ノートルダム清心中〕

1番目　2番目　3番目　4番目

〔　　　　〕

5 右の図のように白黒のご石を，1段ごとに，白は1個ずつ，黒は2個ずつふやすようにならべていきます。〔比治山女子中〕

○●……………………1段目
○○●●●……………2段目
○○○●●●●●………3段目
○○○○●●●●●●●……4段目

(1) 8段目には，ご石は全部で何個ならびますか。

〔　　　　〕

(2) 1列に41個のご石がならぶのは，何段目ですか。

〔　　　　〕

確認しよう　周期算では，数の並び方の規則や周期を，となり合う数の差やくり返しになる数や記号の個数に着目してつかみます。

月　日　答え ➡ 別さつ27ページ

ステップ 2

時間 35分　合格 80点　得点　点

1 ゆきさん，くみさん，けんさん，ひろさんの４人は，赤，白，青，黄色の色のちがうシャツを，それぞれが１枚(まい)だけ持っています。(16点/1つ8点)

〔大阪教育大附属池田中〕

> 条件１：けんさんとひろさんは赤も青も持っていません。
> 条件２：くみさんは赤を持っていません。
> 条件３：けんさんは白を持っていません。

(1) ゆきさんは何色のシャツを持っていますか。

〔　　　　〕

(2) 白色のシャツを持っているのはだれですか。

〔　　　　〕

2 宝の場所を表す地図があります。地図内の数字は，となり合う上下または左右のマス内にある宝の数を表します。ただし，１マスに２つ以上の宝はありません。

〔淑徳与野中〕

[例題]　宝は全部で４つあります。地図１から考えられる宝の場所に色をぬりなさい。

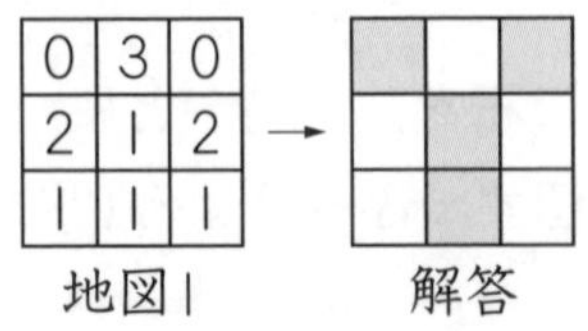

地図１　解答

(1) 宝は全部で４つあります。地図２から考えられる宝の場所に色をぬりなさい。

(18点/1つ9点)

地図２

0	2	0	1
1	1	2	0
1	1	1	1
0	1	1	0

(2) 宝は全部で５つあります。地図３は一部が欠けているため数字がわかりません。数字がわからない所は？で表しています。

地図３から考えられる宝の場所に色をぬりなさい。(9点)

地図３

1	1	1	0
？	？	？	？
1	2	1	0
1	2	1	1

3 次のように，ある規則にしたがって，整数がならんでいます。

1，2，2，3，3，3，4，4，4，4，5，5，……

（14点/1つ7点）〔大谷中(大阪)〕

(1) 最初から数えて30番目の数は何ですか。

〔　　　　〕

(2) 1番目から30番目までの数の和を求めなさい。

〔　　　　〕

重要 **4** ▲と●と◆の3種類のカードを，あるきまりにしたがって左から順にならべました。下の図は，1番目から20番目までならべたときの図です。

（16点/1つ8点）〔愛知教育大附属名古屋中〕

▲●▲◆●▲▲●▲◆●▲▲●▲◆●▲▲●

(1) 1番目から25番目までならべるまでに，▲のカードを何枚ならべましたか。

〔　　　　〕

(2) ▲のカードを86枚ならべるまでに，●のカードを何枚ならべましたか。

〔　　　　〕

5 1辺が2cmの2種類の正三角形のタイルを右の図のように，ある規則にしたがって，すきまなくならべていきました。（27点/1つ9点）〔帝塚山中〕

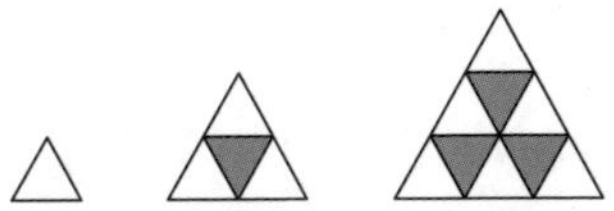

1回目　2回目　3回目　……

(1) 6回目には，タイルは全部で何枚ありますか。

〔　　　　〕

(2) △のタイルが36枚あるのは，何回目のときですか。

〔　　　　〕

(3) ▼のタイルが91枚あるとき，△のタイルは全部で何枚ありますか。

〔　　　　〕

倍数算

要点のまとめ

❶ 倍数算

✓2つの数量の比や倍数関係をもとに，もとの数量や増減などの変化した数量などを求める問題を**倍数算**といいます。

✓2つの数量の関係や，変化前と変化後の数量を線分図で表して考えます。

例　AはBの3倍より10多い

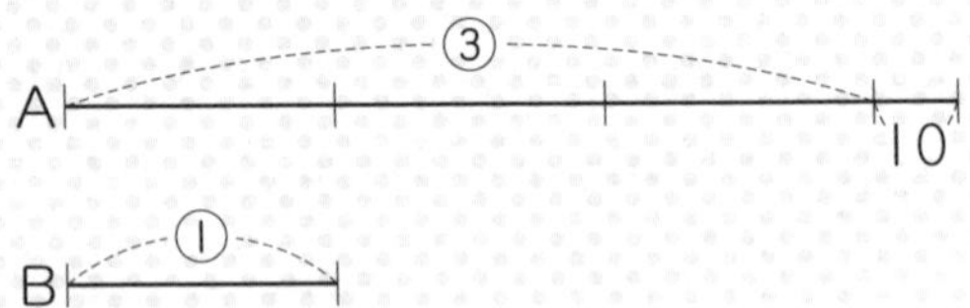

ステップ1

1 まさおさんとお父さんの体重を合わせると92kgで，お父さんの体重はまさおさんの体重の2倍より5kg重いそうです。まさおさんの体重は何kgですか。

〔　　　　〕

2 160cmのリボンを2つに切ります。長い方が短い方の3倍より20cm短くなるようにするには，短い方のリボンを何cmにすればよいですか。

〔　　　　〕

3 ゆうさんと妹がもっているおはじきの数は合わせると48個です。ゆうさんが妹におはじきを4個あげたので，ゆうさんのもっているおはじきの数は妹の3倍になりました。はじめ，ゆうさんがもっていたおはじきは何個でしたか。

〔　　　　〕

4 姉は320円，妹は200円もっていましたが，同じ値段のアイスクリームを買ったので，姉がもっているお金は妹の2倍になりました。アイスクリームの値段は何円ですか。

〔　　　　　〕

5 兄は1500円，さとしさんは800円もっていました。母から同じ額のおこづかいをもらったので，2人のもっているお金の比は3：2になりました。さとしさんが母からもらったおこづかいは何円でしたか。

〔　　　　　〕

6 長方形の紙があります。縦（たて）と横の長さの比は2：3で，もし横を14 cm長くすると，縦と横の長さの比は3：8になります。この長方形の縦の長さは何cmですか。

〔　　　　　〕

7 ようこさんとゆうとさんの所持金の比は5：8でした。ゆうとさんが210円使ったので，所持金の比は4：5になりました。はじめ，ようこさんとゆうとさんの所持金はそれぞれ何円でしたか。

ようこさん〔　　　　　〕 ゆうとさん〔　　　　　〕

重要 **8** 姉のもっているおはじきの数は妹の3倍です。姉が8個，妹が10個もらったので姉のもっているおはじきの数は妹の2倍になりました。はじめ，姉がもっていたおはじきは何個でしたか。

〔　　　　　〕

確認しよう　和，差，一方の量などに変化しない数量があれば，その量を表す比をそろえて比例式に表すことを考えよう。

1 けんとさんと兄が，もっているお金を出しあって 700 円のボールを買いました。兄はけんとさんが出した額の 2 倍より 70 円多く出しました。けんとさんが出したお金は何円ですか。（12 点）

〔　　　　〕

2 ある農家のトマトとナスの出荷額を調べました。昨年の出荷額はトマトがナスより 60 万円多かったのですが，今年は昨年とくらべてトマトが 25 万円増え，ナスは 15 万円減ったので，今年の出荷額はトマトがナスの 3 倍になりました。昨年のトマトとナスの出荷額はそれぞれ何万円でしたか。（12 点）

トマト〔　　　　〕 ナス〔　　　　〕

3 店で売っているりんごとみかんの個数の比が，はじめ 5：7 でしたが，今日りんごとみかんが同じ個数ずつ売れました。売れ残った個数はりんご 3 個，みかん 21 個でした。今日売れたりんごは何個でしたか。（12 点）

〔　　　　〕

4 A，B，C の 3 人がもっているえんぴつは全部で 96 本です。A と B のもっているえんぴつの本数の比は 3：5 で，C は A の 2 倍より 12 本多くもっています。C はえんぴつを何本もっていますか。（12 点）〔大宮開成中〕

〔　　　　〕

5 はじめ，ひろきさんはまさおさんの2倍の鉛筆をもっていましたが，ひろきさんがまさおさんに鉛筆を6本あげたので，ひろきさんとまさおさんがもっている鉛筆の本数の比は4：3になりました。2人がもっている鉛筆を合わせると何本ですか。（12点）

〔　　　　〕

6 AくんとBくんは同じ本を読んでいます。昨日までにAくんの読んだページ数は，Bくんの読んだページ数の3倍より8ページ少なかったのですが，今日Aくんは全く本を読まず，Bくんは21ページ読んだので，Bくんの読んだページ数の2倍とAくんの読んだページ数が等しくなりました。昨日までにAくんは何ページ読みましたか。（12点）〔桜美林中〕

〔　　　　〕

7 長さの比が3：4の2本の棒(ぼう)A，Bがあります。Aからは20 cmを切り取り，Bからは全体の$\frac{1}{3}$を切り取ったところ，Aの残りとBの残りの長さは等しくなりました。はじめの棒Aの長さは何mですか。（14点）

〔　　　　〕

8 ゆうとさんと兄の所持金の比は5：12です。買い物に行くためそれぞれ電車代を払うと，ゆうとさんの所持金は300円，兄の所持金は760円になりました。ゆうとさんの払った電車代は兄の半額です。はじめのゆうとさんと兄の所持金はそれぞれ何円でしたか。（14点）

ゆうとさん〔　　　　〕 兄〔　　　　〕

月　日	答え ➡ 別さつ29ページ

22 仕事算

要点のまとめ

❶ 仕事算

✓ある仕事をするのにかかる時間から，1時間や1日などの時間当たりにする仕事の量の割合（わりあい）を考え，仕事を仕上げるのにかかる時間を求める問題を**仕事算**といいます。

✓ある仕事をするのに12日かかるとき，1日にする仕事の割合は全体の $\frac{1}{12}$ です。

❷ 2人でする仕事

✓ある仕事を1人でするとき，Aさんは12日，Bさんは8日かかるとき，2人がいっしょに仕事をしたときに1日にする仕事の割合は $\frac{1}{12}+\frac{1}{8}=\frac{5}{24}$ になります。

ステップ 1

1 かべにペンキをぬるのに，Aが1人ですると8日，Bが1人ですると10日かかります。

(1) Aが1人で3日間ペンキをぬるとすると，かべ全体のどれだけぬれますか。

〔　　　　〕

(2) AとBがいっしょにペンキをぬるとすると，1日でかべ全体のどれだけぬれますか。

〔　　　　〕

(3) AとBがいっしょに3日間ペンキをぬりましたが，まだペンキがぬられていないところがあります。ペンキがぬられていないところは，かべ全体のどれだけですか。

〔　　　　〕

2 ある仕事をするのにAが1人ですると10日，Bが1人ですると15日かかります。この仕事をAとBがいっしょにすると，仕事を全部終えるのに何日かかりますか。

〔　　　　〕

重要 **3** プールの水をくみ出すのに，Aのポンプを使うと20時間かかり，AとBのポンプを同時に使うと12時間かかります。このプールの水をBのポンプだけを使ってくみ出すと，何時間かかりますか。

〔　　　　〕

4 Aが1人ですると10日，Bが1人ですると15日，Cが1人ですると30日かかる仕事があります。この仕事をA，B，Cがいっしょにするとき，仕事を始めてから終えるまでにかかる日数は何日ですか。

〔　　　　〕

5 こうじさん1人では12日，ゆうとさん1人では8日かかる仕事があります。この仕事を2人でいっしょに4日間したあとで，残りをこうじさんが1人で仕上げました。

(1) 2人でいっしょにした仕事は，全体のどれだけにあたりますか。

〔　　　　〕

(2) こうじさんが1人で仕事をしたのは何日間ですか。

〔　　　　〕

6 ある容器に水を入れて満水にするのに，A管だけ使うと5時間で，B管だけ使うと3時間でいっぱいになります。はじめA管だけで1時間入れ，続けてA，B両方で1時間入れ，最後にB管だけで注水すると，あと何分で満水になりますか。〔関東学院中〕

〔　　　　〕

確認しよう 単位時間にする仕事の割合と仕事をするのにかかる時間は，逆数(かけると1になる数どうし)の関係になります。

1 倉庫の荷物を運び出すのにAが1人で運ぶと12時間，Bが1人で運ぶと15時間かかります。AとBがいっしょに運ぶと，荷物を全部運び出すのに何時間何分かかりますか。(10点)

〔　　　　　〕

2 ある仕事を完成させるのに，A1人だと5時間，AとBの2人だと2時間かかります。B1人だと何時間何分かかりますか。(10点) 〔栄東中〕

〔　　　　　〕

3 タンクに水を入れるのに，Aのポンプ1本では5時間かかり，Bのポンプ1本では3時間30分かかります。Aのポンプ5本とBのポンプ7本を同時に使って水を入れると，満水になるまでに何分かかりますか。(12点)

〔　　　　　〕

4 ベルトコンベアを使って山から土を運びます。ベルトコンベアはA，B，Cの3台があり，それぞれ性能が異(こと)なっています。事前に調べると，土を全部運ぶのにAだけ使うと240日，AとBの2台を使うと40日，AとCの2台を使うと60日かかることがわかりました。BとCの2台を使うことにすると，土を全部運ぶのに何日かかりますか。(12点)

〔　　　　　〕

重要 **5** ある仕事をするのに，ひろみさんが1人ですると20日かかり，ひろみさんとたかしさんの2人ですると12日かかります。ひろみさんが1人で6日間仕事をしたあと，2人で4日間仕事をしました。そのあとたかしさんが1人で残りの仕事をすると，はじめから数えて何日目に仕事が終わりますか。(12点)

〔　　　　　〕

6 まさきさんが１人ですると５時間，こうじさんが１人ですると４時間かかる仕事があります。まさきさんとこうじさんの２人でいっしょに仕事をはじめ，３時間後に仕事が終わりました。まさきさんは休みなく仕事をしましたが，こうじさんは用事で仕事をぬけました。こうじさんが仕事をぬけていたのは何時間何分ですか。（12点）

〔　　　　　〕

7 A，B ２種類のホースを使って，からの水そうに水を入れます。はじめAのホースで５分間水を入れると，水そう全体の $\frac{1}{3}$ まで水が入りました。そのあとAとBのホースを同時に使うと，４分間で水そうの水が満水になりました。

（20点/1つ10点）

(1) Aのホースで１分間に入る水は，水そう全体のどれだけにあたりますか。

〔　　　　　〕

(2) もしBのホースだけ使って，からの水そうに水を入れると，満水になるまでに何分かかりますか。

〔　　　　　〕

8 タンクに水を入れるのにAのポンプを使うと２時間，Bのポンプを使うと１時間12分かかります。両方のポンプを使って水を入れはじめましたが，Aのポンプの調子が悪くなったためAのポンプだけ止めると，その８分後にタンクが満水になりました。両方のポンプを使って水を入れていたのは何分間ですか。

（12点）

〔　　　　　〕

月　日　答え ➡ 別さつ31ページ

ニュートン算

要点のまとめ

❶ ニュートン算	✓ある数量が決まった割合で減ったり増えたりするとき，増減量に目をつけてもとの数量の大きさや増減する割合を求める問題を**ニュートン算**といいます。
❷ 行列の問題	✓行列に並ぶ人数が一定の割合で増えるとき，入り口を通る人数と行列がなくなる時間に関する問題です。**(はじめの行列の人数)÷(単位時間に入り口を通る人数−行列に並ぶ人数)** で行列がなくなる時間を求めます。
❸ 水がわき出す・減る問題	✓一定の割合で水がわき出す泉の水をポンプでくみ出すとき，単位時間にわき出す水の量，ポンプでくみ出す量，はじめの水の量とくみ出すのにかかる時間に関する問題です。行列の問題に置きかえると，**はじめの水の量＝はじめの行列の人数，くみ出す水の量＝入り口を通る人数，わき出す水の量＝行列に並ぶ人数** となります。
❹ 牛と牧草の問題	✓泉で水がわき出す問題と同様に置きかえることができます。1日で **(牛が1日に食べる草の量−1日に生える草の量) ずつ**はじめの草の量が減っていきます。

ステップ 1

1 遊園地の入り口に180人の列ができています。毎分6人ずつ，列に人が並びます。入り口で毎分15人ずつ入場すると，列がなくなるのは何分後ですか。

〔　　　　〕

2 コンサート会場に600人の行列ができています。毎分50人の人がこの行列に並びます。会場の入り口を3か所にすると，行列がなくなるまでに24分かかります。入り口を5か所にすると，行列がなくなるのに何分かかりますか。

〔　　　　〕

3 1800 L の水がたまっている泉に，底から毎分 10 L の水がわき出ています。この泉の水を毎分 20 L の水をくみ出すポンプを使ってくみ出します。

(1) ポンプを 1 台使うと，泉の水がなくなるのはくみ出し始めてから何分後ですか。

〔　　　　〕

(2) ポンプを 2 台使うと，泉の水がなくなるのはくみ出し始めてから何分後ですか。

〔　　　　〕

(3) 20 分でくみ出すには，ポンプを何台使えばよいですか。

〔　　　　〕

4 あるテーマパークで入場券を販売しはじめたとき，すでに 300 人が並んでいました。さらに 1 分間につき 15 人がその列に加わっていきます。販売窓口が 1 か所だと行列がなくなるのに 1 時間かかるので，窓口を 2 か所にしました。このとき，行列は何分でなくなりますか。〔穎明館中〕

〔　　　　〕

重要 **5** ある牧場では，30 頭の牛を放つと 60 日で牧草を食べつくし，40 頭の牛を放つと 30 日で牧草を食べつくします。ただし，どの牛も毎日同じ量の草を食べ，牧草も毎日一定の割合で生えてくるものとします。

(1) 牛 1 頭が 1 日に食べる牧草の量を①とします。牛 2 頭が 1 日に食べる牧草の量は②，牛 4 頭が 2 日でたべる牧草の量は⑧となります。このとき，この牧場で 1 日に新たに生えてくる草の量を○で表しなさい。

〔　　　　〕

(2) 60 頭の牛を放つと，何日で牧草がなくなりますか。

〔　　　　〕

(3) 放つ牛の数がある頭数以下になると，この牧場の牧草が減らずになくならない状態になります。牧草がなくならないのは牛が何頭以下のときですか。

〔　　　　〕

確認しよう　行列の問題では，(はじめの人数)÷(単位時間に減る人数)=(行列がなくなる時間) という関係になっています。

月　日　答え ➡ 別さつ32ページ

ステップ 2

時間 40分　合格 80点　得点　点

1 さとしさんは毎月決まった額のおこづかいをもらいます。貯金もありますが，毎月 5000 円ずつ使うと 4 か月で貯金がなくなってしまいます。また，1 か月に 4000 円ずつ使うと，12 か月で貯金がなくなります。(16 点/1つ8点)

(1) 毎月もらうおこづかいは何円ですか。

〔　　　　〕

(2) はじめに貯金していた額は何円ですか。

〔　　　　〕

重要 **2** 開園前の遊園地の入場口に何人かの行列ができています。1 分ごとに 30 人がこの行列に加わります。入場口を 4 つにすると 12 分で行列がなくなり，入場口を 6 つにすると 6 分で行列がなくなります。(24 点/1つ8点)　〔東京女学館中〕

(1) 1 つの入場口で 1 分間に入場できる人数を求めなさい。

〔　　　　〕

(2) 開園前に何人の行列ができていたか求めなさい。

〔　　　　〕

(3) 行列を 3 分でなくすために，入場口がいくつ必要か求めなさい。

〔　　　　〕

3 ある博物館では，毎分一定の割合(わりあい)で入館券を買いにくる人がいます。発売開始の 9 時には，売り場の前に入館券を買う人の列がすでにできていました。入館券は 1 つの窓口では 1 分間で 10 人に売ることができます。1 つの窓口で売ると 30 分，2 つの窓口で売ると 10 分で待っている人がいなくなるといいます。

(16 点/1つ8点)　〔世田谷学園中〕

(1) 9 時に待っている人は何人ですか。

〔　　　　〕

(2) はじめから 3 つの窓口で入館券を売りはじめると，待っている人がいなくなるのは，発売開始から何分後ですか。

〔　　　　〕

4 一定の割合で水がわき出ている泉があります。調査のため，ポンプを使って泉の水を全部くみ上げることにしました。泉の水を全部くみ上げるのにかかる時間は，毎分 40 kL ずつくみ上げるときは 24 分，毎分 50 kL ずつくみ上げるときは 18 分です。(24 点/1 つ 8 点)

(1) 泉にわき出ている水は，毎分何 kL ですか。

〔　　　　〕

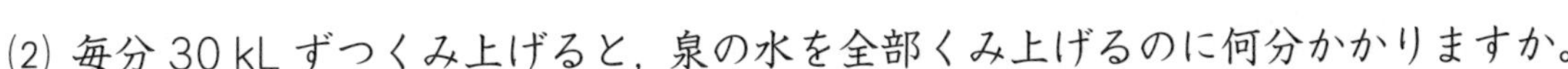

(2) 毎分 30 kL ずつくみ上げると，泉の水を全部くみ上げるのに何分かかりますか。

〔　　　　〕

(3) 12 分でくみ上げるには，水をくみ上げる割合を毎分何 kL にすればよいですか。

〔　　　　〕

5 ある牧場では，ある数の牛を放牧すると 42 日で牧草を食べつくします。牛の頭数を 2 倍にすると，14 日で食べつくします。牛の頭数を 4 倍にしたとき，牧草を食べつくすのにかかるのは何日ですか。ただし，どの牛も毎日同じ量の草を食べ，牧草は毎日一定の割合で生えてくるものとします。(10 点)

〔　　　　〕

6 満水状態の池があり，この池から川へ，一定の割合で水が流れ出しています。満水の池の水をポンプ 5 台を使ってくみ出すと，7 時間で池の水がなくなります。また，ポンプ 6 台を使ってくみ出すと，6 時間で池の水がなくなります。満水になった池を放置しておくと，何時間で池の水がなくなりますか。(10 点)

〔　　　　〕

月　　日	答え ➡ 別さつ33ページ

24 速さについての文章題 ①

要点のまとめ

❶ 旅人算

✓速さの異(こと)なる２人以上の人が，はなれたり，出会ったり，追いついたりするときの時間や道のりを求める問題を**旅人算**といいます。

㋐２人が出会う場合

２人のへだたり＝２人の速さの和×進む時間

出会うまでの時間＝２人のへだたり÷２人の速さの和

㋑一方が他方に追いつく場合

２人のへだたり＝２人の速さの差×進む時間

追いつくまでの時間＝２人のへだたり÷２人の速さの差

❷ 流水算

✓船が川を上ったり下ったりするときの，船や川の流れの速さ，時間やきょりなどを求める問題を**流水算**といいます。

流れの速さ＝(下りの速さ－上りの速さ)÷2

船の速さ＝(上りの速さ＋下りの速さ)÷2

ステップ 1

1 周囲が 450 m の池のまわりを，兄と弟が同じ場所から反対方向へ，同時に出発します。兄は秒速５m で，弟は秒速４m で走ると，２人が出会うのは，出発してから何秒後ですか。

〔金光学園中〕

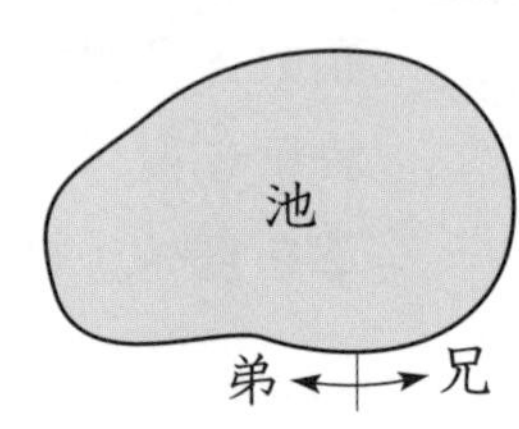

〔　　　　〕

2 とおるさんは自転車に乗って時速 20 km で花子さんの家へ向かいました。花子さんも自転車に乗って時速 30 km でとおるさんの家へ向かいました。２人が同時にそれぞれの家を出発したとき，12 分後に出会いました。〔武庫川女子大附中〕

(1) とおるさんの家から花子さんの家までの道のりは何 km ですか。

〔　　　　〕

(2) ２人が両方の家の真ん中で出会うためには，花子さんはとおるさんが出発してから何分後に出発すればよいですか。

〔　　　　〕

重要 **3** 弟は，家から 3 km はなれた図書館に向かって分速 60 m で歩きます。弟が家を出発して 15 分後に姉が弟のわすれものに気づき，同じ道を分速 180 m で自転車で追いかけました。姉が弟に追いつくのは，姉が出発してから何分何秒後ですか。

〔愛知教育大附属名古屋中〕

〔　　　　〕

4 ある船が川に沿って 72 km 離れている上流にあるＡ市から下流にあるＢ市まで往復しました。行きは４時間，帰りは６時間かかりました。

(1) この船が流れのない静水を進むときの速さは時速何 km ですか。

〔　　　　〕

(2) 川の水が流れる速さは時速何 km ですか。

〔　　　　〕

5 静水での速さが時速 12 km の船で，川沿いに 40 km 離れたところまで往復します。行きに川を上ると５時間かかりました。帰りにかかる時間は何時間何分ですか。

〔　　　　〕

重要 **6** 川下のＡ地点とそこから 12 km はなれた川上のＢ地点を船が往復しました。右のグラフはＡ地点を出発してからの時間と距離（きょり）の関係を表したものです。

(24 点)〔学習院中〕

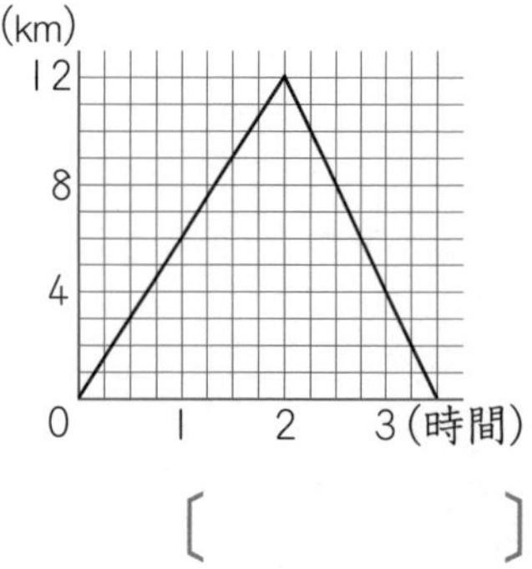

(1) 船がＢ地点からＡ地点へ進んだときの速さは時速何 km ですか。

〔　　　　〕

(2) この船が静水を進む速さは時速何 km ですか。

〔　　　　〕

(3) この川の流れる速さは時速何 km ですか。

〔　　　　〕

速さの公式　道のり＝速さ×時間　を基本とします。流水算も速さの発展（はってん）問題で，和差算の考え方を利用して解きます。

重要 **1** 5 km はなれたB市へ，A市から自転車とバイクで向かいました。右のグラフはそのときの時間と道のりの関係を表したものです。(16点/1つ8点)

〔大阪産業大附中〕

(km)
B市 5
自転車
バイク
A市 0 9 19 25(分)

(1) 自転車とバイクの速さは，それぞれ時速何 km ですか。

自転車〔　　　　〕 バイク〔　　　　〕

(2) バイクが自転車を追いこしたのはA市から何 km のところですか。

〔　　　　〕

2 1500 m ある公園のまわりを，Aさんと B さんがおたがいに逆方向に回ります。Aさんは B さんより毎分 20 m 多く進みます。同じ地点から同時に出発し，最初に2人が出会ったのは6分後でした。(16点/1つ8点)

〔昭和学院中〕

(1) Aさんは，B さんと最初に出会うまで，何 m 進みましたか。

〔　　　　〕

(2) Aさんの速さは分速何 m ですか。

〔　　　　〕

重要 **3** 家から 1.4 km はなれた学校へ行くのに，妹は分速 50 m，兄は分速 70 m で歩きます。(16点/1つ8点)

〔賢明女子学院中〕

(1) 兄が8時ちょうどに家を出るとすると，妹が兄と同時に学校に着くためには妹は何時何分に家を出なければなりませんか。

〔　　　　〕

(2) 8時ちょうどに妹が家を出て，5分おくれて兄が家を出るとき，兄が妹に追いつくのは何時何分何秒ですか。

〔　　　　〕

4 Aさんと B さんがグラウンドの 200 m のトラックを走ります。A さんは毎分 220 m の速さで，B さんは毎分 180 m の速さで走ります。2 人が同時に走り始めたとすると，A さんが B さんに追いつくのは，A さんが何周目を走っているときですか。（12 点）

〔跡見学園中〕

〔　　　　〕

重要 **5** 右のグラフは，川に沿った A 町，B 町を往復する船のようすを表したものです。船の静水での速さと，川の流れの速さはそれぞれ一定です。（24 点/1 つ 8 点）

〔武庫川女子大附中〕

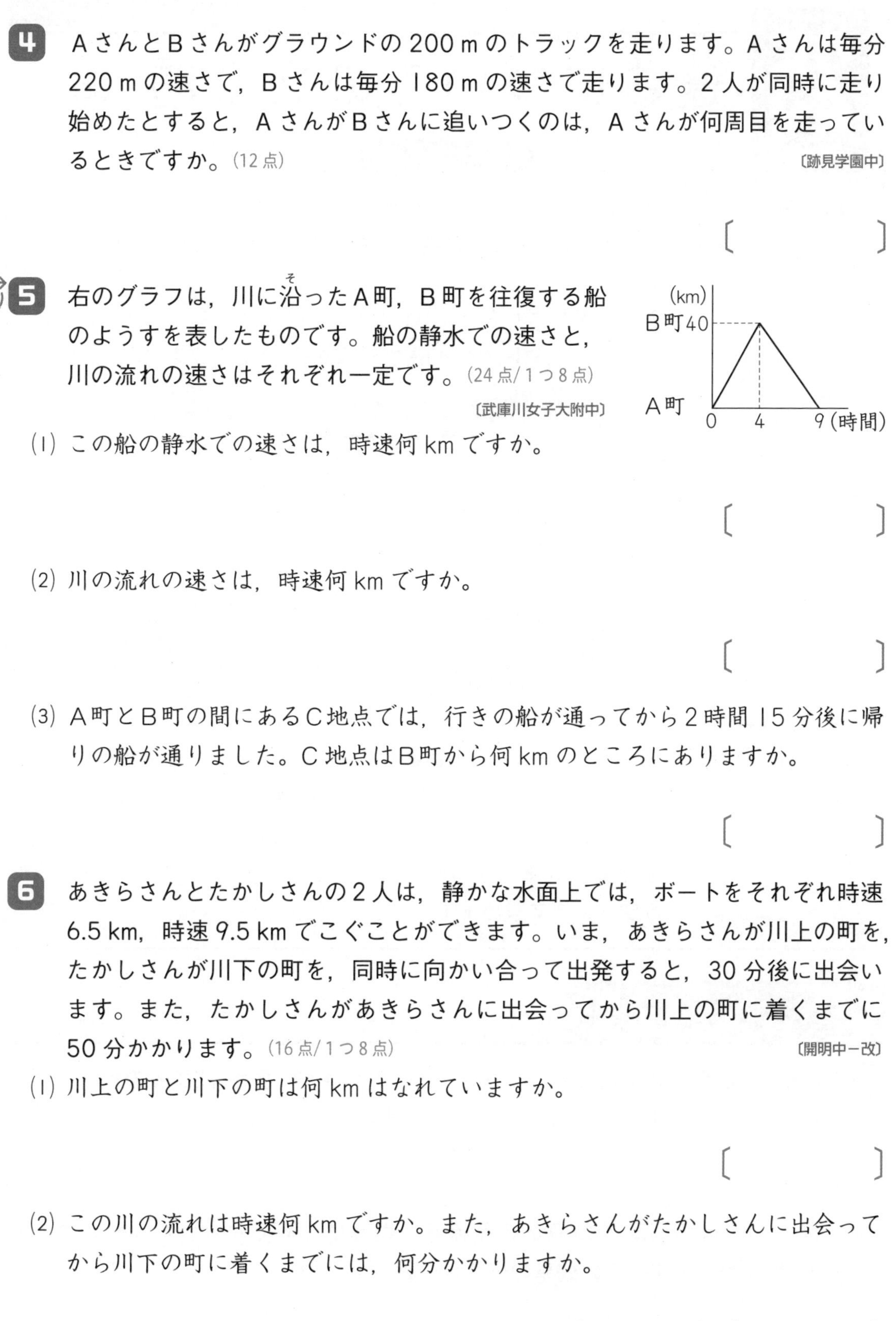

(1) この船の静水での速さは，時速何 km ですか。

〔　　　　〕

(2) 川の流れの速さは，時速何 km ですか。

〔　　　　〕

(3) A 町と B 町の間にある C 地点では，行きの船が通ってから 2 時間 15 分後に帰りの船が通りました。C 地点は B 町から何 km のところにありますか。

〔　　　　〕

6 あきらさんとたかしさんの 2 人は，静かな水面上では，ボートをそれぞれ時速 6.5 km，時速 9.5 km でこぐことができます。いま，あきらさんが川上の町を，たかしさんが川下の町を，同時に向かい合って出発すると，30 分後に出会います。また，たかしさんがあきらさんに出会ってから川上の町に着くまでに 50 分かかります。（16 点/1 つ 8 点）

〔開明中一改〕

(1) 川上の町と川下の町は何 km はなれていますか。

〔　　　　〕

(2) この川の流れは時速何 km ですか。また，あきらさんがたかしさんに出会ってから川下の町に着くまでには，何分かかりますか。

時速〔　　　　〕〔　　　　分〕

月　日　答え ➡ 別さつ34ページ

速さについての文章題 ②

要点のまとめ

❶ 通過算

✓列車が通過したり，２つの列車がすれちがったり，追いこしたりするときの，速さや時間・長さなどを求める問題を**通過算**といいます。

✓鉄橋やトンネルをわたりはじめてからわたり終わるまでの道のりは，**(鉄橋やトンネルの長さ+列車の長さ)** を考えます。

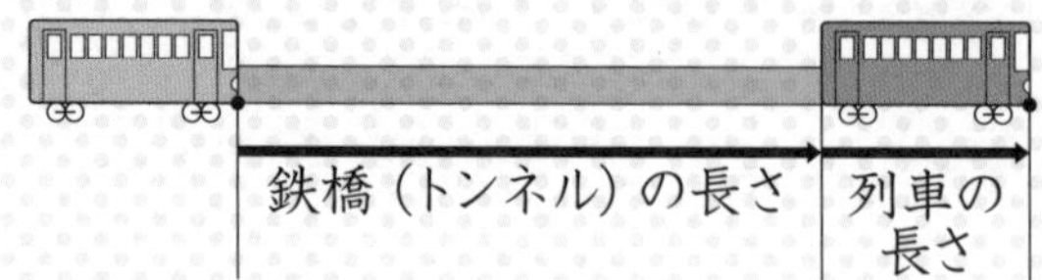

✓トンネルにすっかりかくれているときの道のりは，**(トンネルの長さ−列車の長さ)** を考えます。

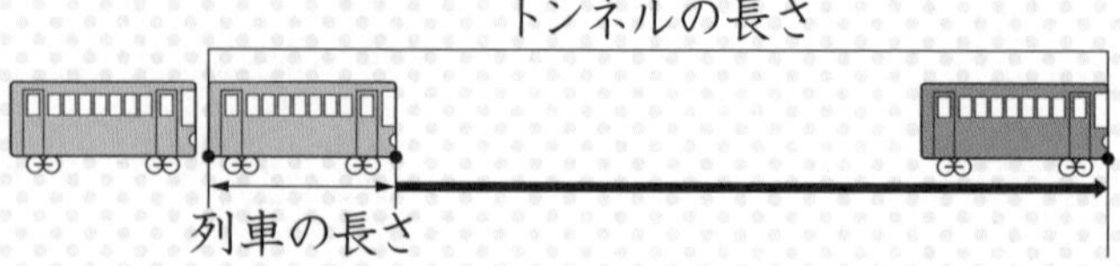

❷ 時計算

✓**時計算**は，長針(ちょうしん)と短針(たんしん)の進む速さの問題なので，旅人算の考え方を利用します。１分間に進む速さは　**長針 6°，短針 0.5°** です。

✓１分間に長針が短針より 6°−0.5°=**5.5°** だけ先に進みます。長針と短針が重なる時間を求めるときは，はじめの角度の差を 5.5° でわって求めます。

ステップ 1

1 秒速 25 m の速さで走っている長さ 80 m の列車が，長さ 620 m の鉄橋をわたりはじめてからわたり終るまでにかかる時間は何秒ですか。

〔　　　　〕

2 長さ 180 m の列車が 540 m の鉄橋をわたりはじめてからわたり終るまでに 24 秒かかります。この列車の速さは分速何 m ですか。

〔　　　　〕

3 時速 72 km で走っている長さ 200 m の列車が，鉄橋をわたりはじめてからわたり終るまでに 50 秒かかりました。この鉄橋の長さは何 m ですか。

〔　　　　〕

4 秒速 16 m で走っている長さ 200 m の列車が，長さ 680 m のトンネルを通りました。トンネルの中に列車が全部かくれていた時間は何秒ですか。

〔　　　　〕

5 長さ 125 m の列車が長さ 550 m のトンネルを通ったとき，トンネルに入りはじめてから完全に出るまでに 45 秒かかりました。この列車の速さは時速何 km ですか。

〔　　　　〕

6 長さ 56 m の電車が，分速 840 m で走っています。この電車が，トンネルの中に全部はいっている時間は 10 秒でした。トンネルの長さを求めなさい。

〔滋賀大附中〕

〔　　　　〕

7 時計が 5 時 20 分をさしているとき，長針と短針がつくる角度のうち小さいほうの角度は何度ですか。 〔比治山女子中〕

〔　　　　〕

8 2 時と 3 時の間で，時計の長針と短針がぴったり重なる時刻は 2 時何分ですか。分数で求めなさい。

〔　　　　〕

9 4 時と 5 時の間で，時計の長針と短針がつくる角が 90 度になることが 2 回あります。

(1) 右の図におおよその針の位置をかき入れなさい。

(2) 時刻は 4 時何分ですか。2 回とも求めなさい。

〔　　　　〕〔　　　　〕

鉄橋やトンネルの長さに関する問題では，列車の長さをたすのか，ひくのかを問題文から見きわめます。

月　日　答え ➡ 別さつ35ページ

ステップ 2

時間 35分　合格 75点　得点　点

1 電柱のそばを 12 秒で通り過ぎた列車が，長さ 2376 m のトンネルを通過するのに，最後尾がトンネルにはいってから先頭がトンネルから出るまでにちょうど2分かかりました。この列車の長さは何 m ですか。(10 点)　〔金蘭千里中〕

〔　　　　〕

2 長さ 150 m で秒速 10 m で走る普通電車と長さ 200 m で秒速 15 m で走る急行電車がすれちがいました。すれちがいはじめてからすれちがい終るまでに何秒かかりますか。(10 点)

〔　　　　〕

3 長さ 170 m，分速 1200 m の列車Aと長さ 190 m の列車Bが向かい合って進んでいるとき，すれちがいはじめてから離(はな)れるまでに8秒かかりました。このとき，列車Bの速さは分速何 m であったか答えなさい。(10 点)　〔自修館中〕

〔　　　　〕

重要 **4** 次の□にあてはまる数を答えなさい。

列車Aは速さが毎秒 17 m，長さが 55 m，列車Bは速さが毎秒[ア]m，長さは[イ]m です。列車Bは長さ 388 m のトンネルを抜(ぬ)けるのに 21 秒かかります。また，列車Bが列車Aに追いついてから追い抜くまでに 25 秒かかります。

(16 点/1 つ 8 点)　〔浅野中〕

ア〔　　　　〕　イ〔　　　　〕

重要 **5** 3時から4時の間で，時計の長針(ちょうしん)と短針(たんしん)のつくる角度が 108° になるのは3時何分ですか。(10点)

〔広島学院中〕

〔　　　　〕

6 7時と8時の間で，時計の長針と短針が文字盤の12時と6時を結ぶ直線に対して対称な位置になるのは，7時何分ですか。(14点)

〔　　　　〕

7 秒針は毎分0秒に文字盤の12の位置をさし，60秒でひとまわりします。次の問いにわり切れないときは分数で答えなさい。(30点/1つ10点)

(1) 秒針と長針は1秒でそれぞれ何度進みますか。

秒針〔　　　　〕 長針〔　　　　〕

(2) 4時0分からあとで，秒針と長針がはじめて 30° になるのは4時何分何秒ですか。

〔　　　　〕

(3) 4時10分からあとで，秒針と長針がはじめて直角になるのは4時何分何秒ですか。

〔　　　　〕

ステップ 3

月　日　答え ➡ 別さつ36ページ

時間 35分　合格 75点　得点　点

1 次の□にあてはまる文字を書きなさい。(10点/完答)　〔四天王寺中〕

A, B, C, D, E, Fの6人が，テニスの試合を行いました。試合は総あたり戦(どの人も他のすべての人と1試合ずつ対戦すること)で，結果について次のことがわかっています。

・Aは3勝2敗だった。　・Bは5勝0敗だった。
・Cは3勝2敗だった。　・Fは2勝3敗だった。
・EはCに勝った。

このことからFは□と□に勝ったことがわかります。

2 太郎君，次郎君，桃子さんの3人が算数のテストを受けました。次郎君の点数は太郎君の点数の1.5倍で，桃子さんの点数は太郎君の点数より10点高く，3人の平均点は71点でした。太郎君の点数は何点ですか。(15点)　〔成蹊中〕

〔　　　〕

重要 **3** A, B 2人がある仕事をします。A, Bがいっしょにこの仕事をすると5時間かかります。先にAが1人でこの仕事を4時間して，その後Bが1人で残りの仕事をするとさらに7時間かかります。それぞれ1人がこの仕事をすると何時間かかりますか。(20点/1つ10点)　〔ラ・サール中〕

A〔　　　〕 B〔　　　〕

4 ある美術館では，開館前から毎分同じ割合で人が並びます。毎日開館時間ちょうどには 270 人の行列ができます。入口が１ヶ所の日は開館して２時間後，４ヶ所の日は開館して 20 分後に行列がなくなります。ただし，どの入口も毎分同じ割合で人を通すものとします。(20 点/１つ 10 点)　〔暁星中〕

(1) 入口が２ヶ所の日に，行列がなくなるのは開館して何分後ですか。

〔　　　〕

(2) 最初の入口が１ヶ所でしたが，途中で２ケ所にしたら，開館して１時間後に行列がなくなりました。入口が２ヶ所だった時間は何分間ですか。

〔　　　〕

重要 **5** モーターボートで川の下流のＡ地点から，10 km はなれた川の上流のＢ地点まで往復しました。上りは下りの 1.6 倍の時間がかかって，合わせて 32 分 30 秒かかりました。このとき，川の流れの速さは分速何 m ですか。(15 点)

〔帝塚山学院泉ケ丘中〕

〔　　　〕

重要 **6** ＡさんはＰ町からＱ町，ＢさんとＣさんはＱ町からＰ町に向かって同時に出発しました。Ａさん，Ｂさん，Ｃさんの速さはそれぞれ分速 100 m，80 m，70 m です。ＡさんはＢさんと出会ってから２分後にＣさんに出会いました。

(20 点/１つ 10 点)〔淳心学院中〕

(1) ＡさんがＢさんと出会ったとき，ＡさんとＣさんは何 m はなれていましたか。

〔　　　〕

(2) Ｐ町からＱ町までの道のりは何 m ですか。

〔　　　〕

総復習テスト①

時間 40分
合格 80点
得点　　点

（円周率はすべて 3.14 とします。）

1 次の計算をしなさい。（14点/1つ7点）　〔帝塚山中〕

① $0.625 \times 0.125 + 0.75 - 0.875 \times 0.375$

② $823 + 824 + 825 + 1175 + 1176 + 1177$

2 次の□にあてはまる数を求めなさい。（14点/1つ7点）

(1) 3.2 m+0.5 m+430 mm+241 cm=□cm　〔大阪産業大附中〕

〔　　　〕

(2) 8 km の道のりを時速□km で歩くと2時間40分かかります。　〔帝塚山学院中〕

〔　　　〕

3 次の問いに答えなさい。（14点/1つ7点）　〔桜美林中〕

(1) 体積が $\frac{2}{5}$ L で 800 g の液体があります。この液体が 12 kg あるとき，その体積は何 L ですか。

〔　　　〕

(2) 次の式にあてはまる x の値（あたい）を求めなさい。

$$\left(2 + x \div \frac{3}{2}\right) \div 0.7 = 6\frac{2}{3}$$

〔　　　〕

4 右の図のような，立方体と円柱をつなぎ合わせた立体があります。（14点/1つ7点）　〔プール学院中〕

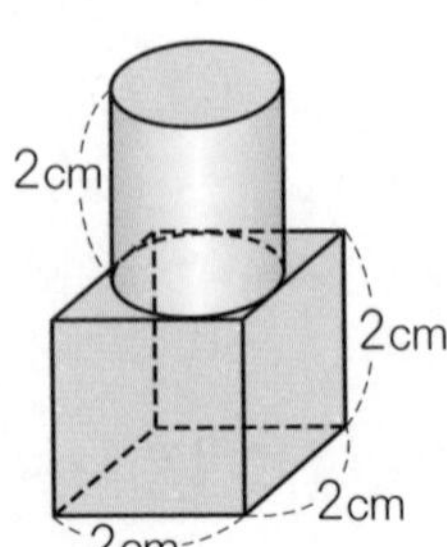

(1) 立体の体積を求めなさい。

〔　　　〕

(2) 立体の表面積を求めなさい。

〔　　　〕

5 次の問いに答えなさい。(16点/1つ8点)

(1) 時計が3時45分をさしています。長針(ちょうしん)と短針(たんしん)のつくる角のうち，大きいほうの角は何度になりますか。 〔広島城北中〕

〔　　　　〕

(2) ある仕事をするのに，Aさんは15日，Bさんは20日かかります。最初は2人でこの仕事を6日間して，その後は終わるまでBさんだけですることにしました。Bさんだけで仕事をするのは何日間ですか。 〔跡見学園中〕

〔　　　　〕

6 川の上流にA町，下流にB町があり，2つの町は36kmはなれています。A町からB町へ船Pが，B町からA町へ船Qが同時に出発したところ，出発してから1時間48分後にすれちがいました。また，船Qは出発してから4時間30分後にA町に到着(とうちゃく)しました。船PがB町に到着するのは，出発してから何時間後ですか。ただし，船P，Qの静水時の速さは同じであるものとします。(12点) 〔国府台女子学院中〕

〔　　　　〕

7 自動車Aはガソリン1Lで12km走り，自動車Bはガソリン1Lで16km走ります。ゆう子さんは240kmはなれたところへ出かけました。(16点/1つ8点) 〔帝塚山学院中〕

(1) ゆう子さんがずっと自動車Aで走ったとき，使ったガソリンの量と走った道のりの関係を表すグラフをかき入れなさい。

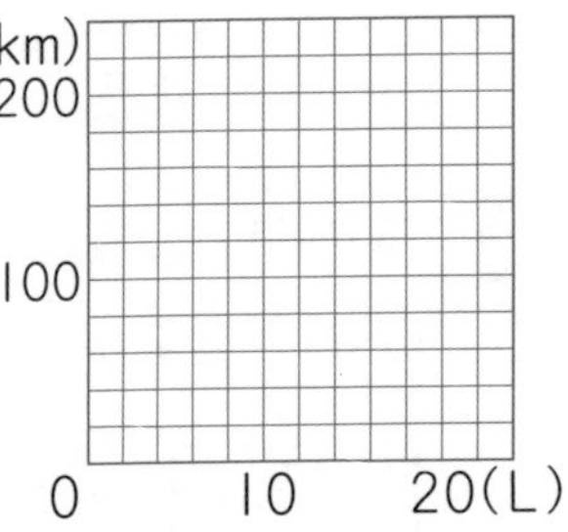

(2) ゆう子さんは最初から96kmまでは自動車Aで走り，その後は自動車Bで走りました。自動車Aだけで走ったときよりも，ガソリンは何L少なくてすみましたか。

〔　　　　〕

月	日	答え ➡ 別さつ37ページ

総復習テスト②

時間 40分　合格 80点　得点 　点

（円周率はすべて 3.14 とします。）

1 次の□にあてはまる数を求めなさい。(24点/1つ8点)

(1) $0.175\div\left(\frac{1}{3}-\square\right)\times5.1=3.57$

〔共立女子中〕

〔　　　〕

(2) Aの $\frac{3}{4}$ とBの $\frac{2}{3}$ が等しいとき，A：B＝ ア ： イ

ア〔　　　〕　イ〔　　　〕

(3) 時速 40 km の速さで□km 進み，次に時速 50 km の速さで 15 km 進むと，合わせて 54 分かかります。

〔京都教育大附属京都中〕

〔　　　〕

2 次の問いに答えなさい。

(1) 縮尺（しゅくしゃく）50000 分の 1 の地図上で 4 cm の長さは，実際には何 km ありますか。

(8点)〔広島女学院中〕

〔　　　〕

(2) 右の図の色のついた部分を直線ℓのまわりに 1 回転させてできる立体の体積は何 cm^3 ですか。また，表面積は何 cm^2 ですか。

(16点/1つ8点)〔大谷中(大阪)〕

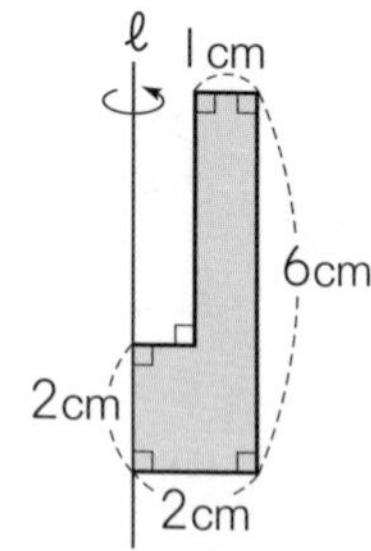

体積〔　　　〕　表面積〔　　　〕

3 下の図のように，正方形の紙を 3 回折り，はさみで切って，開くとどんな図形ができますか。(10点)

〔三重大附中〕

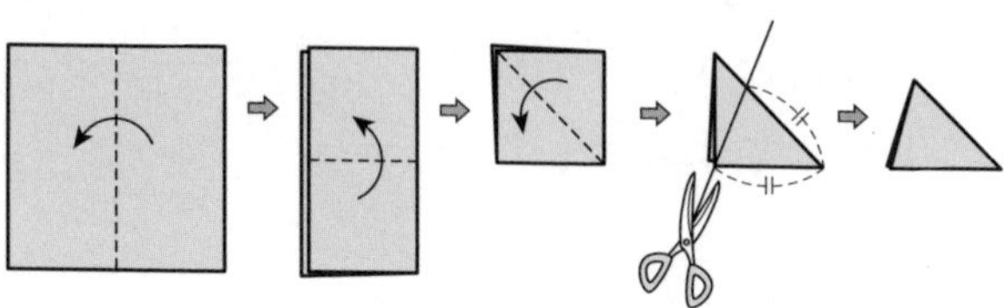

〔　　　〕

4 のり子さんと洋子さんが競走をします。のり子さんのほうが速いので，洋子さんがのり子さんより 100 m 先からスタートすると，のり子さんが 21 m 走ったとき，洋子さんはのり子さんの 94 m 先にいました。のり子さんが洋子さんに追いつくのは，のり子さんがスタートしてから何 m 走ったときですか。

(10 点) 〔国府台女子学院中〕

〔　　　　〕

5 清子さんはおこづかいの $\frac{1}{3}$ を使って，ボールペンを 12 本買い，愛子さんはおこづかいの $\frac{1}{4}$ を使って，同じボールペンを 7 本買ったところ，残金は清子さんのほうが 240 円多くなりました。このボールペン 1 本は何円ですか。(8 点)

〔ノートルダム清心中〕

〔　　　　〕

6 右の図のように，縦(たて)が 10 cm，横が 14 cm の長方形 ABCD があります。この長方形の周の上を，点ア，点イの 2 つの点が動きます。点アは，頂点(ちょうてん) A から，頂点 B，C，D を通って頂点 A まで，秒速 2 cm の速さでこの長方形を 1 周します。点イは，点アとは逆回りに秒速 3 cm の速さで進みますが，各頂点で 2 秒間ずつ停止しながら，この長方形を 1 周します。点アと点イが，同時に頂点 A から動きはじめます。(24 点/1 つ 8 点)

〔京都教育大附属京都中〕

A　14cm　D
10cm
B　C

(1) 点アと点イのどちらが，何秒早く，先にこの長方形 ABCD を 1 周しますか。

〔　　　　〕

(2) 2 つの点が，頂点 A から動きはじめてから 8 秒後の点ア，点イの位置と，頂点 A を結んでできる三角形の面積を求めなさい。

〔　　　　〕

(3) 点アと点イが出会うのは，2 つの点が頂点 A を同時に動きはじめてから何秒後ですか。

〔　　　　〕

月	日	答え ➡ 別さつ38ページ

総復習テスト③

時間 40分　合格 80点　得点　　点

（円周率はすべて 3.14 とします。）

1 長さ 120 m の列車があります。この列車が長さ 1200 m のトンネルを通過したとき，列車全体がトンネルに入っていた時間は 48 秒でした。このとき，列車の速さは毎秒何 m ですか。（6 点）

〔　　　　〕

2 次の□にあてはまる数を求めなさい。（16 点/1つ 8 点）

(1) 右の図のように半径 2 cm の円が 4 個くっついています。このとき，色のついた部分の面積の和は□ cm^2 です。〔愛光中ー改〕

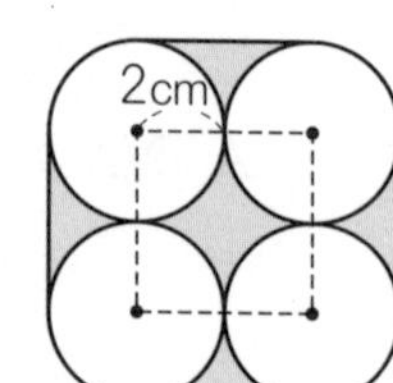

〔　　　　〕

(2) ある中学校の 1 年生全員に，お茶かジュースのいずれか 1 本をわたしました。お茶を受けとった人は全体の $\frac{1}{3}$ より 6 人多く，ジュースを受けとった人は全体の $\frac{4}{7}$ より 8 人多くなりました。この中学校の 1 年生の人数は□人です。

〔明治大付属明治中〕

〔　　　　〕

3 60 L の水がはいっている水そうに，はじめ A 管だけで 9 分間水を入れて，次に B 管だけで 4 分間水を入れました。その後すぐに，A，B 2 本の管を同時に使って水を入れて，水の量を 600 L にしました。右のグラフは，水を入れはじめてから 13 分後までの時間と水の量の関係を表したものです。〔同志社女子中〕

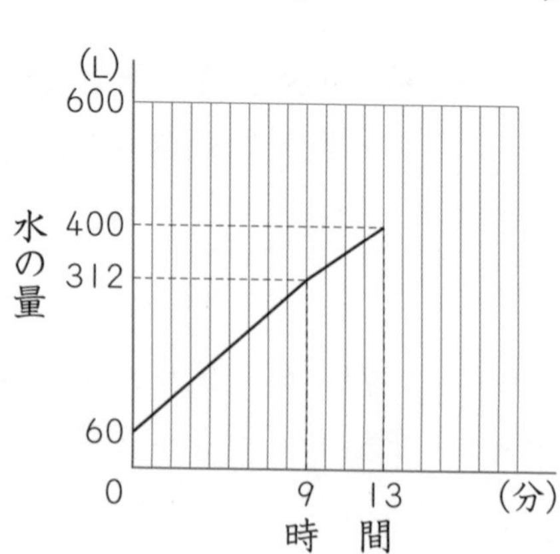

(1) A 管，B 管からそれぞれ 1 分間に何 L の水がはいりましたか。（16 点/1つ 8 点）

A 管〔　　　　〕　B 管〔　　　　〕

(2) 13 分後から水の量が 600 L になるまでのようすを，グラフにかきこみなさい。

（8 点）

4 面積が 72 cm² の正方形 ABCD を，右の図のように，点 D を中心として，30° 回転させました。DF と BC の交点を H とします。(24 点/1 つ 8 点)　〔弘学館中〕

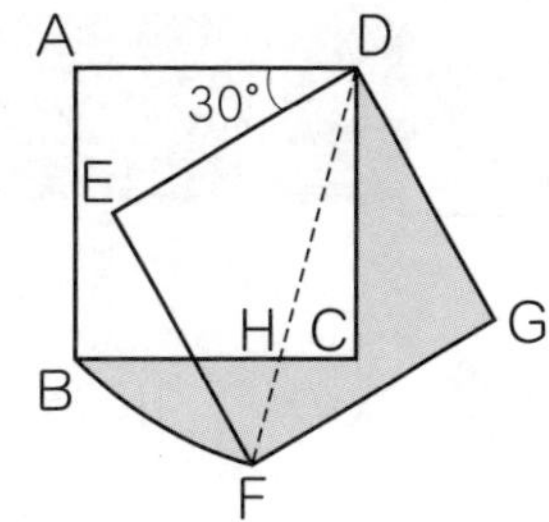

(1) 角 DHB の大きさは何度ですか。

〔　　　　〕

(2) 対角線 DF の長さは何 cm ですか。

(3) 色のついた部分の面積は何 cm² になりますか。

〔　　　　〕

5 右の図のように長方形と直角三角形があります。いま，長方形がころがらずに左から右に直角三角形を横切って動きます。動く速さは毎秒 2 cm とします。(30 点/1 つ 10 点)

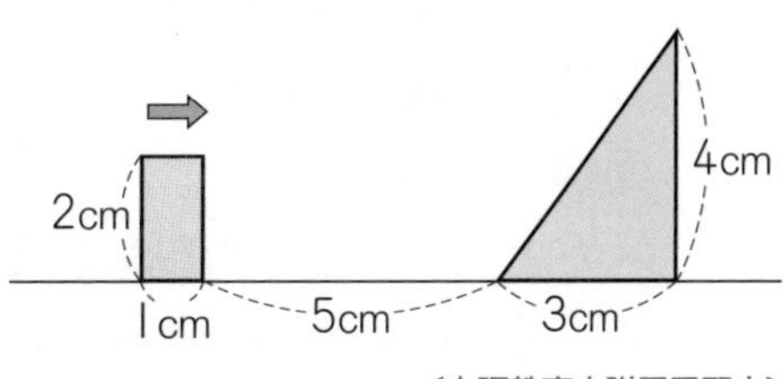

〔大阪教育大附属平野中〕

(1) 重なった部分の形を変化の順にしたがって答えなさい。

〔　　　　〕→〔　　　　〕→〔　　　　〕→〔　　　　〕

(2) 長方形が動きはじめてから直角三角形を横切り終わるまで何秒かかりますか。

〔　　　　〕

(3) 重なった部分の面積が最大のとき，直角三角形の重なっていない部分の面積を求めなさい。

〔　　　　〕

月　日　答え ➡ 別さつ39ページ

総復習テスト④

時間 50分　合格 80点　得点　点

（円周率はすべて 3.14 とします。）

1 次の□にあてはまる数を求めなさい。（18点/1つ6点）

(1) $\frac{2}{3}\times\left\{5\div7+2\div\frac{4}{5}-(7-4)\right\}=\square$　〔岡山白陵中〕

〔　　〕

(2) $\left(1-\frac{1}{2}\right)\times\left(1-\frac{1}{3}\right)\times\left(1-\frac{1}{4}\right)\times\left(\square-\frac{1}{5}\right)\times\left(1-\frac{1}{6}\right)\times\left(1-\frac{1}{7}\right)=\frac{1}{2}$　〔大阪桐蔭中〕

〔　　〕

(3) 縮尺（しゅくしゃく）が2万5千分の1の地図上で，5.2 cm の池のまわりを時速 6.5 km の速さで1周するとき，かかる時間は□分です。　〔京都女子中〕

〔　　〕

2 右の図1，2，3のように，1辺の長さが1 cm の正方形をならべて階段（かいだん）図形をつくります。そして，“階段の高さ”，“階段の長さ”と“階段の面積”を考えます。

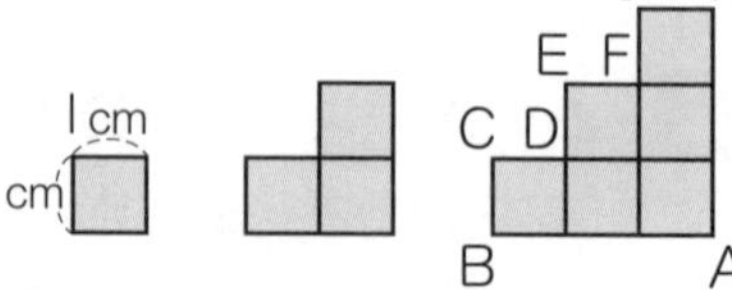

たとえば，図3の階段図形では，A→Hの長さ（3cm）を“階段の高さ”，B→C→D→E→F→G→Hの長さ（6cm）を“階段の長さ”，ならべられた正方形の面積の和（6cm²）を“階段の面積”とします。（18点/1つ6点）　〔奈良女子大附中〕

(1) 次の表の a，b にあてはまる数を求めなさい。

階段の高さ(cm)	1	2	3	4	5
階段の長さ(cm)			6	a	
階段の面積(cm²)			6		b

a〔　　〕 b〔　　〕

(2) ① 階段の高さと階段の長さの関係は，次の(ア)～(ウ)のどれですか。
② 階段の高さと階段の面積の関係は，次の(ア)～(ウ)のどれですか。
(ア)比例の関係　(イ)反比例の関係　(ウ)比例の関係でも反比例の関係でもない。

①〔　　〕 ②〔　　〕

(3) 階段の長さが 18 cm のとき，階段の面積を求めなさい。

〔　　〕

3 あるボールを床(ゆか)にそのまま落とすと，落とした高さの $\frac{5}{8}$ だけはずみます。そのボールが２回目にはずんだときの高さをはかると 80 cm でした。はじめにボールを落とした高さは何 cm ですか。(6 点) 〔近畿大附中〕

〔　　　　　〕

4 右の図は，半径５cm の円柱５つにひもをかけて真上から見たものです。色のついた部分の面積を求めなさい。(7 点) 〔広島女学院中ー改〕

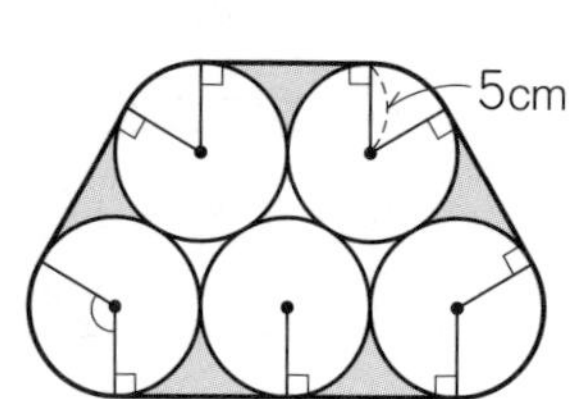

〔　　　　　〕

5 図の直方体を，３つの点 A, B, C を通る平面で切断して，２つの立体に分けます。(12 点/1 つ 6 点) 〔江戸川女子中ー改〕

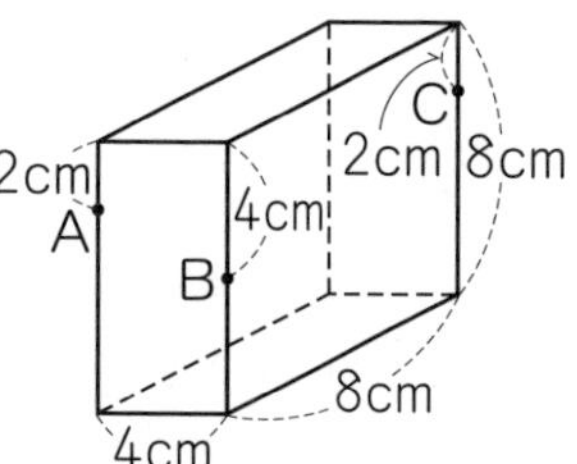

(1) ２つの立体のうち，小さい方の立体の体積は何 cm^3 ですか。

〔　　　　　〕

(2) ２つの立体の表面積の差は何 cm^2 ですか。

〔　　　　　〕

6 図のように，はみ出ることなく下から上に重なって地面においてある立方体があります。下から立方体の１辺の長さが３m, 2 m, 1.5 m です。この立方体の表面全部を黄色のペンキでぬります。ペンキは１缶で１ m^2 ぬることができます。ペンキは全部で何缶必要ですか。

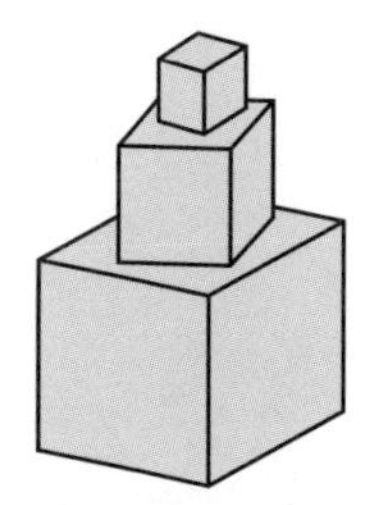

ただし，立体どうしが重なっている部分と，地面についている部分はぬりません。(7 点) 〔大妻嵐山中〕

〔　　　　　〕

7 右のグラフは，２台のケーブルカーがふもとのＡ駅と 900 m はなれた山頂（さんちょう）のＢ駅の間を往復しているときの時刻（じこく）と距離（きょり）の関係を表したものです。りょうさんは，10 時ちょうどのケーブルカーに乗りおくれたので，10 時５分に分速 30 m の速さで歩いて，Ａ駅からＢ駅に向かいました。はじめてケーブルカーに追いぬかれたときに５分間休みました。その後は速さを変えてＢ駅に向かい，10 時にＡ駅を出発したケーブルカーが２回目にＢ駅から出発するとき，りょうさんもちょうどＢ駅に着きました。ただし，りょうさんはケーブルカーの線路に沿（そ）った道を歩き，速さは一定とします。（18 点/１つ６点）〔大阪教育大附属平野中〕

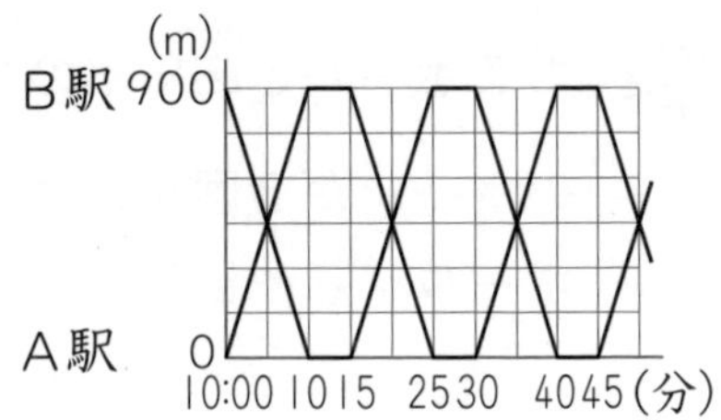

(1) りょうさんの歩いたようすをグラフにかきこみなさい。

(2) ５分間休んだ後のりょうさんの速さを求めなさい。

〔　　　　〕

(3) りょうさんがＢ駅からおりてくるケーブルカーと最後にすれちがったのは何時何分ですか。

〔　　　　〕

8 となりの家には３人の子どもがいます。現在は，子どもの年令をかけ合わせると，お母さんの年令になります。また，11 年後には，３人の年令の合計がお母さんの年令と同じになります。お母さんの現在の年令は 36 才です。

（14 点/１つ７点）〔大阪教育大附属池田中〕

(1) ３人の子どもの，現在の年令の合計を求めなさい。

〔　　　　〕

(2) ２番目の子どもの，現在の年令を求めなさい。

〔　　　　〕

答え

小6 標準問題集
算数

5年の復習 ① 2~3ページ

1 ① $\frac{2}{35}$ ② 2 ③ $7\frac{1}{2}$ ④ 13 ⑤ $\frac{1}{126}$
⑥ $10\frac{1}{4}$

2 ① 3.9 ② 144.2314

3 (1) 商 11, 余り 0.5
(2) ① $\frac{1}{3}$ ② $\frac{5}{6}$ ③ 3.47
(3) 21, 22, 23

4 3096

5 (1) ㋐ 1, 2, 7, 14 ㋑ 84, 168, 252
(2) 6, 9, 18

6 (1) 午前 7 時 36 分 (2) 13 回

7 108

解き方

1 ① $\frac{1}{30}+\frac{1}{42}=\frac{1}{5\times6}+\frac{1}{6\times7}$
$=\left(\frac{1}{5}-\frac{1}{6}\right)+\left(\frac{1}{6}-\frac{1}{7}\right)=\frac{1}{5}-\frac{1}{7}=\frac{7-5}{35}=\frac{2}{35}$

3 (2) 分数を小数に直して大小を比べます。
(3) $\frac{5}{7}$ の分子を 17 にすると, 分母は
$7\times\frac{17}{5}=23.8$
$\frac{9}{11}$ の分子を 17 にすると, 分母は
$11\times\frac{17}{9}=20.7\cdots$
20.7… と 23.8 の間の整数は, 21, 22, 23

5 (1) ㋐ 28 と 42 の最大公約数は 14 で, 14 の約数は, 1, 2, 7, 14 ㋑ 最小公倍数は 84 で, 84 の倍数をつくると, 84, 84×2=168, 84×3=252
(2) 149−5=144, 167−5=162, 203−5=198
144, 162, 198 の最大公約数は 18
5より大きい 18 の約数は 6, 9, 18

6 (1) 12 と 18 の最小公倍数の 36 (分) ごとに同時に発車します。

5年の復習 ② 4~5ページ

1 (1) 5.6 m (2) 午後 2 時 40 分

2 (1) 15 % (2) 4.8 % (3) 136 cm

3 (1) 3.5 cm^2 ずつ (2) 4 倍

4 (1) 26 (2) 48000 円 (3) 21.6°

5
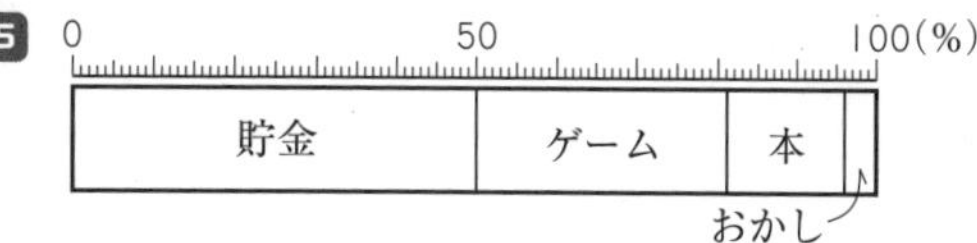

6 (1) 104 cm (2) 496 cm^2

解き方

1 (2) 60÷6=10 (分) より, 10 分で 1 秒早く進む。
10×20=200 (分)=3時間 20 分
午後 6 時−3 時間 20 分=午後 2 時 40 分

2 (2) 食塩の重さは, 100×0.08+400×0.04
=8+16=24 (g) よって, 濃度は,
$\frac{24}{100+400}\times100=4.8$ (%)
(3) 10×15−1×(15−1)=150−14=136 (cm)

3 (1) 面積=底辺×7÷2=底辺×3.5

4 (2) 300000×0.16=48000 (円)
(3) 360°×0.06=21.6°

5 ゲーム…2480÷8000×100=31 (%)
本…400×3÷8000×100=15 (%)

6 (1) まわりの長さは段数(だんすう)の 4 倍になるから,
26×4=104 (cm)
(2) 1+2+3+……+30+31=(1+31)×31÷2
=496 (cm^2)

5年の復習 ③ 6~7ページ

1
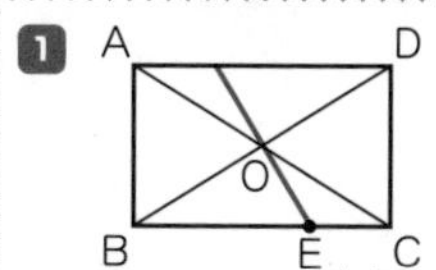

2 面の数 9, 頂点(ちょうてん)の数 14, 辺の数 21

ひっぱると、はずして使えます。

3 (1)

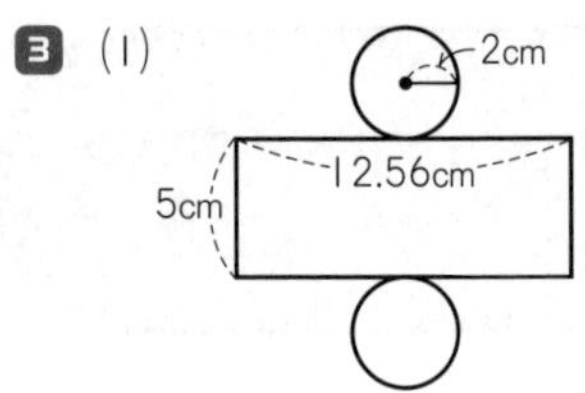

(2) 長方形

4 ①㋐37° ㋑43° ②㋒54° ③㋓60°

5 28.56 cm

6 ① 24 cm^2 ② 135 m^2 ③ 51 cm^2

7 175 cm^2

8 (1) 150° (2) 16 cm^2

9 (1) 686 cm^3 (2) 80 cm^3

解き方

1 対角線の交点Oを通る直線EOで切ります。

4 ①㋐の角をもつ三角形は二等辺三角形です。

③右の図で,

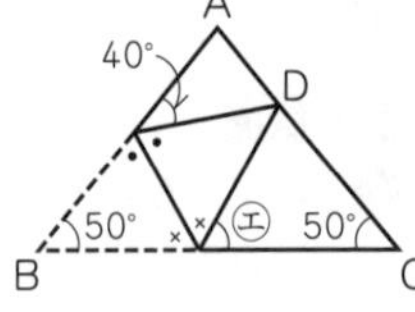

・=(180°−40°)÷2

=70°

×=180°−(70°+50°)

=60°

㋓=180°−60°×2=60°

5 2×2×3.14+4×4=28.56 (cm)

7 三角形ACDの面積は,

30×15÷2=225 (cm^2)

三角形ABEの面積は, 10×10÷2=50 (cm^2)

よって, 225−50=175 (cm^2)

8 (2) 三角形AEDは二等辺三角形で,

右の図の,

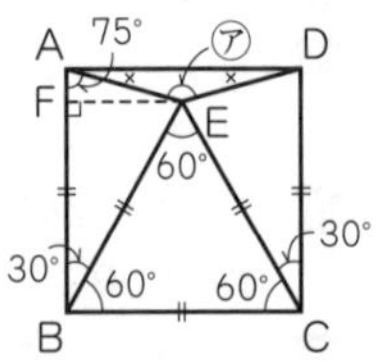

EF=8÷2=4 (cm)

面積は,

8×4÷2=16 (cm^2)

9 (2) 色のついた部分とついていない部分は同じ形の立体だから, (5×8×4)÷2=80 (cm^3)

5年の復習 ④

8~9ページ

1 12 kg

2 15 才

3 51

4 8人, 9人, 10人

5 35 (パック)

6 50 g 6個と 70 g 1個と 110 g 1個, 50 g 1個と 70 g 3個と 110 g 2個の2通り

7 (1) 21 g (2) 2%

8 195 ページ

9 480 個

解き方

1 (38−7×2)÷2=12 (kg)

2 10年後の父の年齢は46才, かいとさんは21才だから, 46−21=25 (才), これが姉の10年後の年齢なので, 現在は, 25−10=15 (才)

3 連続する5つの奇数は, その和を個数の5でわると中央の奇数になります。235÷5=47, 47+2+2=51

4 12枚ずつ配ったときに1枚あまるので, 20枚増やすと, 21枚をあらためて配ることになります。このとき最大で14枚まで配れたことから, はじめの配り方との差は, 1人に対して2枚です。よって, 21÷2=10あまり1より, 10人なら1人あたり2枚増やした14枚を配ることができ, 1枚あまります。21÷9=2あまり3, 21÷8=2あまり5となるので, 9人または8人でも2枚増やした14枚ずつ配れますが, 7人のときは 21÷7=3 となって3枚増やした15枚を配ることができます。

よって, 子どもの人数は, 8人か9人か10人のいずれかになります。

5 1パックにつめるいちごを6個から8個へ2個増やしたところ, パックが3つあまり, 最後のパックは4個入りになったので, 全部のパックに8個ずつつめるのに不足しているいちごの数は, 8×3+4=28 (個) です。よって, パックの数は, (50+28)÷(8−6)=39 (パック), 8個入りのパックは4つ少ないので, 35となります。

6 どの袋も1つは買うので, 50+70+110=230 (g), 480−230=250 (g) より, 組み合わせて250 gになる買い方を見つけます。大きい110 gの袋から考えると, 2袋のとき組み合わせはなく, 1袋のとき, 残り140 gは70 g 2袋です。0袋のとき, 50 gの袋が5袋で, この組み合わせしか考えられません。これに, 各袋を1つずつたします。

7 (1) 300×0.07=21 (g)

(2) できた食塩水は500 gで濃度が5%だから, 含まれる食塩は 500×0.05=25 (g) です。食塩水Bには21 gの食塩が含まれていたので,

25−21=4 (g) が食塩水Aに含まれていたことになります。
食塩水Aの濃度は，4÷200=0.02 → 2%

8 1日目に $\frac{1}{3}$，2日目は全体の，
$\left(1-\frac{1}{3}\right)\times\frac{3}{5}=\frac{2}{3}\times\frac{3}{5}=\frac{2}{5}$ を読んでいます。
$\frac{1}{3}+\frac{2}{5}=\frac{11}{15}$ より，3日目に読むのはその残りにあたる全体の $\frac{4}{15}$ だから，
$52\div\frac{4}{15}=195$ (ページ)

9 定価は 125×1.4=175 (円)，1個を定価で売ったときの利益は50円です。定価で400個売ったので，50×400=20000 (円) の利益が出ています。残りを2個パックで1個の定価で売ったので，1個の値段を 175÷2=87.5 (円) で売ったことになり，仕入れ値125円に対して，125−87.5=37.5 (円) の損失になります。全体の利益は17000円だから，
20000−17000=3000 (円) の損失が2個パック売りによって生じたことになります。
3000÷37.5=80 より，2個パックで売ったりんごは80個だから，仕入れたりんごは
400+80=480 (個)

1 分数のかけ算

ステップ1 10〜11ページ

1 ① $\frac{15}{56}$ ② $\frac{2}{9}$ ③ $\frac{5}{21}$ ④ $2\frac{1}{3}$

2 ① $3\frac{3}{5}$ ② $2\frac{1}{2}$ ③ 6 ④ $\frac{6}{7}$ ⑤ $\frac{4}{5}$
⑥ $3\frac{1}{3}$

3 ① $\frac{12}{35}$ ② $\frac{4}{15}$ ③ $\frac{2}{3}$ ④ $\frac{4}{15}$

4 ㋐，㋓

5 $\frac{3}{10}$ kg

6 (1) 15と25の公倍数
(2) 分母：16と12の最大公約数
分子：15と25の最小公倍数

解き方

4 かける分数が1より小さいときに積は□より小さくなります。たとえば，□=5 とすると
$5\times\frac{1}{5}=1$ となり5より小さくなります。逆に，かける分数が1より大きいときは，$5\times\frac{6}{5}=6$ となり，5より大きくなります。

5 $\frac{2}{5}\times\frac{3}{4}=\frac{3}{10}$ (kg)

ステップ2 12〜13ページ

1 ① $\frac{1}{4}$ ② $\frac{7}{16}$ ③ $\frac{4}{5}$ ④ $\frac{4}{7}$

2 ① $1\frac{19}{36}$ ② 1 ③ $\frac{2}{15}$ ④ $\frac{5}{9}$

3 ① $\frac{4}{5}$ ② $2\frac{2}{3}$ ③ $\frac{1}{2}$

4 (1) $26\frac{2}{3}\left(\frac{80}{3}\right)$ (2) $8\frac{4}{7}\left(\frac{60}{7}\right)$

5 (1) $\frac{7}{24}$ (2)① 22人 ② 77人

6 (1) $\frac{7}{10}$ (2) 90ページ

解き方

3 ③ $\frac{5}{6}\times\left\{\left(\frac{8}{12}+\frac{3}{12}\right)\times\frac{6}{5}-\frac{1}{2}\right\}$
$=\frac{5}{6}\times\left(\frac{11}{12}\times\frac{6}{5}-\frac{1}{2}\right)=\frac{5}{6}\times\left(\frac{11}{10}-\frac{5}{10}\right)$
$=\frac{1}{2}$

4 (2) 35と21と14の最大公約数は7，6と4と15の最小公倍数は60，よって $\frac{60}{7}\left(8\frac{4}{7}\right)$ をかければよい。

5 (1) $1-\left(\frac{1}{3}+\frac{1}{6}+\frac{1}{12}+\frac{1}{8}\right)=\frac{7}{24}$

6 (1) 2日目は全体の $\left(1-\frac{1}{5}\right)\times\frac{1}{4}=\frac{1}{5}$
3日目は全体の $\left(1-\frac{1}{5}-\frac{1}{5}\right)\times\frac{1}{2}=\frac{3}{10}$
したがって，
3日目までは $\frac{1}{5}+\frac{1}{5}+\frac{3}{10}=\frac{7}{10}$ です。
(2) 残りは $1-\frac{7}{10}=\frac{3}{10}$
全体が300ページだから，
$300\times\frac{3}{10}=90$ (ページ)

別解 (2) $300-300\times\frac{7}{10}=90$ (ページ)

2 分数のわり算

ステップ 1　14～15ページ

1 ①$\frac{5}{6}$　②$\frac{4}{9}$　③$\frac{1}{2}$　④$\frac{12}{25}$

2 ①$6\frac{2}{3}$　②12　③4　④$\frac{5}{28}$　⑤$\frac{1}{10}$

⑥$\frac{4}{27}$

3 ㋐，㋓

4 ①$2\frac{2}{5}$　②$\frac{3}{4}$

5 (1)式　$16\div\frac{2}{3}=24$　24 m²

(2)式　$18\div\frac{6}{13}=39$　$39-18=21$　21 人

6 リボン 1 m の値段

解き方

3 **ここに注意**　わられる数を1より小さい数でわると，商はわられる数より大きくなります。
　これは，1より小さい数でわることは，1より大きい数をかけることと同じだと考えればわかります。

4 □の中の数を求めるとき，何を何でわったり，何に何をかけたりするのか，迷うことがあります。そのようなときには，簡単(かんたん)な計算式，たとえば，$2\times3=6$，$6\div2=3$ などを手がかりにします。①では，$2\times3=6$ の3のところを求めることと同じなので，$\frac{3}{5}\div\frac{1}{4}$ で□の中の数を求めることができます。②についても同じように考えます。

ステップ 2　16～17ページ

1 ①$\frac{1}{2}$　②$\frac{13}{28}$　③3　④1　⑤$1\frac{1}{7}$　⑥$\frac{1}{2}$

2 ①と㋐，②と㋑，③と㋓，④と㋒

3 $\frac{1}{3}$ m

4 (1)$\frac{4}{7}$ L　(2)1 時間 45 分

5 $1\frac{3}{4}$ km²

6 (1)$1\frac{2}{5}$ kg　(2)$\frac{4}{5}$ kg

7 大きい順に，△，○，□

解き方

3 $\frac{2}{3}\times\frac{2}{5}=\frac{4}{15}$　$\frac{4}{15}\div\frac{4}{5}=\frac{1}{3}$ (m)

4 (1)$\frac{2}{21}\div\frac{1}{6}=\frac{2}{21}\times\frac{6}{1}=\frac{4}{7}$ (L)

(2)$\frac{1}{6}\div\frac{2}{21}=\frac{1}{6}\times\frac{21}{2}=\frac{7}{4}=1\frac{3}{4}$ (時間)

$\frac{3}{4}$ 時間$=\left(\frac{3}{4}\times60\right)$分$=45$ 分

5 1時間では，それぞれ $\frac{5}{6}\div\frac{2}{3}=\frac{5}{4}$ (km²)，

$\frac{3}{8}\div\frac{3}{4}=\frac{1}{2}$ (km²) のしばをかることができます。

両方同時に使うと，$\frac{5}{4}+\frac{1}{2}=\frac{7}{4}=1\frac{3}{4}$ (km²)

6 線分図に表すと下のようになります。

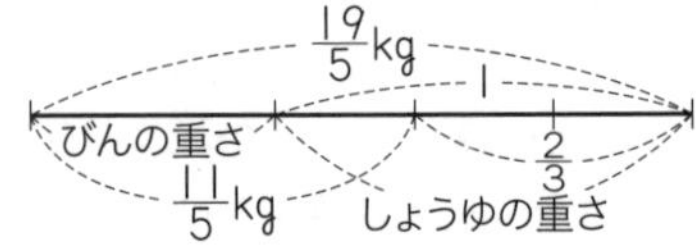

(1)$\frac{19}{5}-\frac{11}{5}=\frac{8}{5}=1\frac{3}{5}$ (kg)…しょうゆ $\frac{2}{3}$ の重さ

$\frac{8}{5}\div\frac{2}{3}=\frac{12}{5}=2\frac{2}{5}$ (kg)…しょうゆ1の重さ

$\frac{19}{5}-\frac{12}{5}=\frac{7}{5}=1\frac{2}{5}$ (kg)…びんの重さ

(2)$\frac{11}{5}-\frac{7}{5}=\frac{4}{5}$ (kg)…残りのしょうゆの重さ

7 たとえば計算した答えを1とすると，

$○\times\frac{5}{8}=1$ より　$○=\frac{8}{5}$

$□\div\frac{2}{3}=1$ より　$□=\frac{2}{3}$

$△\div2=1$ より　$△=2$

3 小数・分数のまじった計算

ステップ 1　18～19ページ

1 ①$\frac{5}{6}$　②$\frac{1}{12}$　③$\frac{1}{5}$　④$1\frac{3}{7}$

2 ①$\frac{13}{20}$　②$1\frac{5}{6}$　③$\frac{8}{9}$　④$\frac{1}{15}$

3 ①$\frac{1}{2}$　②$0.8\left(\frac{4}{5}\right)$　③$3\frac{3}{4}$　④$\frac{2}{3}$

4 ①$\frac{5}{12}$　②$\frac{3}{20}$ (0.15)　③4

④$1\frac{1}{4}$ (1.25)

5 35

解き方

4 まず小数を分数に直してみよう。

$0.25=\frac{1}{4}$, $0.75=\frac{3}{4}$

$0.125=\frac{1}{8}$, $0.375=\frac{3}{8}$, $0.625=\frac{5}{8}$

$0.875=\frac{7}{8}$ はおぼえておくと便利です。

5 $0.25=\frac{1}{4}$, $0.75=\frac{3}{4}$ に直します。

$\frac{1}{4}\times37+\frac{3}{4}\times11+\frac{3}{4}\times19+\frac{1}{4}\times13$

$=\frac{1}{4}\times(37+13)+\frac{3}{4}\times(11+19)$

$=\frac{1}{4}\times50+\frac{3}{4}\times30=\frac{50}{4}+\frac{90}{4}=\frac{140}{4}=35$

ステップ 2　20〜21ページ

1 ① $\frac{10}{27}$ ② $\frac{7}{10}$ ③ $\frac{10}{27}$ ④ 3

2 ① $\frac{9}{10}$ ② $\frac{17}{30}$ ③ $2\frac{11}{12}$ ④ $\frac{2}{35}$ ⑤ 12

3 ① 3 ② $5\frac{3}{8}$

4 (1) 20000円 (2) 35000円

5 (1) $\frac{2}{5}$ と $\frac{1}{3}$ とアの数の積と，0.5 と①の数とアの数の積が同じなので，$\frac{2}{5}$ と $\frac{1}{3}$ の積と 0.5 と①の数の積が同じだから。

(2) $\frac{5}{8}$

解き方

2 小数を分数に直して計算します。
⑤は小数点以下の数に注目して，先に小数のままたし算してもよいでしょう。

$3\frac{1}{5}\times(0.125+1.25+2.375)$
（0.125+2.375 → たすと 2.5）

$=\frac{16}{5}\times(2.5+1.25)=\frac{16}{5}\times3.75$

$=\frac{16}{5}\times\frac{15}{4}=12$

3 計算の関係を利用して，四則計算(+，−，×，÷の計算)を逆に計算することを逆算といいます。逆算するとき，計算できる部分は先に計算して，式を簡単(かんたん)にしておきます。

① $2.5+\left(\square-\frac{3}{5}\right)\div2=3.7$
$3.7-2.5=1.2$

$\left(\square-\frac{3}{5}\right)\div2=1.2$
$1.2\times2=2.4$

$\square-\frac{3}{5}=2.4$, $\frac{3}{5}=0.6$ より

$\square=2.4+0.6=3$

4 (1) $3000\div(1-0.25-0.6)=20000$ (円)

(2) 4900円の全体に対する割合(わりあい)は

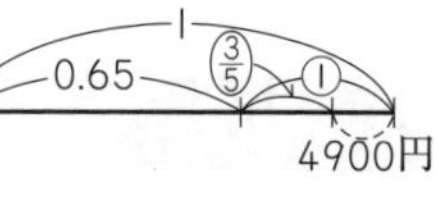

$(1-0.65)\times(1-0.6)$
$=0.14$
$4900\div0.14=35000$ (円)

5 (1) $\frac{2}{5}\times\frac{1}{3}\times$ア$=0.5\times$①$\times$ア なので，

$\frac{2}{5}\times\frac{1}{3}=0.5\times$①，①$=\frac{2}{5}\times\frac{1}{3}\div0.5=\frac{4}{15}$

(2) ①の数が $\frac{4}{15}$ だから，

$\frac{1}{3}\times0.5=$②$\times\frac{4}{15}$

②$=\frac{1}{3}\times0.5\div\frac{4}{15}=\frac{1}{3}\times\frac{1}{2}\times\frac{15}{4}=\frac{5}{8}$

4 文字と式

ステップ 1　22〜23ページ

1 (1) $(x\times8)$ 円 (2) $x+3$ (3) $(x+80)$ 円 (4) $(x-1300)$ 円

2 $(x+25)\times2$ cm

3 ① 8 ② 5 ③ 4 ④ 21 ⑤ 3 ⑥ 6

4 (1) 75円 (2) 4個 300円，8個 600円 (3) $y=75\times x$ (4) 900円

解き方

2 縦(たて)が2つ，横が2つだから，
$x\times2+25\times2=(x+25)\times2$ (cm)

3 ③ $10-x=6$
$x=10-6$
$x=4$

⑥ $24\div x=4$
$x=24\div4$
$x=6$

ここに注意 たし算・ひき算のときは，線分図によって，x をどう求めたらよいかわかります。かけ算・わり算のときは，面積の図で考えられます。

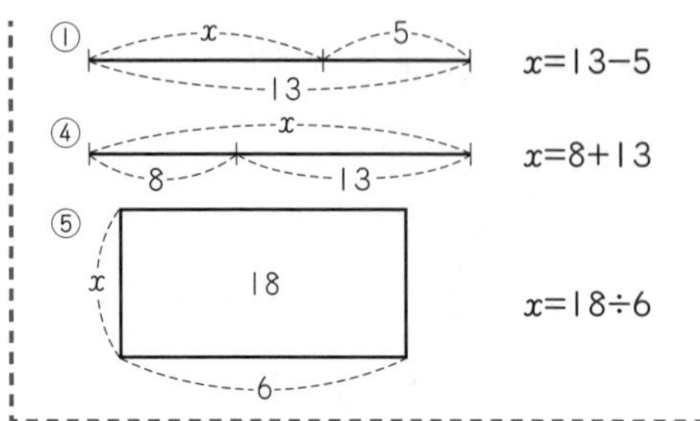

4 (4) $y=75\times12$　$y=900$

ステップ2　24〜25ページ

1 (1) 式 $x\times6=1440$　答え 240
(2) 式 $x+24=40$　答え 16
(3) 式 $x-650=1350$　答え 2000

2 ①38　②128　③19　④154　⑤4
⑥72　⑦13　⑧52

3 (1) $(2+x)\times5\div2=15$　(2) 4

4 (1) $y=8\times x\div2$　(2) 24 cm^2　(3) 22.5 cm

5 (1) 面積　(2) まわりの長さ

6 (1) $12\times12\times12=(12+3)\times(12-4)\times x$
(2) 14.4

解き方

2 ① $x=72-34$　② $x=91+37$
③ $x=(82-25)\div3$　④ $x=(35-13)\times7$
⑤ $x=(37-25)\div3$　⑥ $x=13\times12-84$
⑦ $16-x=48\div16=3$　$x=16-3$
⑧ $30-x\div4=102\div6=17$
$x\div4=30-17=13$　$x=13\times4$

3 (1) 台形の面積の公式に数や x をあてはめます。
(2) $(2+x)\times5=15\times2=30$
$2+x=30\div5=6$

4 (1) 三角形の面積の公式にあてはめます。
(2) $y=8\times6\div2$　$y=24$
(3) $90=8\times x\div2$　$8\times x=90\times2=180$　$x=22.5$

5 (2) 平行四辺形の向かいあう辺の長さは等しいので，まわりの長さは $x\times2+y\times2=(x+y)\times2$ と表されます。

6 (1) 立方体と直方体の体積を求める公式にあてはめます。
(2) $x=12\times12\times12\div\{(12+3)\times(12-4)\}$
$x=1728\div120$　$x=14.4$

5 資料の調べ方

ステップ1　26〜27ページ

1 B

2 (1) 9人　(2) 57.5%

3 (1) 39人　(2) 3人
(3) 7.2秒以上7.4秒未満

4 (1)
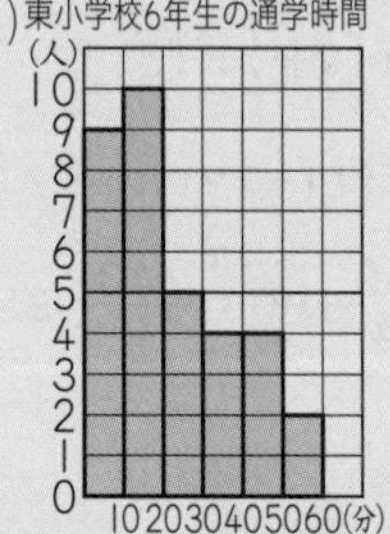

(2) (例1) 通学時間が20分未満の人は東小学校のほうが多く，20分以上の人は西小学校のほうが多い。
(例2) 西小学校のほうが通学時間が長い人が多い。

解き方

1 ゲームの平均点は，
$(45+18+10+7+5)\div5=85\div5=17$ (点)

2 (1) $40-(1+2+5+18+5)=9$ (人)
(2) $(18+5)\div40=0.575\rightarrow57.5\%$

3 (3) ヒストグラムの左のほうから(はやいほうから)人数を数えていきます。
10番目は7.2秒以上7.4秒未満の中にはいります。

4 通学時間の長さに着目して西小学校と東小学校のちがいを書くようにします。

ステップ2　28〜29ページ

1 48分

2 96点

3 (1) ㋐5　㋑4　(2) 304 cm　(3) 31.6%

4 (1) 44人　(2) 270点　(3) 79.5%
(4) 6.1点

5 (1) 2.8点　(2) 30%　(3) 70%

解き方

1 時間の合計÷日数 $=336\div7=48$ (分)

2 1回目から7回目までの合計点は，$72\times7=504$ (点)，1回目から8回目までの合計点は，

75×8=600（点），600−504=96（点）

3 (1)ア…281，290，278，292，283 の5人
イ…325，334，327，318 の4人
(2) 19 人いるのでちょうど真ん中は 10 人目。それは，295〜315 の中にいて，小さいほうから4番目です（255〜295 のはん囲に6人いるので）。小さいほうから順にならべていくと，295，298，298，(304)，306，…

(3) (4+2)÷19=0.3157…→31.6％

4 (1) 1+3+5+8+9+7+5+4+2=44（人）
(2) 1×0+2×1+3×3+4×5+5×8+6×9+7×7+8×5+9×4+10×2=270（点）
(3) (8+9+7+5+4+2)÷44=0.7954…→79.5（％）
(4) 270÷44=6.13…→6.1（点）

5 (1)国語の得点が5点の人は 2+1=3（人），4点の人は3人，3点の人は 12 人，2点の人は9人，1点の人は3人，0点の人は0人です。
(5×3+4×3+3×12+2×9+1×3)÷30
=84÷30=2.8（点）
(2)国語の得点の方が算数の得点より高い人は，図の点線の左上側の人で，2+3+3+1=9（人）います。クラス全体の人数は 30 人なので，
9÷30=0.3　→　30％
(3)右の図の○印をつけたところがあてはまります。
1+2+3+6+5+4=21（人），
21÷30=0.7
→　70％

国語の得点（点）

5					②	①
4			3			
3		3		⑥	③	
2			④	⑤		
1	1		2			
0						
	0	1	2	3	4	5

算数の得点（点）

6 場合の数

ステップ1　30〜31ページ

1 6通り
2 6通り
3 123，124，132，134，142，143，213，214，231，234，241，243，312，314，321，324，341，342，412，413，421，423，431，432
以上 24 通り
4 18 通り
5 6通り
6 (1)6　(2)10　(3)15
7 (1)3試合　(2)6試合
8 (1)4試合　(2)10 試合

解き方

4 百の位には，[2]，[4]，[5]のうちのどれかがはいります。十の位には，[0]をふくむ3つの数字のどれかが（[2]，[4]，[5]のどれかが百の位にはいっているから）はいります。一の位には，残り2つのどれか1つがはいります。
3×3×2=18（通り）

6 (1)2人の選び方は，
A−B，A−C，A−D　B−C，B−D　C−D　の6（通り）
(2)5冊（さつ）から2冊選ぶ選び方は，(A，B)，(A，C)，(A，D)，(A，E)，(B，C)，(B，D)，(B，E)，(C，D)，(C，E)，(D，E)の 10 通り。
(3)6人から2人選べば，残りの4人が決まります。6人をA，B，C，D，E，Fとすると，(A，B)，(A，C)，(A，D)，(A，E)，(A，F)，(B，C)，(B，D)，(B，E)，(B，F)，(C，D)，(C，E)，(C，F)，(D，E)，(D，F)，(E，F)の 15 通り。

7 (1)けんじ−あきら，けんじ−りょうた，けんじ−やすひろ　の3試合
(2)(1)のほかに，あきら−りょうた，あきら−やすひろ
りょうた−やすひろ
全部で，3+2+1=6（試合）

8 (1)負けるチームは4チームだから，4試合。
(2)右の表から，10（試合）

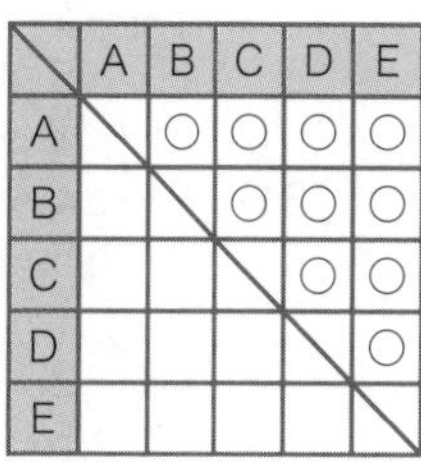

	A	B	C	D	E
A	＼	○	○	○	○
B		＼	○	○	○
C			＼	○	○
D				＼	○
E					＼

ステップ 2　32~33ページ

❶ (1)6 通り　(2)24 通り
❷ (1)33 個　(2)10 個
❸ (1)35 通り　(2)17 通り
❹ (1)6 通り　(2)10 通り
❺ 6 通り
❻ 10 通り
❼ (1)5 回　(2)15 回　(3)5 回

解き方

❷ (1)百の位が 1 のとき，十の位は 2，3，4，5 の 4 通りあり，それぞれの一の位は 3 通りあるから，全部で 4×3=12 (個)
百の位が 2 のときも同じで 12 個できます。
百の位が 3 のときは，350 より小さい数だから，十の位は 1，2，4 の 3 通りで，それぞれ一の位は 3 通りあるので 3×3=9 (個)
よって，全部で12×2+9=33 (個)

別解　樹形図をかいて考えます。

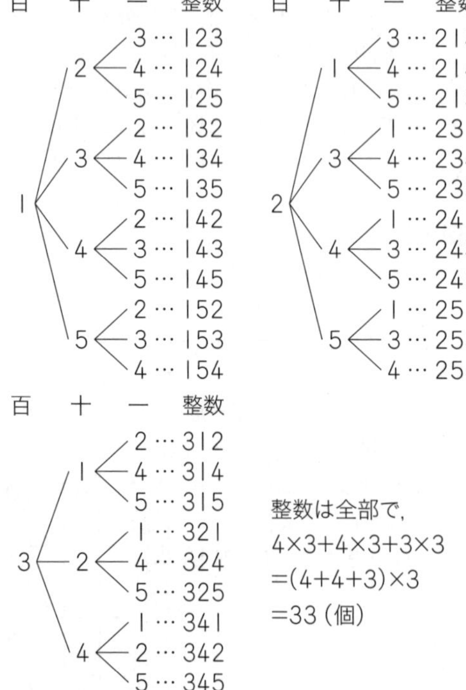

整数は全部で，
4×3+4×3+3×3
=(4+4+3)×3
=33 (個)

(2)偶数になるのは，一の位が 2 か 0 のときです。
一の位が 2 のとき，千の位は 1 か 3 で，1032，1302，3012，3102 の 4 個。一の位が 0 のとき，残りのカードのならべ方は
3×2×1=6 (通り)
よって，4+6=10 (個)

❸ A から順に分かれ道までの行き方の数をかいて合計していきます。
(1)35(通り)　　(2)17(通り)

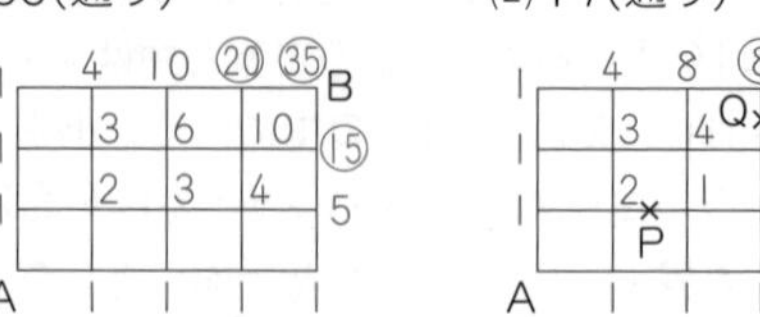

❹ (1)男子を A，B，C，女子を D，E とすると，
A─D，A─E　B─D，B─E　C─D，C─E　の 6 通り。
(2)A─B，A─C，A─D，A─E　B─C，B─D，B─E　C─D，C─E　D─E　の 10 通り。

❺ 表をつくって考えます。

100 円硬貨(枚)	1	1	0	0	0	0
50 円硬貨(枚)	1	0	3	2	1	0
10 円硬貨(枚)	1	6	1	6	11	16

❻ 三角形は 3 点を結べばできるので，5 つの点から 3 点を選びだす問題です。
A─B─C，A─B─D，A─B─E　A─C─D，A─C─E　A─D─E
B─C─D，B─C─E　B─D─E　C─D─E
3+2+1+2+1+1=10 (通り)

❼ (1)本人をのぞく他の 5 人と取り組むので 5 回。
(2)1 人につき 5 回あって，6 人いるから，
5×6÷2=15 (回)
(3)1 つの取組みごとに 1 人ずつ負けていくから，1 人が勝ち残るには 5 回。

1～6
ステップ 3　34~35ページ

❶ ① $\frac{1}{4}$　② $1\frac{4}{9}$
❷ $\frac{2}{5}$
❸ 式 120−7×x=8
x の値 16
(式は 7×x=120−8 なども正解です。)
❹ (1)8　(2)y×6÷2+12
❺ (1)45 人　(2)11 人
❻ (1)20 通り　(2)8 通り
❼ (1)3 通り　(2)6 通り　(3)10 通り

解き方

1 ①小数を分数に直して計算します。

2 2人目は，$\left(1-\frac{1}{3}\right)\times\frac{1}{4}=\frac{1}{6}$

3人目は，$\left\{1-\left(\frac{1}{3}+\frac{1}{6}\right)\right\}\times\frac{1}{5}=\frac{1}{10}$

よって，$1-\left(\frac{1}{3}+\frac{1}{6}+\frac{1}{10}\right)=\frac{2}{5}$

4 (1)長方形の面積は 9×4=36 (cm^2)，
三角形の面積は 36−12=24 (cm^2)，
三角形の底辺の長さは 24×2÷6=8 (cm)

(2)〔長方形の面積〕=〔三角形の面積〕+12
という関係になっています。

5 (1)8点が10人，9点が5人，10点が3人だから，8点以上の合計人数は
10+5+3=18 (人)
8点未満の人数が60％だから，8点以上は40％になります。
したがって，A組の人数は，
18÷0.4=45 (人)

(2)A組の平均点は7点だから，合計点は，
7×45=315 (点)
わかっているところの得点の和は，
3×1+4×2+6×7+8×10+9×5+10×3
=208 (点)
315−208=107 (点)…5点と7点の人の得点の和
45−(1+2+7+10+5+3)=17 (人)…5点と7点の人数の和
17人全員が5点をとったとすると，
5×17=85 (点)
ところが実際は107点。
その差を求めると 107−85=22 (点)
これを7点と5点との差でうめます。
22÷(7−5)=11 (人)…7点をとった人数

6 (2)一の位が2か4のときには，2でわり切れます。それぞれに対して十の位が4通りあるので，2×4=8 (通り)

7 (1)男子をA，B，女子をC，D，Eとすると，下の3通り。

(AB)─C
　　─D
　　─E

(2)男子Aの場合の組み合わせは下の3通り。

A─C─D　　A─D─E
　　─E

男子は2人だから，3×2=6 (通り)

(3)Aがふくまれているのは下の6通り。

A─B─C　　A─C─D　　A─D─E
　　─D　　　　─E
　　─E

AがふくまれずBがふくまれるのは下の3通り。

B─C─D　　B─D─E
　　─E

A，Bがふくまれないのは下の1通り。
C─D─E
よって，6+3+1=10 (通り)

7 比とその利用

ステップ1　　36〜37ページ

1 (1)5：2　(2)2：3　(3)5：6　(4)5：7
2 (1)10：9　(2)9：19　(3)10：19
3 ①$1\frac{3}{5}$　②5　③$\frac{3}{5}$　④$\frac{4}{33}$
4 ①4：5　②3：5　③3：4　④4：3
5 ①32　②3　③1　④$\frac{16}{45}$
6 16 dL
7 90 m^2
8 (1)40冊　(2)152冊

解き方

2 女子は 38−18=20 (人) です。
(1)男子の人数をもとにします。
(2)学級全体の人数をもとにします。

3 $a：b$ の比の値(あたい)は $a÷b$ で求めます。a，b が小数や分数のときは，簡単(かんたん)な比に直してから比の値を求めるようにしましょう。

4 ②1.8：3=18：30=3：5
③4.2：5.6=42：56=3：4
④$\frac{1}{3}:\frac{1}{4}=\left(\frac{1}{3}\times12\right):\left(\frac{1}{4}\times12\right)=4:3$

5 小数や分数の比は，整数の比に直して考えます。
①40÷5=8，□=4×8=32
②0.12：0.2=12：20=3：5，□=3
③$2.5:\frac{5}{4}=10:5=2:1$，□=1
④$\frac{4}{5}\div\frac{3}{2}=\frac{4}{5}\times\frac{2}{3}=\frac{8}{15}$
$□=\frac{2}{3}\times\frac{8}{15}=\frac{16}{45}$

ここに注意 比の性質 $a:b=c:d$ のとき $a\times d=b\times c$ を利用して求めることもできます。

6 使うしょう油を□dL とすると，2：5=□：40 という式になります。
□の数は，2×40÷5=16

7 チューリップとダリアを植える面積の比が 5：3 なので，花だん全体の面積の比を 5+3=8 と考えます。ダリアを植える面積を□m^2 とすると
8：3=240：□　□=3×240÷8=90

8 (1)科学と歴史の本の冊数の比は 6：5 で，歴史の本を□冊とすると，6：5=48：□ という式になります。　□=5×48÷6=40

ステップ2　38〜39ページ

1 ①1.5　②40　③2　④8000
2 (1)3：1　(2)5：4　(3)4：3　(4)8：5
3 (1)B 1240円，C 1550円
(2)310円　(3)620円
4 (1)15：9：20　(2)2：5：12
5 3000円
6 9：10
7 (1)ゆみさん　(考え方の例)同じ道のりを歩くときにかかる時間が短いほうが歩く速さが速いから。(「道のり」と「時間」の両方について正しく書いていれば正解です)
(2)3：2

解き方

1 ④$\frac{1}{3}$：0.75=$\frac{1}{3}$：$\frac{3}{4}$=4：9=8：18
8 m^3= 8000 L だから，□=8000

3 (1)B の持っているお金はAの 2 倍にあたるから，
620×2=1240 (円)
C の持っているお金はAの 2.5 倍にあたるから，
620×2.5=1550 (円)
(2) 1240×$\frac{1}{4}$=310 (円)
(3) 4 割(わり)→ 0.4　1550×0.4=620 (円)

4 線分図で考えます。
(1)A を 1 にすると，B は 0.6，C は $\frac{4}{3}$ になります。

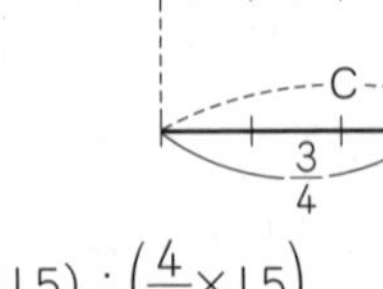

A：B：C
=1：0.6：$\frac{4}{3}$
=(1×15)：(0.6×15)：$\left(\frac{4}{3}\times15\right)$
=15：9：20

(2)等しいときの大きさを 1 にすると，A は $\frac{1}{2}$，

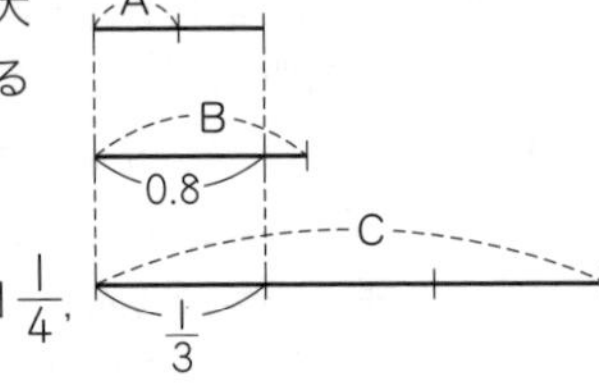

B は 1÷0.8=1$\frac{1}{4}$，
C は 1÷$\frac{1}{3}$=3
A：B：C=$\frac{1}{2}$：1$\frac{1}{4}$：3
=$\left(\frac{1}{2}\times4\right)$：$\left(\frac{5}{4}\times4\right)$：(3×4)
=2：5：12

5 AさんとBさんとCさんの比を求めます。
Aさん：Bさん=2：3，Bさん：Cさん=9：5 ですから，Bさんの比を 3 と 9 の最小公倍数の 9 に合わせると，Aさん：Bさん=6：9 になるので，Aさん：Bさん：Cさん=6：9：5 になります。
よって，Aさんの所持金は，
10000×$\frac{6}{6+9+5}$=3000 (円)

6 速さ=道のり÷時間 だから，同じ時間では，速さの比と道のりの比は等しくなります。
$\frac{3}{5}$：$\frac{2}{3}$=$\left(\frac{3}{5}\times15\right)$：$\left(\frac{2}{3}\times15\right)$=9：10

7 (2) 1 分間にゆみさんが歩く道のりは駅から学校までの $\frac{1}{8}$ で，ようこさんが歩く道のりは $\frac{1}{12}$ になります。同じ時間に進む道のりの比は速さの比と同じなので，速さの比は
$\frac{1}{8}$：$\frac{1}{12}$=12：8=3：2 となります。

8 比　例

ステップ 1　　40〜41ページ

1 (1)2倍，3倍，…になっている
(2)㋐7　㋑重さ　(3)630 g

2 ②，④，⑤

3 ①道のり=5×時間
②重さ=8×枚数

4 (1)比例する　(2)20，長さ　(3)100 g
(4)18 m

解き方

1 (2)10枚のとき70 gだから，1枚のときは，
70÷10=7　きまった数は7です。

4 (3)重さ=20×長さ の式にあてはめます。
重さ=20×5=100 (g)
(4)(3)と同じように，360=20×長さ
長さ=360÷20=18 (m)

ステップ 2　　42〜43ページ

1 (1)×　(2)×　(3)○　(4)×

2
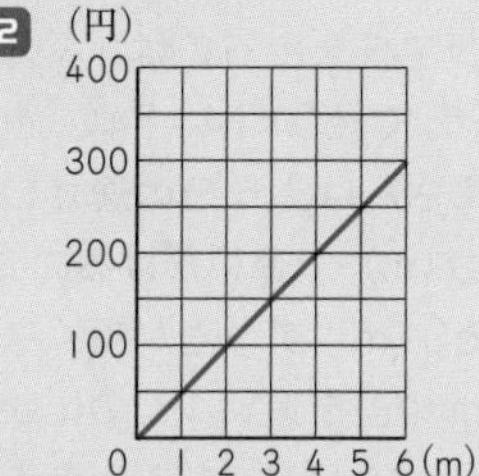

3 (1)3 kg　(2)6 m　(3)1.5×長さ

4 3分12秒

5 (1)42 m　(2)8 m

6 (1)1.5 L　(2)12分　(3)6分後

解き方

1 (1)半径を2倍にすると，円の面積は4倍になります。
(2)底辺の長さと高さの積が一定…反比例
(4)

1辺の長さ (cm)	1	2
表面積 (cm^2)	6	24
体　積 (cm^3)	1	8

3 (1)横軸の2から真上に見てグラフと交わる点を見つけます。
この点から真横に見て縦軸と交わる点は
3 (kg)と読みとれます。

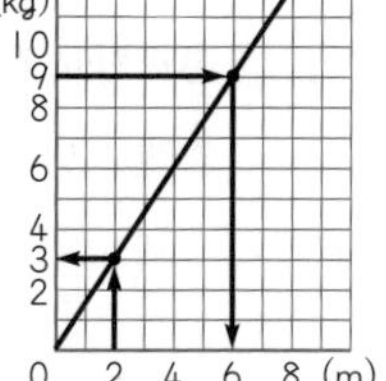

(3)長さ2 mの重さが3 kgなので，1 mの重さが 3÷2=1.5 (kg) だから，「1.5×長さ」と「重さ」が等しくなります。

4 ㋐の容器では1分あたり 5÷2=2.5 (L) はいります。㋑の容器は8 L入りなので，
8÷2.5=3.2 (分)
0.2分=60×0.2=12秒 だから，3分12秒となります。

5 (1)1 mあたりの重さは，90÷6=15 (g)，はじめのAの束の重さは630 gなので，
630÷15=42 (m)
(2)重さ210 gの長さは 210÷15=14 (m) だから，はじめはBがAより14 m長かったことになります。Bの束から針金を6 m切り取ったあとの長さの差は，14−6=8 (m) になります。

6 (1)8分で12 Lの水が出ているから，1分間あたりは，12÷8=1.5 (L)
(2)じゃ口㋑は，12分で12 Lの水が出ているから，1分間あたりは，12÷12=1 (L)
よって，12÷1=12 (分) かかります。
(3)1分間あたりじゃ口㋐は1.5 L，じゃ口㋑は1 Lだから，1分で 1.5−1=0.5 (L) の差ができます。よって，3÷0.5=6 (分後) に差が3 Lになります。

9 速さのグラフ

ステップ 1　　44〜45ページ

1 (1)12　(2)10分後

2 (1)ア…600　イ…16　(2)分速120 m

3 (1)
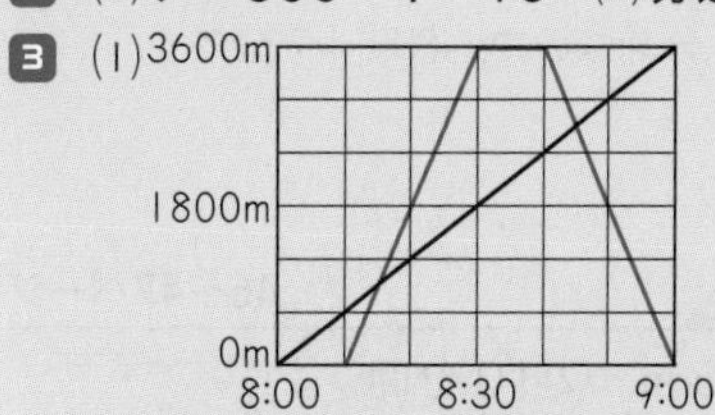

(2)分速60 m　(3)分速180 m
(4)8時15分　(5)2400 m

4 (1)1200 m　(2)8時33分　(3)8時19分

解き方

1 (1)そうたさんの速さは，分速 320÷8=40 (m) です。480 mを分速40 mで歩くのにかかる時間は，480÷40=12 (分)

(2)たけるさんの速さは，分速 480÷8=60 (m) です。たけるさんとそうたさんが公園に着くまでにかかる時間はそれぞれ
1200÷60=20 (分)，　1200÷40=30 (分)
なので，30−20=10 (分後)

2 (2)600 m を 5 分で走っているので分速は
600÷5=120 (m)

3 (2)家から公園まで 3600 m の道のりを 1 時間で歩いています。1 時間は 60 分なので，分速は 3600÷60=60 (m)

(3)分速 3600÷20=180 (m)

(4)兄が家を出発するとき，弟は 10 分歩いているので 60×10=600 (m) 進んでいます。グラフからも読み取ることができます。兄は分速 180 m，弟は分速 60 m で進むので，1 分で 180−60=120 (m) ずつ差が短くなっていきます。600 m の差を追いつくのにかかる時間は 600÷120=5 (分) かかることになるので，兄が家を出発してから 5 分後に追いつきます。

(5)弟はあと 5 分で公園に着くので，公園の手前 60×5=300 (m) のところにいます。兄はあと 5 分で家に着くので，家の手前
180×5=900 (m) のところにいます。2 人の間は 3600−300−900=2400 (m)

4 (1)80×15=1200 (m)

(2)2500−1200=1300 (m)，
1300÷100=13 (分) より，8 時 20 分から 13 分後です。

(3)8 時 30 分に 2 人がいるところは図書館まであと 300 m のところで，家からは 2200 m 進んだところです。お母さんは分速 200 m で追いかけるので，2200÷200=11 (分) で追いつきます。お母さんが家を出たのは 8 時 30 分の 11 分前なので，8 時 19 分です。

ステップ 2　　46〜47ページ

1 (1)分速 75 m　(2)10 分間
(3)(9 時)26 分

2 (1)1800　(2)1 分後　(3)28 分後

3 (1)6 km　(2)8 時 4 分 10 秒

4 (1)10 秒後　(2)毎秒 5 cm　(3)毎秒 3 cm
(4)30 秒後

解き方

1 (1)600÷8=75

(2)休けいしたところから残りの
1200−600=600 (m) を分速 50 m で歩いたので，残りを 600÷50=12 (分) で歩いています。9 時 30 分の 12 分前なので休けいのあと歩きはじめた時刻は 9 時 18 分です。

(3)9 時 21 分は休けいを終えて 3 分後なので
50×3=150 (m)，600+150=750 (m) より，家から 750 m のところにいます。時速 12 km を分速で表すと，12÷60×1000=200 (m) だから兄と A さんの速さの差は
200−50=150 (m)，750÷150=5 (分) より，兄が家を出てから 5 分で A さんに追いつきます。

2 (1)英和さんの最初に歩く速さは分速
560÷7=80 (m) 成美さんの速さは英和さんの $\frac{3}{4}$ 倍なので，分速 $80\times\frac{3}{4}=60$ (m) です。
学校から図書館まで 30 分かかるので，
60×30=1800 (m)

(2)7 分で成美さんは，60×7=420 (m) 進むので，同時に出発してから 7 分後には 2 人の間は，560−420=140 (m) はなれています。
したがって，140÷(80+60)=1 (分後)

(3)英和さんがふたたび学校を出るのは 14 分後で，成美さんは 14 分で 60×14=840 (m) 進んでいます。英和さんは 1.5 倍の速さの，分速 80×1.5=120 (m) で追いかけるので，1 分で 120−60=60 (m) ずつ差が短くなっていきます。840 m の差を追いつくのにかかる時間は 840÷60=14 (分) になります。
はじめに学校を出たときからは
14+14=28 (分)

3 (1)分速 500 m のバスが進んでいたのは 12 分間なので 500×12=6000 (m)

(2)大塚駅から公園までの道のりは，
500×7=3500 (m) です。分速 600 m の自動車で行くのにかかる時間は，
$3500\div600=\frac{3500}{600}=5\frac{5}{6}$ (分) です。8 時 10 分より $5\frac{5}{6}$ 分前に大塚駅を出発しているので，出発した時刻は 8 時 $4\frac{1}{6}$ 分です。$\frac{1}{6}$ 分を秒に直すと，$60\times\frac{1}{6}=10$ (秒)，よって，
8 時 4 分 10 秒になります。

4 (1)点PとQが出会うときは2つの点の距離が0になるので，グラフでたての軸のP，Qの間の距離が0になっているところを読みとります。

(2)点PがBに着くのは16秒後です。このとき点QはまだAに着く前で，16秒後から点QがAに着くまでの間，点Pと点Qは同じ方向(左の方向)に進みます。点Pのほうが点Qより速く動くので，点Pが点Qを追いかけるような動きになり，2点の間の距離が短くなっていきます。16秒後からあとでグラフが右下がりになっているのはそのためです。点PがBに着くのは16秒後なので，点Pの速さは秒速 80÷16=5 (cm)

(3)はじめの10秒で点P，Qが出会います。10秒で点Pは 5×10=50 (cm) 進み，点Qが進む距離は 80−50=30 (cm)，点Qの速さは毎秒 30÷10=3 (cm)

(4) 1回目に出会うまでに点P，Qはあわせて80 cm進み，2回目に出会うまでにあわせて1往復するのでさらに80 cmの2倍の160 cmを進むことになり，出発してからP，Qが進んだ道のりの和は，
80+160=240 (cm)，点PとQの速さの和は秒速 5+3=8 (cm) なので，
240÷8=30 (秒後)

10 反比例

ステップ1 48〜49ページ

1 (1)(ア)

x	2	3	4	5	6
y	15	10	7.5	6	5

(イ)

x	3	5	6	8
y	4	$2\frac{2}{5}$	2	$1\frac{1}{2}$

(2)(ア) $y=30\div x$ または $x\times y=30$
(イ) $y=12\div x$ または $x\times y=12$

2 $1\frac{1}{2}$

3 ①× ②× ③○ ④△ ⑤×

4 ②，④，⑤

5 (1)2回転 (2)60回転

解き方

1 (1)反比例では $y=a\div x$ の式が成り立ちます。これは，$x\times y=a$ と変形することもできます。
(ア)3×10=30 より，$x=2$ のときは，
$2\times y=30 \longrightarrow y=15$
(イ)3×4=12 より，$x=5$ のときは，
$5\times y=12 \longrightarrow y=\frac{12}{5}=2\frac{2}{5}$

2 xとyが反比例の関係より，$x\times y=a$
$x=3$ のとき $y=6$ より，3×6=18
よって，式は $x\times y=18$
このとき $x=12$ だから，
$12\times y=18$，$y=\frac{18}{12}=1\frac{1}{2}$

3 比例：$y=a\times x$
反比例：$y=a\div x$ ($x\times y=a$)
⑤ $x=1, 2, 3, \cdots\cdots$ のとき，$y=5, 8, 11, \cdots\cdots$ となるので比例ではありません。

5 (2) Aは3分間に30回転します。
(1)の結果を利用して，Bは 30×2=60 (回転)

ステップ2 50〜51ページ

1 ①比 ②× ③反 ④× ⑤×

2 (1)10分 (2)300 L (3)15 L
(4)反比例の関係
(5) $y=300\div x$ ($x\times y=300$)

3 (1) $y=60\div x$ または $x\times y=60$
(2) $y=12\div x$ または $x\times y=12$
(3) $y=28\div x$ または $x\times y=28$

4 時速20 km

5 1時間15分

6 (1)16 (2)3回転

解き方

2 (2)たとえば，1分間に30 L入れると，10分間でいっぱいになるのだから，
30×10=300 (L)

4 同じ道のりを行くときの自転車の速さとかかる時間は反比例するから，時速 $15\times\frac{4}{3}=20$ (km)

5 1時間でいっぱいになるときの，水を入れる割(わり)合(あい)を1とすると，20%少なくしたときは0.8です。
いっぱいになる時間をxとすると，
$0.8\times x=1$
$x=1\frac{1}{4}$ 時間 ⟶ 1時間と15分

6 (1)歯の数と回転数は反比例します。歯車Aが1回転すると，歯車Bは3回転するから，Bの歯の数は $48\times\frac{1}{3}=16$

(2)A, B, Cの歯の数はそれぞれ48, 16, 36です。48と16と36の最小公倍数は144
よって，歯車Aは，144÷48=3（回転）

7～10 ステップ3　52～53ページ

1 (1)①0.1 cm
②10 cm
(2)①0.15 cm
②右の図

2 (1)16　(2)10

3 (1)7：10　(2)3：20

4 18枚

5 225回転

6 午後11時1分10秒

7 (1)時速4 km　(2)時速16 km
(3)9時20分　(4)$12\frac{4}{5}$ km (12.8 km)

解き方

1 (1)① 1÷10=0.1 (cm)
② 16−0.1×60=16−6=10 (cm)
(2)① (17−11)÷(60−20)=6÷40=0.15 (cm)

3 (1)bを1とするとaは0.7になるので，
$a:b=0.7:1=7:10$
(2)aの3倍とbの0.45が等しくなるので，それぞれを3で割るとaとbの0.15が等しくなります。bを1とするとaは0.15になるので，
$a:b=0.15:1$
$=15:100=3:20$

4 50円玉と100円玉の枚数の比が3：2で，金額は100円は50円2枚分にあたるので，金額の比は 3：(2×2)=3：4 になります。2100円を3：4に分けると，50円玉の金額は
$2100\times\frac{3}{3+4}=2100\times\frac{3}{7}=900$（円）で，
900÷50=18（枚）

5 歯数と回転数は反比例の関係です。歯数の比がA：B=80：144=5：9 だから，歯車Aが270回転する間の歯車Bの回転数は，
$270\times\frac{5}{9}=150$（回転）です。一方，回転する時間と回転数は比例の関係なので，時間の比はA：B=40：60=2：3 だから，歯車Bの1分間の回転数は，$150\times\frac{3}{2}=225$（回転）

6 1月5日午前11時から1月7日午後11時までは2日と半日(2.5日)の時間がたっています。時計は1日に正しい時間より50秒進むので，2.5日たつ間に 50×2.5=125（秒）進んでいます。正しい時こくが1月5日午前11時のときには55秒遅れているので，125−55=70 から，1月7日午後11時には70秒進んだ時刻をさしています。

7 (1)太郎君は8時にA町を出て13時にB町に着くので，20 kmを5時間で歩きます。
(2)次郎君は9時にA町を出て10時15分にB町に着きます。
1時間15分=$1\frac{15}{60}$時間=$1\frac{1}{4}$時間 だから，
時速 $20\div1\frac{1}{4}=16$ (km)
(3)太郎君は9時にA町から4 kmのところにいます。次郎君が時速16 kmで追いかけるので，
$4\div(16-4)=4\div12=\frac{1}{3}$（時間）
(4)次郎君が休んだあとB町を出発する時刻は10時45分です。このとき太郎君は，A町から $4\times2\frac{45}{60}=4\times2\frac{3}{4}=11$ (km) のところにいます。B町までは残り9 kmで，このあと太郎君と次郎君が出会うまでにかかる時間は，
$9\div(4+16)=\frac{9}{20}$（時間）です。この間に太郎君は，$4\times\frac{9}{20}=\frac{9}{5}=1\frac{4}{5}$ (km) 進むので，
$11+1\frac{4}{5}=12\frac{4}{5}$ (km)

11 線対称な図形

ステップ1　54～55ページ

1 線対称な図形—㋐，㋑，㋓，㋔
対称の軸は下の図のとおり。

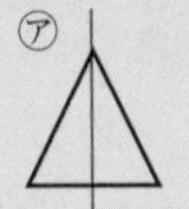
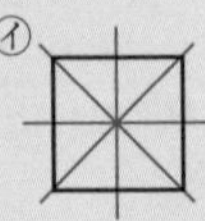
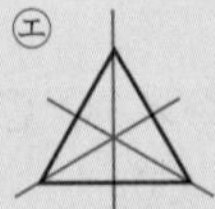
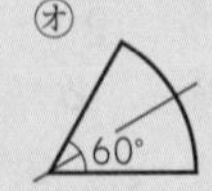

2 ①C—F，D—E，CD—FE
②C—H，D—G，CD—HG

3 線対称な図形—㋐，㋑，㋒，㋓

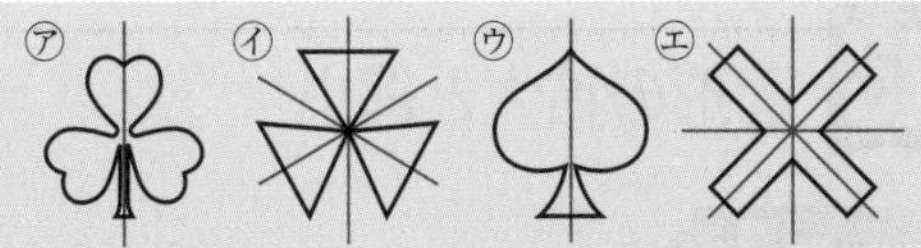

4 (1)右の図
(2)点ア—点ク,
点エ—点オ
(3)辺カオ
(4)それぞれの真ん中の点で垂直に交わっています。

5 下の図

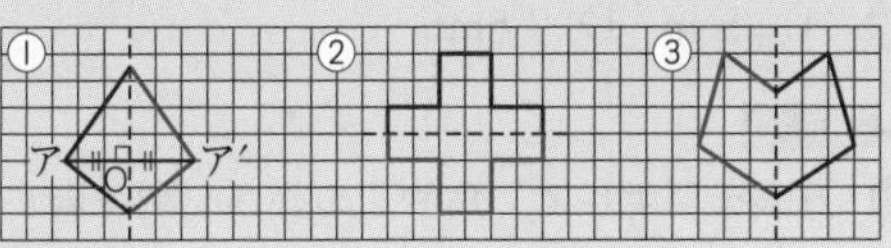

解き方

2

> **ここに注意** 線対称な図形では，対称の軸と対応する点と点を結ぶ直線は垂直になります。

5 ①点アから対称の軸と垂直に交わるような直線をひきます。次にコンパスでアOと等しい長さをOからとります。それがア′です。

ステップ2　56～57ページ

1 （順に） (1)直線，両側の部分，重なり合うような図形，線対称(せんたいしょう)な図形，対称の軸(じく)
(2)AD，C，AC，対応する点，対応する線

2 (1)HとD　(2)GとC　(3)BとF
(4)BとF　(5)AとE

3 下の図

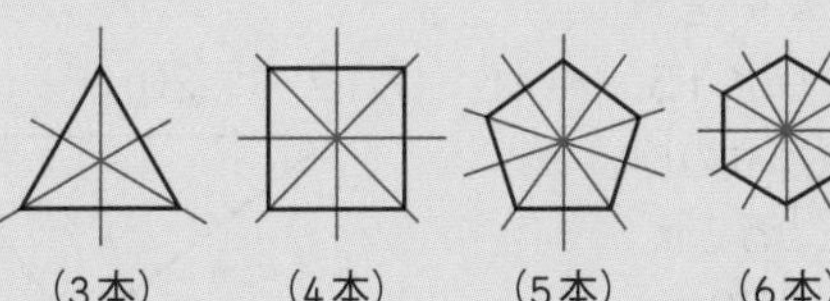

4 線対称な形—㋐，㋑，㋔，㋖，㋘
対称の軸の本数の和—6本

5 (1)下の図　(2)6通り

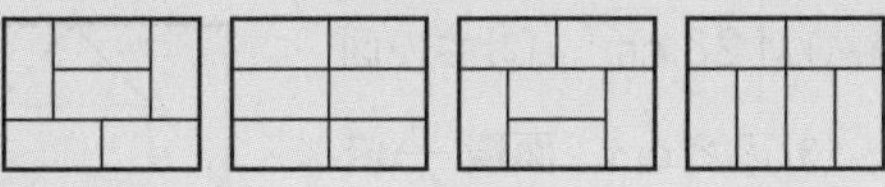

解き方

2

> **ここに注意** 線対称な図形では，対応する点を結ぶ直線は，対称の軸と垂直(すいちょく)に交わる性質をもっています。

4 対称の軸は下の図のとおり。

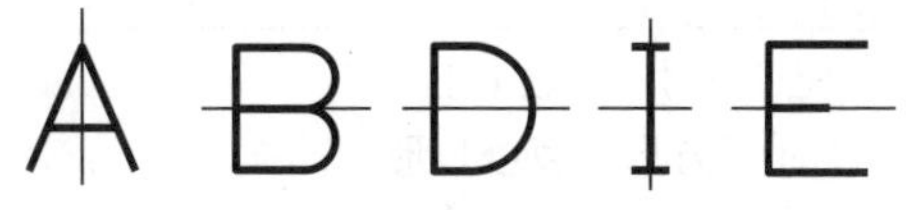

5 (2)下の図

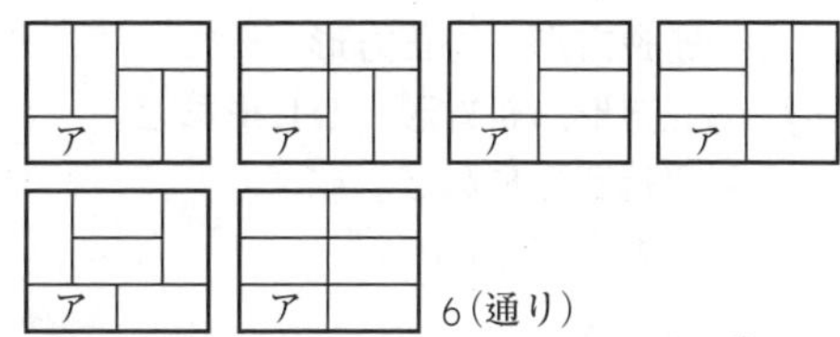

アのたたみの右どなりは，横向きが1枚(まい)か，縦(たて)向きが2枚かの2通りです。

12 点対称な図形

ステップ1　58～59ページ

1 点対称(てんたいしょう)な図形—N，I，H
対称の中心は下の図のとおり。

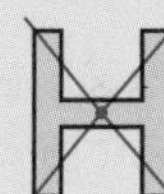

2 (1)右の図
(2)A—D，B—E，C—F
(3)AB—DE，BC—EF
CD—FA

3

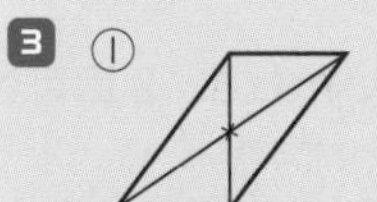

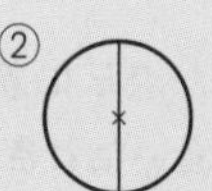

4

	正方形	長方形	平行四辺形	二等辺三角形	おうぎ形	正五角形	正八角形
線対称	○	○	×	○	○	○	○
点対称	○	○	○	×	×	×	○

5 ①正方形　②平行四辺形
③(等きゃく)台形　④ひし形
点対称な図形—①，②，④

6 ①—⑤，⑦—③，⑦と⑧—③と④

解き方

1 対称の中心は，対応する2点を結ぶ直線を2本ひき，その交わった点です。

> **ここに注意** 点対称な図形では，対応する2つの点を結ぶ直線は，対称の中心を通ります。また，対称の中心から，対応する2つの点までの長さは等しくなっています。

ステップ2　60~61ページ

1 (記号だけでもよい)
(1)㋑長方形，㋕ひし形
(2)㋐平行四辺形，㋑長方形，㋓正方形，㋕ひし形，㋖円，㋗正六角形
(3)㋑長方形，㋓正方形

2 (1)正方形，長方形，ひし形など。
(2)平行四辺形など。

3 (1)4本　(2)270°

4 (1)右の図
(2)右の図
(3)五角形
(4)8秒後

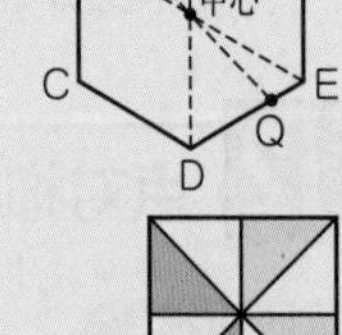

5 (1)右の図
(2)4通り

6 36 cm

解き方

1 (1)，(3)簡単(かんたん)な図形をかいて，対称(たいしょう)の軸(じく)や対角線をかきこんで調べます。

3 (1)右の図
(2)点Dのところまで回転させて，180°の回転です。さらに90°回転させると点Bと重なります。

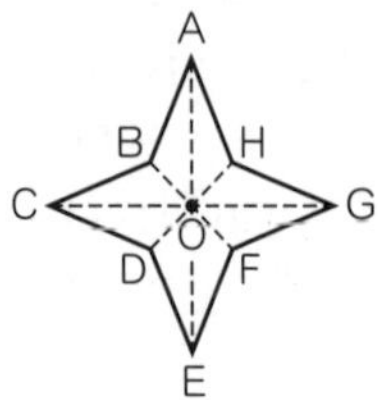

4 (4)1回目は点Pが点Bに着いたとき，2回目は点Pが点Cに着いたとき。
1辺が4 cmだから，AからCまでの長さは8 cmです。点Pは1秒間に1 cmずつ進むので，8÷1=8(秒後)

5 (2)右はしのタイルの置き方は1通りに決まります。

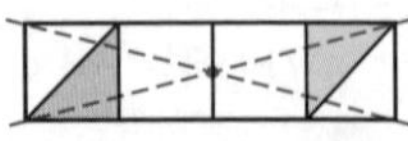

内側のタイルの置き方は4通りです。

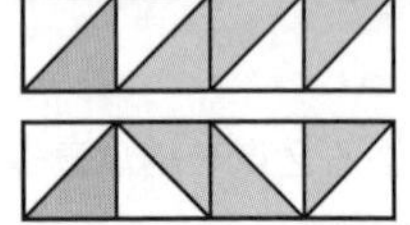

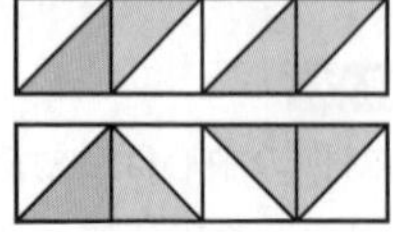

6 点対称な図形は右の図です。
6×2+8×2+4×2
=36 (cm)

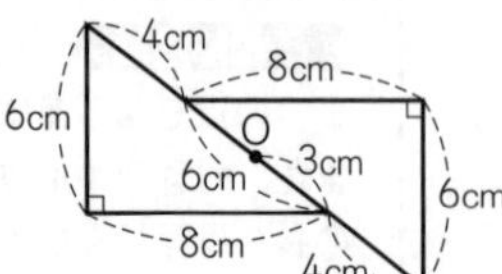

13 図形の拡大と縮小

ステップ1　62~63ページ

1 (1)(え)と(き)，(け)と(し)
(2)(あ)と(お)と(せ)，(い)と(こ)，(う)と(す)，(か)と(さ)
(3)(せ)　(4)(い)

2 (1)辺AB 6 cm，辺BC 8 cm
対角線BD 10 cm
(2)4倍

3 (1)角D 120°，辺BC 8 cm　(2)4倍

4 (1)15 m　(2)9 cm²

解き方

1 方眼を利用して，角や辺の長さを調べます。

2 (2)もとの長方形 → 3×4=12 (cm²)
拡大(かくだい)した長方形 → 6×8=48 (cm²)
48÷12=4 (倍)

3 (2)辺の長さを2倍したので，四角形を2つの三角形に分けると，底辺も高さも2倍になっています。
よって，面積は　2×2=4 (倍)

4 (1)3×5000=15000 (mm)
→ 1500 cm → 15 m
(2)60 m=6000 cm，6000÷2000=3 (cm) より，縮図では1辺3 cmの正方形になるので，面積は　3×3=9 (cm²)

ステップ2　64~65ページ

1 (1)3倍　(2)辺DE，長さ3 cm　(3)角E
(4)9倍

2 ①ア 15，イ 45　②12　③20

3 (1)右の図
(2)5 cm
(3)50 m

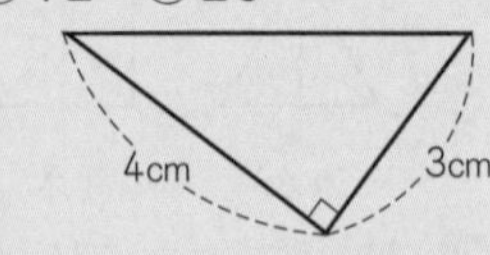

4 $34\frac{1}{2}$ m (34.5 m)

5 (1)30 cm　(2)48 cm²，120000 m²

6 (1)128 cm²　(2)右の図
(3)辺8 cm，面積 $\frac{1}{4}$ 倍
(4)6番目

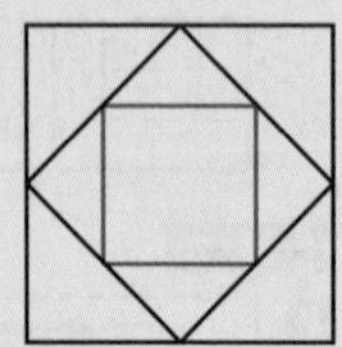

解き方

1 (4)実際の面積を求めて比べてみます。

三角形 ADE：3×4÷2=6 (cm^2)
三角形 ABC：9×12÷2=54 (cm^2)
54÷6=9 (倍)

2 ①右の図で三角形 ABC は AC と BC が等しい直角二等辺三角形です。三角形 ADE も同じ形になります。

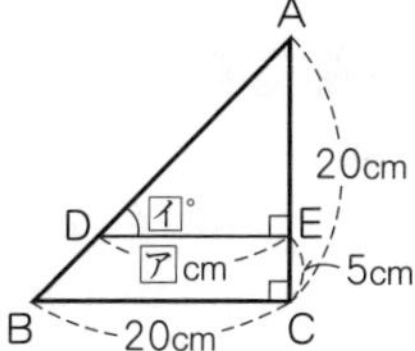

ア．20−5=15 (cm)
イ．90°÷2=45°

②右の図のように，対角線の交点をOとすると，三角形 OBC は三角形 ODA を2倍に拡大した図です。辺 OD に対応する辺は，辺 OB です。

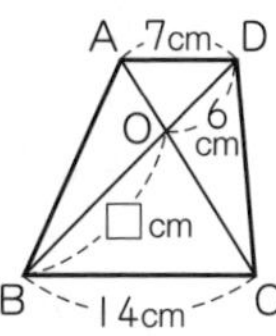

③

$25÷15=\frac{25}{15}=\frac{5}{3}$，$12×\frac{5}{3}=20$ (cm)…辺 AB

別解　③面積を利用して求めることもできます。
25×12÷2=150　150×2÷15=20 (cm)

3 (1), (2)縮図(しゅくず)をていねいに，しかも長さ・直角を正確に作図します。
すると，AB に対応する線の長さが 5 cm になります。
(3) 5×1000=5000 (cm) → 50 m

4 下の図で考えます。

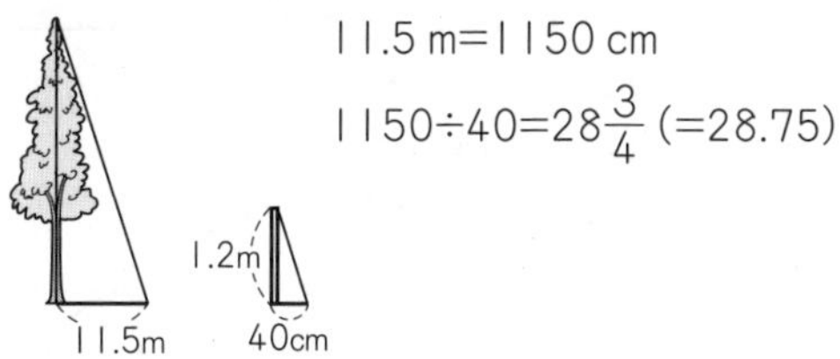

11.5 m=1150 cm
$1150÷40=28\frac{3}{4}$ (=28.75)

$1.2×28\frac{3}{4}=1\frac{1}{5}×28\frac{3}{4}=\frac{6}{5}×\frac{115}{4}=\frac{69}{2}$

$=34\frac{1}{2}$ (m)

5 (1) 12×5000÷2000=30 (cm)
(2) 300×2000×2000÷5000÷5000
=48 (cm^2)
10000 cm^2=1 m^2 だから，
300×2000×2000
=1200000000 (cm^2)=120000 (m^2)

6 (3)右の図で考えます。3番目の正方形の1辺が16 cm の半分になっています。

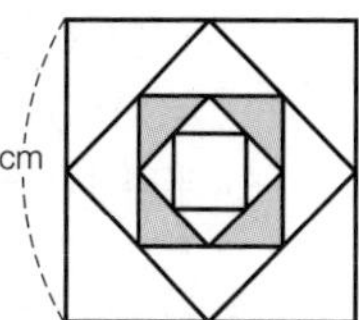

(4) 1番目の正方形の面積は 16×16=256 (cm^2)，2番目は1番目の面積の半分になるから，256÷2=128 (cm^2)，3番目は2番目の半分で，128÷2=64 (cm^2)，4番目は 64÷2=32 (cm^2)，5番目は 32÷2=16 (cm^2)，6番目が 16÷2=8 (cm^2)

14 円の面積

ステップ 1　66~67ページ

1 ① 78.5 cm^2　② 254.34 cm^2
2 37.68 cm^2
3 150.72 cm^2
4 ①長さ 31.4 cm，面積 39.25 cm^2
②長さ 62.8 cm，面積 37.68 cm^2
③長さ 16.56 cm，面積 6.28 cm^2
④長さ 94.2 cm，面積 157 cm^2
⑤長さ 28.56 cm，面積 25.12 cm^2
⑥長さ 58.24 cm，面積 200.96 cm^2
5 ① 57 cm^2　② 10 cm^2

解き方

1 ① 5×5×3.14=78.5 (cm^2)
② 9×9×3.14=254.34 (cm^2)
2 4×4×3.14−2×2×3.14=37.68 (cm^2)
3 12×12×3.14÷3=150.72 (cm^2)
4 ① 5×2×3.14÷2=15.7
5×3.14=15.7　15.7+15.7=31.4 (cm)
5×5×3.14÷2=39.25 (cm^2)
② (6+4)×3.14+6×3.14+4×3.14
=(10+6+4)×3.14=20×3.14=62.8 (cm)
5×5×3.14−3×3×3.14−2×2×3.14
=(25−9−4)×3.14=12×3.14
=37.68 (cm^2)
③ 4×3.14÷2+8×3.14÷4+4
=(2+2)×3.14+4=16.56 (cm)
4×4×3.14÷4−2×2×3.14÷2
=(4−2)×3.14=2×3.14=6.28 (cm^2)

④ 10×3.14×2+20×3.14÷2
=(20+10)×3.14
=30×3.14=94.2 (cm)
半径 10 cm の半円の面積に等しいから,
10×10×3.14÷2=50×3.14=157 (cm^2)

⑤ 4×2×3.14÷4+8×2×3.14÷8+4+8+4
=(2+2)×3.14+16=28.56 (cm)
半径 8 cm の円の面積の $\frac{1}{8}$ に等しいから,
8×8×3.14÷8=8×3.14=25.12 (cm^2)

⑥ 半径 8 cm の円周と 4 cm×2 の合計になるから,
8×2×3.14+4×2=50.24+8=58.24 (cm)
8×8×3.14=200.96 (cm^2)

5 ① 右の図のような図形2つ分と考えると,(おうぎ形−直角二等辺三角形)×2 として求められます。
(10×10×3.14÷4−10×10÷2)×2
=(78.5−50)×2=57 (cm^2)

② 全体の形(長方形+右のおうぎ形)から左のおうぎ形をひくと色のついた部分の面積になります。2つのおうぎ形は形も大きさも同じなので,色のついた部分の面積は長方形 ABCD の面積に等しくなります。
5×2=10 (cm^2)

ステップ 2 　68~69ページ

1 ① 157 cm^2　② 50 cm^2　③ 18.24 cm^2
④ 10.26 cm^2　⑤ 9.18 cm^2
⑥ 56.52 cm^2

2 68.56 cm^2

3 17.9 cm^2

4 (1) 39.4 cm　(2) 98.2 cm^2

5 (例)

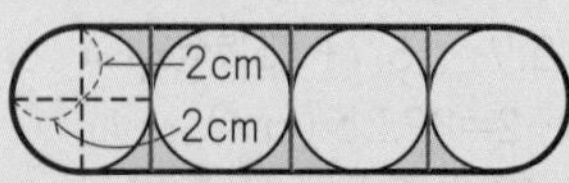

(例)図のように4つの部分に分ける。
左から2番目と3番目の円のところに1辺4 cm の正方形から半径 2 cm の円をひいた形が2つできる。1番目と4番目をあわせると同じ形がもう1つできる。だから,色のついた部分の面積は1辺4 cm の正方形の面積から半径 2 cm の円の面積をひいた形の3つ分になる。

(「1辺4 cm の正方形から半径 2 cm の円をひいた形」が3つ分あることを文や図を使って説明していれば正解です)

解き方

1 ① 15×15×3.14÷2−10×10×3.14÷2−5×5×3.14÷2
=(15×15−10×10−5×5)×3.14÷2
=(225−100−25)×3.14÷2
=100×3.14÷2=157 (cm^2)

② 正方形の半分の面積に等しいから,
10×10÷2=50 (cm^2)

③ 右の図のように移動すると,おうぎ形の面積から直角二等辺三角形の面積をひいて求められます。

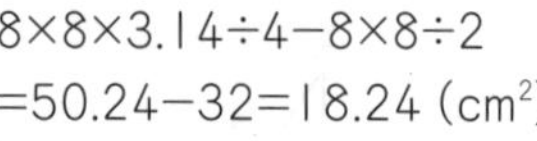

8×8×3.14÷4−8×8÷2
=50.24−32=18.24 (cm^2)

④ 3×3×3.14−3×3÷2×4=28.26−18
=10.26 (cm^2)

⑤ 正方形の対角線の長さは 6+4=10 (cm) だから,正方形の面積は
10×10÷2=50 (cm^2)
よって,色のついた部分の面積は,
50−(6×6×3.14÷4+4×4×3.14÷4)
=50−(9+4)×3.14=50−40.82
=9.18 (cm^2)

⑥ 12×12×3.14÷6−6×6×3.14÷6
=(24−6)×3.14=18×3.14=56.52 (cm^2)

2 長方形とおうぎ形と三角形に分割して考えます。
長方形は,4×8=32 (cm^2)
おうぎ形は,4×4×3.14÷4=12.56 (cm^2)
三角形は,12×4÷2=24 (cm^2)
32+12.56+24=68.56 (cm^2)

3 右の図のように,辺 BC に平行な直線 EO をひきます。三角形 ABC の面積から三角形 AEO とおうぎ形 OEB の面積をひきます。

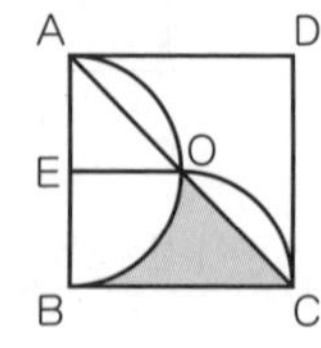

10×10÷2−5×5÷2−5×5×3.14÷4
=17.875 (cm^2) → 17.9 cm^2

4 (1) 8+2×2×3.14÷4+4×2×3.14÷4+6×2×3.14÷4+8×2×3.14÷4
=8+(1+2+3+4)×3.14
=8+31.4=39.4 (cm)

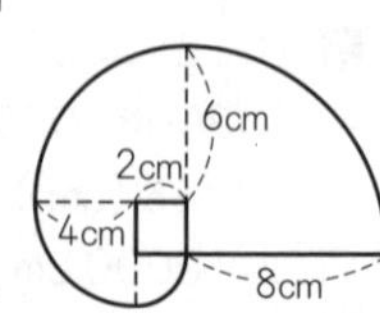

(2) $2\times2+2\times2\times3.14\div4+4\times4\times3.14\div4+6\times6\times3.14\div4+8\times8\times3.14\div4$
$=4+(1+4+9+16)\times3.14=4+30\times3.14$
$=4+94.2=98.2$ (cm²)

15 平面図形のいろいろな問題

ステップ1　70~71ページ

1 ①2：3　②11：6　③4：7
2 (1)80 cm²　(2)18 cm²
3 (1)12.56 cm　(2)314 cm²
(3)200.96 cm²
4 (1)28.26 cm　(2)37.68 cm

解き方

1 ②底辺が15 cmで等しいので高さの比を考えます。アの高さとイの高さの比は，
(12+10)：12=11：6
③台形を対角線で分けた2つの三角形は高さが等しくなります。12：21=4：7

2 (1)AE：EC=1：3 だから，三角形BCEの面積は三角形ABEの3倍で30 cm² です。三角形ABCの面積は40 cm² で，平行四辺形ABCDの面積はその2倍です。
(2)三角形ACDの面積は40 cm² で，
AF：FD=3：2 だから，三角形ACFの面積は三角形ACDの $\frac{3}{5}$ 倍で，$40\times\frac{3}{5}=24$ (cm²)です。さらに，AE：EC=1：3 だから，三角形ECFの面積は三角形ACFの $\frac{3}{4}$ 倍で，
$24\times\frac{3}{4}=18$ (cm²)

3 (1) $20\times2\times3.14\div4-12\times2\times3.14\div4$
$=12.56$ (cm)
(2) $20\times20\times3.14\div4=314$ (cm²)
(3) $16\times12\div2+20\times20\times3.14\div4-12\times12\times3.14\div4-16\times12\div2=200.96$ (cm²)

4 (1) $10\times2\times3.14\div4+8\times2\times3.14\div4$
$=(5+4)\times3.14=28.26$ (cm)
(2)3回目にころがるときに半径6 cmで90°，4回目にころがるときには点Dは動きません。
よって，
$8\times2\times3.14\div4+10\times2\times3.14\div4+6\times2\times3.14\div4=(4+5+3)\times3.14$
$=37.68$ (cm)

ステップ2　72~73ページ

1 (1)12 cm²　(2)1：6
2 (1)2倍　(2)2：1　(3)8 cm²
3 178.24 cm²
4 (1)12 cm　(2)64 cm²
5 (1)8　(2)30
(3)直角二等辺三角形 → 台形 → 五角形 → 長方形

解き方

1 (1)BE：EC=12：15=4：5 だから，三角形ABEの面積は三角形ABCの $\frac{4}{9}$ 倍，さらにAD：DE=3：7 だから，三角形ABDの面積は三角形ABEの $\frac{3}{10}$ 倍です。よって，
$90\times\frac{4}{9}\times\frac{3}{10}=12$ (cm²)
(2)三角形ADCの面積は，三角形ABCの面積の
$\frac{5}{9}\times\frac{3}{10}=\frac{1}{6}$ (倍) になります。

2 (1)三角形ABCは三角形ADEの2倍の拡大図になっています。
(2)三角形BFCは三角形EFDの2倍の拡大図です。辺BCと辺EDの長さから，対応する辺の比は2：1になります。
(3)三角形ABCは三角形ADEの2倍の拡大図で，底辺と高さがどちらも2倍の長さになることから，面積は 2×2=4 (倍) になります。三角形ABCの面積は 6×4=24 (cm²)，三角形EBCはその半分で12 cm²，さらに，
BF：FE=2：1 から，三角形FBCの面積は三角形EBCの面積の $\frac{2}{3}$ 倍で，$12\times\frac{2}{3}=8$ (cm²)
なお，三角形EBCの面積は三角形ADEと直接比べて，底辺をECとAEとみると等しく，高さの比はBCとDEの比と同じとみると2倍になっているので，面積も2倍と考えることもできます。

3 円が動いたあとは下の図のようになります。4つの長方形と，おうぎ形を集めた半径4 cmの円の合計だから，
$6\times4\times2+10\times4\times2+4\times4\times3.14$
$=128+50.24=178.24$ (cm²)

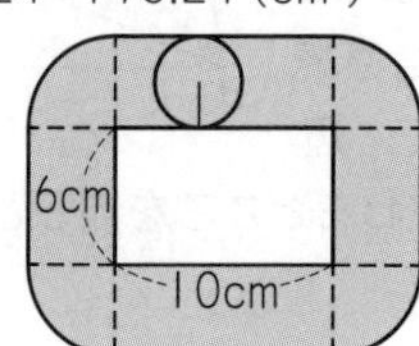

4 (1) 10 秒後に点 P は点 C にあり，16 秒後には面積が 0 になることから，点 P は点 B に着くことがわかります。点 P の速さは毎秒 2 cm で，10 秒から 16 秒までの 6 秒間は辺 CB 上にあることから，BC の長さは $2\times6=12$ (cm)

(2) 三角形 ABC の面積は 96 cm^2 だから，AB の長さは $96\times2\div12=16$ (cm) です。12 秒後に点 P は点 C から B の方向へ 4 cm 動いたところにあり，BP=12−4=8 (cm) だから，三角形 APB の面積は，$16\times8\div2=64$ (cm^2)

5 (1) 下の図のようになります。6 秒後に点 C は E から 4 cm 右にあります。

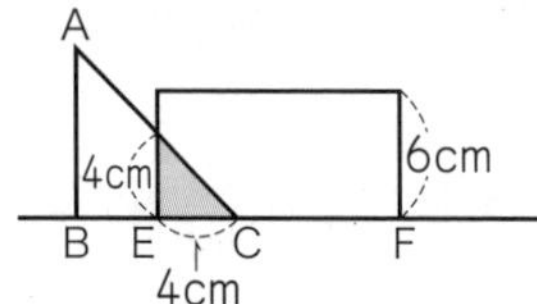

(2) 下の図のようになります。11 秒後に点 C は E から 9 cm 右にあります。

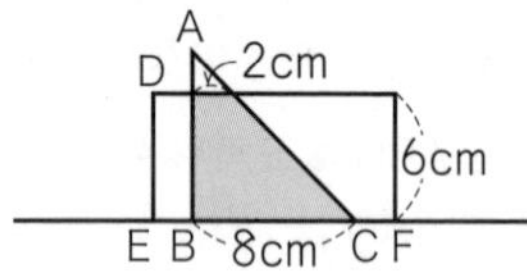

(3) 下の図のように点 C が F より右に進むと五角形になり，さらに進んで GF と AC が交わらなくなると長方形になります。

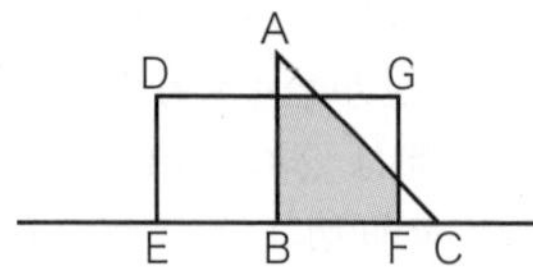

11〜15

ステップ 3

74〜75ページ

1 ① A ② A

2 平行四辺形の対角線の交わる点から BD に垂直な直線をひいて，辺 AD と交わるところを点 E とします。

A E D
B F C

3 425 cm

4 64 cm^2

5 69.25 cm^2

6 (1) $2\frac{2}{3}$ cm (2) $11\frac{2}{3}$ cm^2

7 15.7 cm

8 290.24 cm^2

解き方

2 ひし形の 2 本の対角線は，それぞれのまん中の点で垂直に交わります。

3 下の図で，AC：CD=50：40=[5]：[4]

AC：(CD+150)=50：60=[5]：[6]

よって，150 cm は [2] にあたるから，木の高さ AB は，$150\times\frac{5}{2}+50=375+50=425$ (cm)

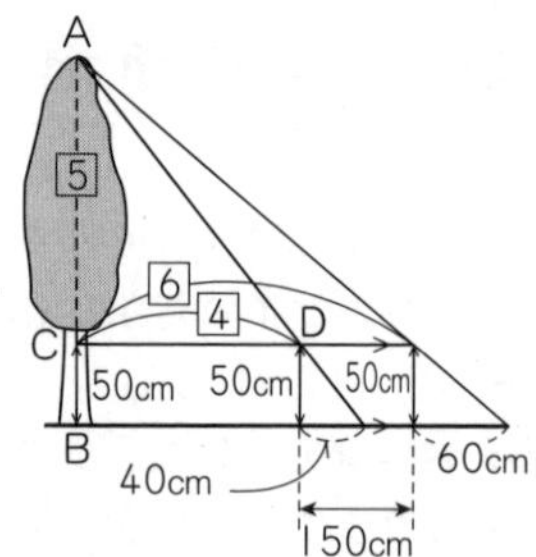

4 右の図のように，色のついた部分の面積の合計は 1 辺が 8 cm の正方形の面積に等しくなります。

$8\times8=64$ (cm^2)

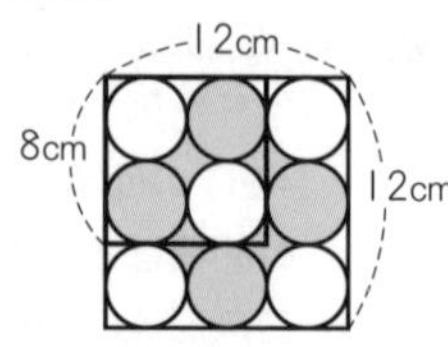

5 長方形の上側の半径 10 cm で中心角 45° のおうぎ形と，下側の底辺 10 cm で高さ 6 cm の三角形に分けて考えます。おうぎ形の面積は，

$10\times10\times3.14\times\frac{45}{360}=39.25$ (cm^2)

6 (1) CG：GD=AH：HD=2：1 より，GH の長さは AC の $\frac{1}{3}$ 倍になります。

(2) EF と HG が平行なので四角形 EFGH は台形です。EF の長さは AC の $\frac{1}{2}$ 倍で 4 cm，台形の高さは BD=6 cm に着目して，対角線の交わる点で左右に分け，左(EF)側は 3 cm の $\frac{1}{2}$ 倍で $\frac{3}{2}$ cm，右(HG)側は 3 cm の $\frac{2}{3}$ 倍で 2 cm，合わせて高さは $3\frac{1}{2}$ cm となります。

よって台形 EFGH の面積は，

$\left(2\frac{2}{3}+4\right)\times3\frac{1}{2}\div2=\frac{20}{3}\times\frac{7}{2}\times\frac{1}{2}$

$=\frac{35}{3}=11\frac{2}{3}$ (cm²)

7 点Aは，下の図の点線の上を移動します。その長さは，回転する角度が，
120°+120°+60°=300° なので，
$3\times2\times3.14\times\frac{300}{360}=15.7$ (cm)

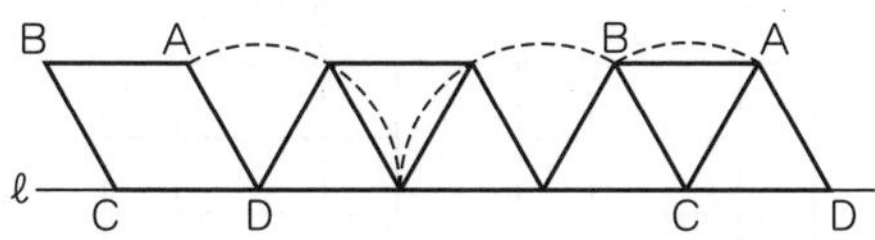

8 円が通ったあとは，合同な長方形と中心角が 120° の合同なおうぎ形がそれぞれ 3つずつできます。
4×20×3+4×4×3.14÷3×3
=290.24 (cm²)

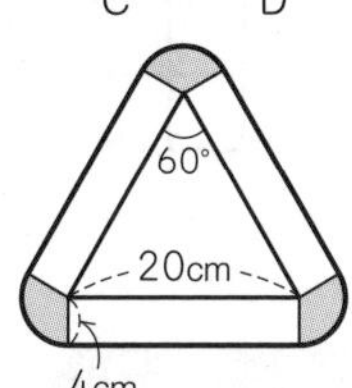

16 角柱と円柱の体積と表面積

ステップ1　76〜77ページ

1 ①36 cm³　②256 cm³　③84 cm³
2 ①282.6 cm³　②401.92 cm³
③37.68 cm³
3 ①180 cm³　②141.3 cm³
4 (1)192 cm²　(2)144 cm³　(3)53.68 cm²

解き方

1 ①(3×4÷2)×6=36 (cm³)
②{(6+10)×4÷2}×8=32×8=256 (cm³)
③(6×4÷2)×7=84 (cm³)

2 ①3×3×3.14×10=282.6 (cm³)
②4×4×3.14×8=401.92 (cm³)
③(2×2×3.14÷2)×6=37.68 (cm³)

3 ①縦，横，高さが，10 cm，6 cm，3 cm の直方体の展開図です。
②円柱の展開図です。底面の半径は 3 cm，高さは 5 cm です。
3×3×3.14×5=141.3 (cm³)

4 (1)8×6÷2×2+(8+6+10)×6
=48+144=192 (cm²)
(2)三角柱になるので，底面積×高さ で，
(6×8÷2)×6=144 (cm³)
(3)半円の周の長さは，
2×2×3.14÷2=6.28 (cm)
よって，
2×2×3.14÷2×2+(6.28+2×2)×4
=12.56+41.12=53.68 (cm²)

ステップ2　78〜79ページ

1 (1)144 cm³　(2)192 cm²
2 60 cm³
3 かき入れる線は右の図
説明　図のように切りとって，あいているところをうめることで，横 40 cm，縦 30 cm，高さ 30 cm の直方体となり，その体積を求めた。
4 (1)215 cm³　(2)757 cm²
5 17 cm
6 (1)414 cm³　(2)246 cm²

解き方

1 (1)三角柱の体積を求めると，
(6×8÷2)×6=144 (cm³)
(2)(6×8÷2)×2+6×(6+8+10)=48+144
=192 (cm²)

2 右の図から，
10−7=3 (cm)
7−3=4 (cm)
8−3=5 (cm) とわかります。よって，縦(たて) 5 cm，横 4 cm，高さ 3 cm の直方体ができるから，体積は，5×4×3=60 (cm³)

4 (1)立方体の体積から円柱の体積をひきます。
10×10×10−5×5×3.14×10=1000−785
=215 (cm³)
(2)表面積は，右の図の色のついた部分の面積の合計になります。
(10×10)×4+10×(10×3.14)
+(10×10−5×5×3.14)×2
=400+314+43=757 (cm²)

5 直方体の 1 つの面は 4 cm と 8 cm を辺にもつ長方形で，その面積は 4×8=32 (cm²) です。直方体の体積が 160 cm³ なので，直方体のもう 1 つの辺の長さは 160÷32=5 (cm) より，アの長さは，4+8+5=17 (cm)

6 (1)図 2 の立体の体積は図 1 の立体の半分です。

あわせて 15 個くっつけると，図 1 の立体が 8 個と図 2 の立体が 7 個になるから，図 2 の立体の $8\times2+7=23$（個）分になります。よって，できる立体の体積は，
$(3\times4\div2\times3)\times23=414$ (cm^3)

(2) 5 個くっつけると右の図のようになります。表面積は，

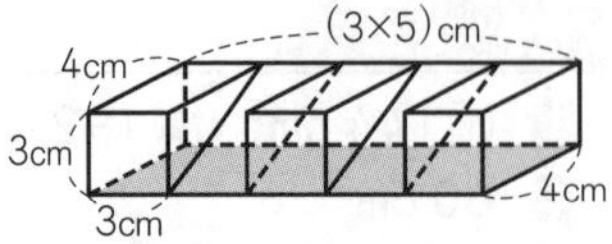

$4\times(3\times5)+3\times(3\times5)+(3\times3)\times3+(3\times5)\times2+(3\times4\div2)\times4+(3\times4)\times5$
$=60+45+27+30+24+60=246$ (cm^2)

部分が同じ形で同じ大きさになっています。D は CG(AE) より 2 cm 上に出ているので，B は CG(AE) より 2 cm 短くなります。

(2) 底面が 1 辺 5 cm の正方形で高さが 8 cm の四角柱と体積が同じです。
$5\times5\times8=200$ (cm^3)

4 (2) 真上から　(3) 真正面から

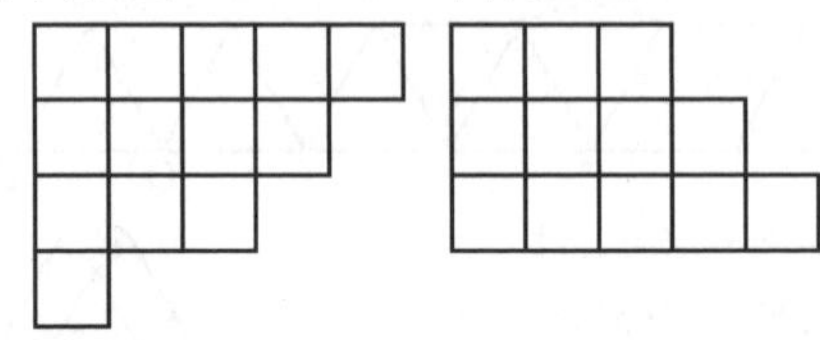

17 立体のいろいろな問題

ステップ 1　80〜81ページ

1 (1) 円柱　(2) 301.44 cm^3
2 ①オ　②イ　③エ　④カ
3 (1) 6 cm　(2) 200 cm^3
4 (1) 24 個　(2) 13 個　(3) 12 個

解き方

1 (1) 右の図のような円柱ができます。

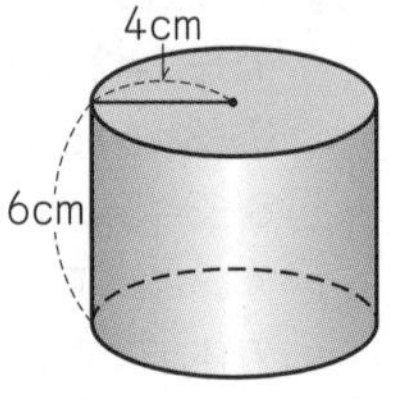

(2) 底面の半径が 4 cm，高さが 6 cm なので，
$4\times4\times3.14\times6$
$=301.44$ (cm^3)

2 ①

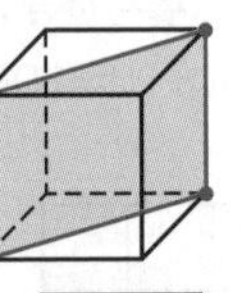

②

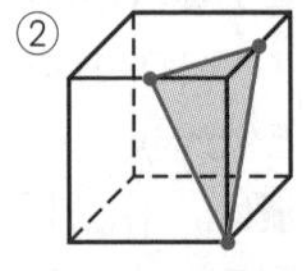

③

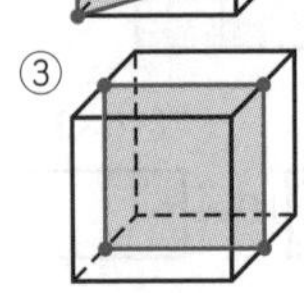

④

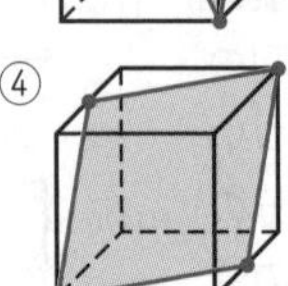

① 4 つの角がすべて直角で，縦が正方形の 1 辺，横が正方形の対角線となり長さがちがうので，長方形です。

④ 4 つの辺の長さが等しいのでひし形です。

3 (1) 右の図のように A と C を通って底面 EFGH に平行な面で真横に切ると，D のところで上に出ている部分と，B のところでへこんでいる

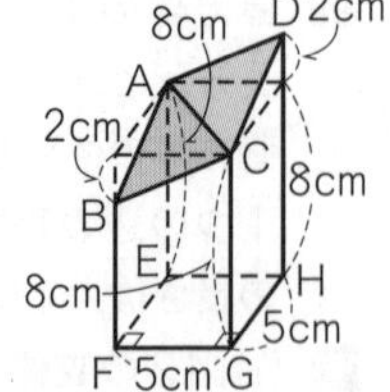

ステップ 2　82〜83ページ

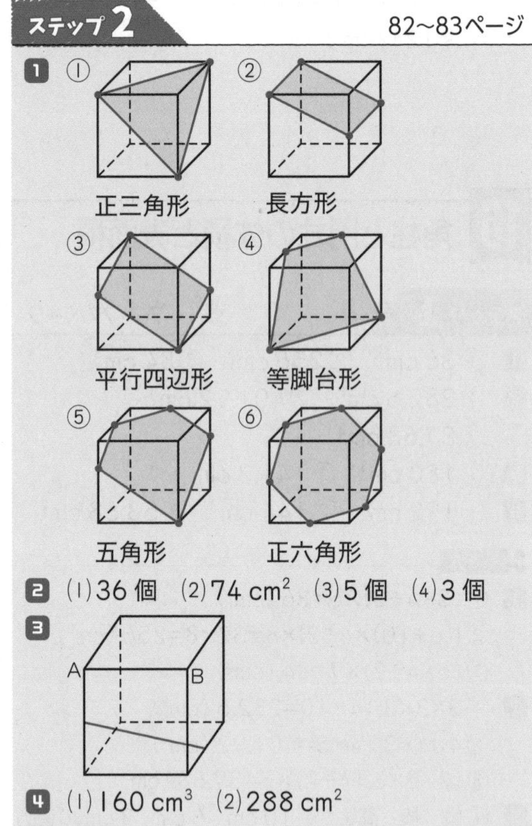

1 ① 正三角形　② 長方形　③ 平行四辺形　④ 等脚台形　⑤ 五角形　⑥ 正六角形
2 (1) 36 個　(2) 74 cm^2　(3) 5 個　(4) 3 個
3
4 (1) 160 cm^3　(2) 288 cm^2
5 (1) 3 : 2　(2) 1 : 1　(3) 3 : 2

解き方

2 (1) 上の段から，$1+2+5+7+9+12=36$（個）

(2) 上，前，後，左，右の 5 つの方向から見える 1 辺 1 cm の正方形の数をかぞえます。上から見えるのは 12 個，前後から見えるのはそれぞれ 16 個，左右から見えるのはそれぞれ 15 個です。よって，
$12+16\times2+15\times2=74$（個）
$74\times1=74$ (cm^2)

(3) 2つの面が他の立方体や台に接しているものを数えます。右の図の中で○をつけた5個です。

(4) どの向きから見ても見えない立方体をさがします。右の図の中でAの印をつけた立方体の位置の下から2個と，Bの印をつけた立方体の下にある1個が外から見えません。

4 (1) 穴を1辺が2cmの立方体のいくつ分かと考えるとわかりやすくなります。穴は1辺2cmの立方体を上の面の真ん中から縦に3個，4つの側面にそれぞれ1個ずつで合計7個分になります。これをもとの1辺が6cmの立方体の体積からひいて，
$6\times6\times6-2\times2\times2\times7=216-56=160$ (cm^3)

(2) 穴によってできた面を1辺が2cmの正方形をもとにして考えます。表面はもとの立方体の1辺6cmの正方形から1辺2cmの正方形をひいた面積の6倍です。それと穴が開いたことによって1辺2cmの正方形の面が内部に24個できています。
$(6\times6-2\times2)\times6+2\times2\times24=192+96$
$=288$ (cm^2)

5 ㋐は底面の半径が9cmで高さが6cmの円柱，㋑は底面の半径が6cmで高さが9cmの円柱です。比を求めるのでかけ算の式のまま，できるだけ計算を簡単にします。

(1) $(9\times9\times3.14\times6):(6\times6\times3.14\times9)=9:6$
$=3:2$

(2) $(9\times2\times3.14\times6):(6\times2\times3.14\times9)=1:1$

(3) ㋐の表面積は
$9\times9\times3.14\times2+9\times2\times3.14\times6$
$=9\times2\times3.14\times(9+6)=9\times2\times3.14\times15$
という式になります。
㋑の表面積は
$6\times6\times3.14\times2+6\times2\times3.14\times9$
$=6\times2\times3.14\times(6+9)=6\times2\times3.14\times15$
となります。
よって，比は
$(9\times2\times3.14\times15):(6\times2\times3.14\times15)$
$=9:6=3:2$

18 容積

ステップ1

84~85ページ

1 (1) 3454 cm^3　(2) 785 cm^3
2 1920 cm^3
3 (1) 9　(2) 10，200
4 16 cm

解き方

1 (1) $10\times10\times3.14\times11=3454$ (cm^3)

(2) 上がった部分の水の体積と石の体積が等しくなります。$10\times10\times3.14\times(13.5-11)$
$=314\times2.5=785$ (cm^3)

2 内のりの縦の長さは $14-2\times2=10$ (cm)，横の長さは $20-2\times2=16$ (cm)，深さは
$14-2=12$ (cm) です。容積は
$10\times16\times12=1920$ (cm^3)

3 (1) 容器をかたむけても奥行きの長さABが変わらないので，正面の水が入っている部分の面積は変わりません。水が入っている部分の面積は図1では $12\times10=120$ (cm^2)，図2では台形になっているので，上底と下底の長さの和は $120\times2\div10=24$ (cm)，アの長さは
$24-15=9$ (cm)

別解　水の入っていない部分が等しいと考えることもできます。図1で水の入っていない部分の面積は $(15-12)\times10=30$ (cm^2) です。
$(15-ア)\times10\div2=30$ より，$15-ア=6$

(2) 右の図より，水が入っていない部分が直角二等辺三角形であることから，イの長さはBCと等しく10cmです。

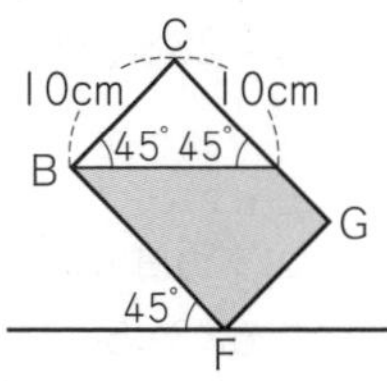

容器に残っている水の体積は $(5+15)\times10\div2\times10=1000$ (cm^3)，
はじめに入っていた水の体積は
$10\times10\times12=1200$ (cm^3) なので，こぼれた水は $1200-1000=200$ (cm^3) となります。

4 容器に入っている水の体積は
$10\times10\times12=1200$ (cm^3) です。容器の底面積は 100 cm^2，鉄の棒の底面積は
$5\times5=25$ (cm^2) で，容器の中に鉄の棒を立てると水の入っている部分の底面積が
$100-25=75$ (cm^2) になります。このとき，水面の高さは水の体積を底面積でわると求められます。$1200\div75=16$ (cm)

ステップ 2　86~87ページ

1 (1) 15 cm　(2) 1.57 cm
2 (1) 10.5 cm　(2) 10 cm
3 (1) 288 cm^3　(2) 6.6 cm
4 (1) 4396 cm^3　(2) 15 cm
5 (1) 1200 cm^2　(2) 16.4 cm

解き方

1 (1) 4.5 L =4500 cm^3
直方体の底面積は，20×15=300 (cm^2)
よって，深さは 4500÷300=15 (cm)
(2) 円柱の体積は，5×5×3.14×6=471 (cm^3)
よって，上がる水の高さは
471÷300=1.57 (cm)

2 (1) 三角柱の体積は (4×9÷2)×15=270 (cm^3)
これを直方体の水そうの底面積でわると，水面が何 cm 上がるかがわかります。
270÷(10×18)=1.5 (cm)
よって，水の深さは，9+1.5=10.5 (cm)
(2) 水の体積は，10×18×9=1620 (cm^3)
これは三角柱を入れても変わりません。
三角柱を立てて入れたときは，右の図の色をつけた部分が底面積と考えることができるから，水の深さは，

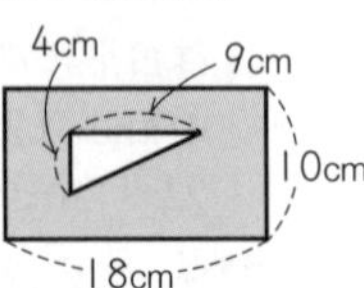

1620÷(10×18−4×9÷2)=10 (cm)

3 (1) {(2+10)×8÷2}×6
=288 (cm^3)

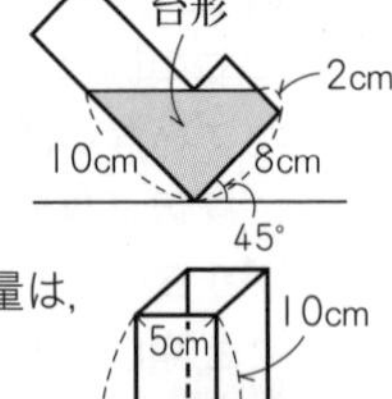

(2) 下の直方体の部分の水の量は，
6×8×5=240 (cm^3)
(288−240)÷(6×5)
=1.6 (cm)
あ=5+1.6=6.6 (cm)

4 (1) こぼれた水は同じ底面で高さが 12 cm の円柱の体積の半分にあたります。容器に残った水は
10×10×3.14×20−10×10×3.14×12÷2
=(2000−600)×3.14=4396 (cm^3)
別解　この円柱を縦に半分に切って，切り口の縦の 2 本の辺の長さの割合だけで考えることができます。右の図で，AB=12 cm のとき，縦の 2 本の辺で水が入っている部分の長さは，

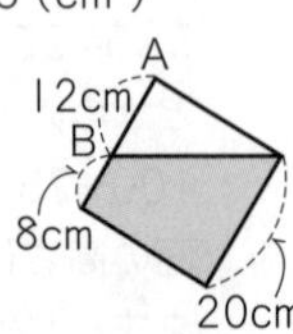

8+20=28 (cm) です。2 本の辺の和は 40 cm なので，容器全体に対する割合は $\frac{28}{40}=\frac{7}{10}$ になります。これより残った水は容器の容積の $\frac{7}{10}$ 倍なので，
$10×10×3.14×20×\frac{7}{10}=1400×3.14$
=4396 (cm^3)
(2) $1-\frac{5}{8}=\frac{3}{8}$ より，円柱を縦に半分に切った切り口の長方形の縦の 2 本の辺の和 40 cm に対する AB の長さの割合が $\frac{3}{8}$ にあたります。
$40×\frac{3}{8}=15$ (cm)

5 (1) 物体を水そうに入れたときの水面の高さが 16 cm なので，このとき物体の水中にある体積を求めると，物体の底面積は 300 cm^2 だから，300×16=4800 (cm^3) です。この部分が水に入ったことで水面が 12 cm から 16 cm になり，4 cm 上がったので，容器の底面積は
4800÷4=1200 (cm^2)
(2) はじめに容器に入っている水の体積は，
1200×12=14400 (cm^3) です。容器の底から 10 cm までの部分で，物体の底面積は
20×20=400 (cm^2)，容器の底面積は
1200 cm^2 だから，
(1200−400)×10=8000 (cm^3) より，容器の底から 10 cm までの部分にある水の体積は 8000 cm^3 となります。次に容器の底から 10 cm より上の部分では，物体の底面積は
10×20=200 (cm^2) で，残りの水の体積は
14400−8000=6400 (cm^3) なので，容器の底から 10 cm より上の部分だけの水面の高さは 6400÷(1200−200)=6.4 (cm) となります。これより，水そうの底からの水面の高さは 10+6.4=16.4 (cm)

19 水量の変化とグラフ

ステップ1　88~89ページ

1 (1)10 cm　(2)毎分 240 cm^3　(3)15 cm
(4)14 分

2 (1)10 cm　(2)毎秒 80 cm^3
(3)イ…50　ウ…100

3 (1)50.24 秒後
(2)②　理由(例)小さい水そうがいっぱいになったあと，あふれた水が外側にたまっている間，水そうの最も高い水面の高さは小さい水そうの高さのまま変わらないので，グラフに平らな部分ができるから。(グラフに平らな部分ができる理由を正しく書いていれば正解です)
(3)188.4 秒後

解き方

1 (2)はじめの5分間で水面の高さが 10 cm になるので，毎分 12×10×10÷5=240 (cm^3) の割合で水が入ります。
(3)5 分後から 11 分後までの6分間に入る水は 240×6=1440 (cm^3) で，その間に水面が 8 cm 高くなっているので，
1440÷8÷12=15 (cm)
(4)水を入れはじめて 11 分後の水面の高さが 18 cm だから，その上側の残りの体積は 12×15×(22−18)=720 (cm^3)，毎分 240 cm^3 の水が入るのでそこがいっぱいになるのに，720÷240=3 (分)，よって 11+3=14 (分)

2 (2)左側の仕切りより下側の部分の体積は，20×12×10=2400 (cm^3) で，30 秒かかっているので，毎秒 2400÷30=80 (cm^3) の水を入れています。
(3)イの時間は，容器全体の水の高さが 10 cm になったときなので，20×20×10÷80=50 (秒)
なお，容器の手前側の仕切りで分けられた辺の長さの比に目をつけて，12 cm の部分に水を入れるのに 30 秒かかっているので，8 cm の部分に水が入るのにかかる時間を x 秒とすると，次の式が成り立ちます。
12：8=30：x，これより x=20 で，8 cm の部分に水を入れるのにかかる時間は 20 秒とわかります。
ウの時間は容器全体に水を入れるのにかかる時間なので，イの2倍です。

3 (1)4×4×3.14×6÷6=16×3.14=50.24 (秒後)
(3)6×6×3.14×10÷6=60×3.14
=188.4 (秒後)

ステップ2　90~91ページ

1 (1)10　(2)500 cm^2　(3)28 cm

2 (1)毎分 30 L　(2)24　(3)14 分 24 秒後

3 (1)20 cm　(2)7.5 cm　(3)36

4 (1)ア…50　イ…90
(2)

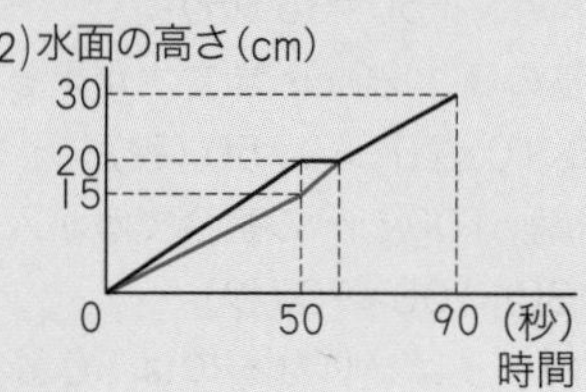

解き方

1 (2)毎分 1 L の割合で水を入れるので，14 分で入る水は 14 L=14000 cm^3 です。立方体の体積は 1000 cm^3 なので，水と立方体の体積の合計を高さ 30 cm でわると底面積が求められます。
(14000+1000)÷30=500 (cm^2)
(3)14000÷500=28 (cm)

2 (1)容器に積み木を入れると，底面から 30 cm の高さまでの水が入る部分の底面積は
60×120−40×80=4000 (cm^2) になります。
この部分に 30 cm の高さまで水を入れるのに 4 分かかっているので，1 分間に入る水は 4000×30÷4=30000 (cm^3)=30 (L)
(2)4 分後から 12 分後までの 8 分間に入る水は 240 L=240000 cm^3 で，その間に水面が 40 cm 高くなっているので，このときの水が入る部分の底面積は
240000÷40=6000 (cm^2) です。容器の底面積は 60×120=7200 (cm^2) なので，積み木の部分は 7200−6000=1200 (cm^2) となります。よって，積み木のもう1辺の長さは
1200÷50=24 (cm)
(3)12 分後からあとで水面が 10 cm 高くなるのにかかる時間は，
60×120×10÷30000=2.4 (分) です。
0.4×60=24 より 0.4 分=24 秒 なので，水を入れはじめてから 12 分+2 分 24 秒後に容器の水がいっぱいになります。

3 (1)はじめの8分で入る水は $50\times8=400$ (cm^3) です。このとき水が入る部分の形は直方体で，高さと横が4cmと5cmだから，
$400\div(4\times5)=20$ (cm)

(2) 12.6分で入る水は $50\times12.6=630$ (cm^3)，この間に水が入る部分の形は直方体で，奥行きが20cmで，横が $4+5=9$ (cm) だから，
$630\div(20\times9)=3.5$ (cm)，仕切り板イはこの高さだけ仕切り板アより高いので，
$4+3.5=7.5$ (cm)

(3)水そう全体で高さ7.5cmまで水が入る時間だから，$3+4+5=12$ (cm)，
$(20\times12\times7.5)\div50=36$ (分)

4 (1)ア…仕切りの高さ20cmまで水が入る時間なので，$10\times10\times20\div40=50$ (秒)　イ…A，Bあわせて毎秒100cm^{3}の割合で水が入るので，
$10\times30\times30\div100=90$ (秒)

(2) Aの部分がいっぱいになるのは50秒後で，そのときまでにBに入る水は
$60\times50=3000$ (cm^3) で，水面の高さは
$3000\div(10\times20)=15$ (cm) です。よって，アの上で高さが15cmのところまで，比例のグラフをかきます。このあと，Aからあふれた水がBに入ってくるので，Bの残りの部分が水でいっぱいになるまでかかる時間は
$10\times20\times(20-15)\div(40+60)$
$=1000\div100=10$ (秒)
です。この10秒を求めなくても，Aのグラフで水面がふたたび高くなりはじめる点までまっすぐ直線をひくとグラフが完成します。

16～19

ステップ3　92～93ページ

1 96cm^3
2 3cm
3 (1)1727cm^3　(2)1036.2cm^2
4 (1)エ　(2)五角形　(3)ア，オ
5 (1)毎分50mL　(2)15.7　(3)12
6 (1)251.2cm^3　(2)45.6cm^3

解き方

1 三角柱の体積…$4\times\frac{16}{3}\div2\times9=96$ (cm^3)
2つの直方体の体積…$5.3\times4\times3+5.3\times3\times2$
$=95.4$ (cm^3)

2 もとの直方体の体積は，
$8\times10\times6=480$ (cm^3)
切り取った部分(四角柱)の体積は，
$480\times\left(1-\frac{7}{8}\right)=60$ (cm^3)
切り取った四角柱の底面積は，右の図のように台形の面積だから，

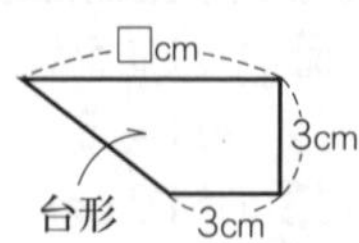

$10-$Ⓘ$=\square$ とすると，切り取った部分の体積の関係から，$(\square+3)\times3\div2\times4=60$
$\square+3=10$　$\square=7$ よって，Ⓘ$=3$cm

3 底面が半径8cmで高さが10cmの円柱から底面が半径3cmで，高さが10cmの円柱をくりぬいた形になります。

(1) $8\times8\times3.14\times10-3\times3\times3.14\times10$
$=(640-90)\times3.14=550\times3.14$
$=1727$ (cm^3)

(2)側面積は半径8cmで高さ10cmの円柱の側面と，半径3cmで高さ10cmの円柱の側面の合計です。底面積は半径8cmの円から半径3cmの円をくりぬいた形で，上下に2つ分です。
$(8\times8\times3.14-3\times3\times3.14)\times2+8\times2\times3.14\times10+3\times2\times3.14\times10$
$=110\times3.14+220\times3.14=1036.2$ (cm^2)

4 下の図のようになります。
切り口の形は，ア…三角形，イ…五角形，ウ…平行四辺形，オ…三角形，カ…台形

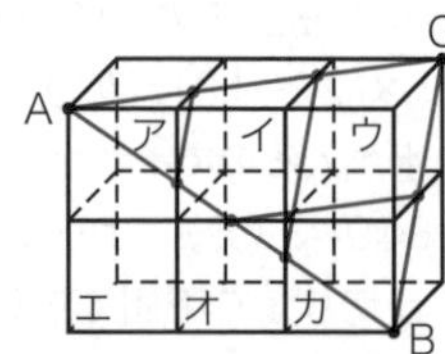

5 (1)水を入れはじめて40分で満水になることから，毎分 $10\times10\times20\div40=50$ (mL)

(2)円柱の中に入っている四角柱の底面は正方形で，その面積は外側の四角柱の底面の面積の半分なので $10\times10\div2=50$ (cm^2) です。グラフより水を入れはじめて10分で満水になるので，容積は $50\times10=500$ (cm^3)，高さは $500\div50=10$ (cm) です。アは円柱に高さ10cmまで水が入った時間を表しており，このときまでに入った水は
$5\times5\times3.14\times10=785$ (cm^3) です。水は毎分50mL入るので，$785\div50=15.7$ (分)

(3)イは円柱の高さを表しており，水を入れはじめて18.84分で円柱が満水になるので，この

ときまでに入った水の体積を円柱の底面積でわると円柱の高さが求められます。
$50\times18.84\div(5\times5\times3.14)=12$ (cm)

6 (1)円柱の体積の半分だから
$4\times4\times3.14\times10\div2=251.2$ (cm³)

(2)45° かたむけると水面は床(ゆか)と平行になるので，残った水は右の図の色のついた部分で表されます。その面積は，

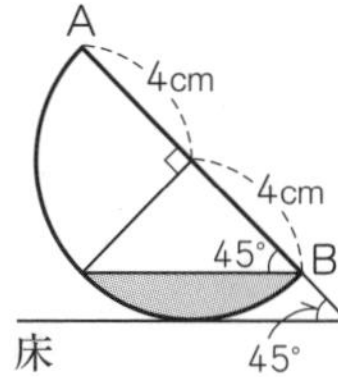

$4\times4\times3.14\div4-4\times4\div2$
$=12.56-8=4.56$ (cm²)
よって，残った水の体積は，
$4.56\times10=45.6$ (cm³)

20 推理や規則性についての問題

ステップ1　94～95ページ

1 A→B→E→D→C
2 A→B→D→E→C
3 (1)35 本　(2)171 本
4 113 枚(まい)
5 (1)23 個　(2)14 段目(だん)

解き方

1 条件を不等号を使って表すと，次のようになります。
①A>B
②D>C
③A>E>D
また，E は高いほうから 1 番目，2 番目ではないことがわかります。②と③より，E>D>C が決まるので，E は 3 番目です。1 番と 2 番は A と B ですが，①から A が 1 番目となります。

2 基準を決めて，話にそって図をかいて考えましょう。

決められた時刻(じこく)
↓
6 分早い　　　　　2 分おそい
↓　3 分　　　　　2 分　↓
A　B　D　　　E　C
5 分

3 (1) 1 番目は 11 本，2 番目は 19 本，3 番目は 27 本で，8 本ずつ増えていきます。
よって，4 番目は $27+8=35$ (本)

(2)(1)より 21 番目は
$11+8\times(21-1)=171$ (本)

4 右の図で 3 番目のタイルの数は，
$(1+3)\times2+5$ (枚)
4 番目のタイルの数は，

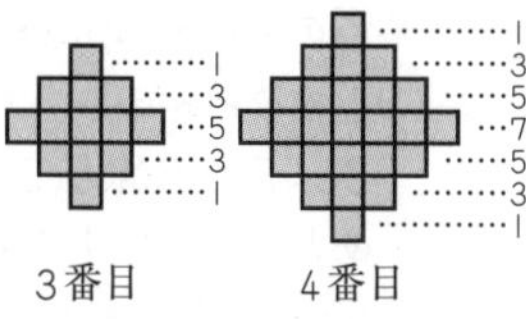

$(1+3+5)\times2+7$ (枚) だから，8 番目のタイルの数は，
$(1+3+5+7+9+11+13)\times2+15$
$=49\times2+15=98+15=113$ (枚)

5 (1) 3×段数−1 がご石の数。
$3\times8-1=23$ (個)
(2) $(41+1)\div3=14$ (段目)

ステップ2　96～97ページ

1 (1)赤　(2)ひろさん
2 (1)　　(2)

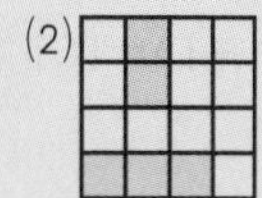

3 (1)8　(2)156
4 (1)13 枚　(2)57 枚
5 (1)36 枚　(2)8 回目　(3)105 枚

解き方

1 (1)条件 1 から，ゆきさんとくみさんは赤と青のシャツを持っています。条件 2 から，くみさんは赤ではなく青のシャツを持っています。よって，ゆきさんは赤のシャツを持っていることがわかります。
(2)条件 1 から，けんさんとひろさんは白と黄のシャツを持っています。条件 3 から，けんさんは白を持っていないので，白いシャツを持っているのはひろさんです。

2 (1)0 の上下左右のマスに×をつけていきましょう。
(2)0 の上下左右に×をつけてから，2 の上下左右の位置に宝があるかどうか考えます。

3 (1)1 が 1 個，2 が 2 個，3 が 3 個，……あるから，
$1+2+3+\cdots\cdots+7=(1+7)\times7\div2=28$ より，30 番目は 8
(2)28 番目は 7，29，30 番目は 8 だから，
$1\times1+2\times2+3\times3+4\times4+5\times5+6\times6+7\times7+8\times2=156$

4 (1){△○△◇○△} の 6 枚のくり返しになっています。この { } の中には△は 3 枚あります。

25÷6=4 余り 1
6 枚ひと組の｛ ｝の最初のカードは△なので,
△のカードは, 3×4+1=13 (枚)
(2) 6 枚ひと組の｛ ｝の中に△が 3 枚あるので,
86÷3=28 余り 2 より, ｛ ｝が 28 組と△が
あと 2 枚。｛ ｝の中には○は 2 枚あるので
28×2=56 (枚)
28 組ならべたあとに△を 2 枚ならべるまで
カードをならべると△○△となり, この中に
○が 1 枚あるから, 56+1=57 (枚)

5 (1) △の枚数は,
1+2+3+4+5+6=21 (枚)
▼の枚数は 1+2+3+4+5=15 (枚)
よって, 全部で 21+15=36 (枚)
(2) 36=1+2+3+4+5+6+7+8
だから, 8 回目になります。
(3) 91=1+2+3+……+13
よって, 回数は 13+1=14 (回目)
したがって, △は, ▼より 14 枚多いから,
91+14=105 (枚)

21 倍数算

ステップ 1　98〜99ページ

1 29 kg
2 45 cm
3 40 個
4 80 円
5 600 円
6 12 cm
7 ようこさん 600 円, ゆうとさん 960 円
8 36 個

解き方

1 まさおさんの体重は (92−5)÷3=29 (kg)
2 短い方のリボンは (160+20)÷4=45 (cm)
3 合計の 48 個は変わらないので, ゆうさんから 4 個もらったあとで妹がもっているおはじきは 48÷4=12 (個)です。よって,
48−(12−4)=40 (個)

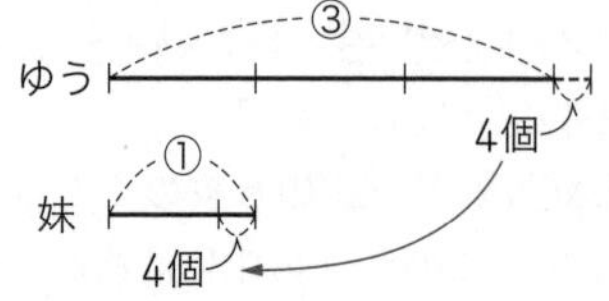

4 2 人のもっているお金の差,
320−200=120 (円) は, アイスクリームを買ったあとも変わりません。差の 120 円を 1 とすると, アイスクリームを買ったあとで妹がもっているお金が 120 円とわかります。はじめ 200 円もっていたので, 200−120=80 (円)

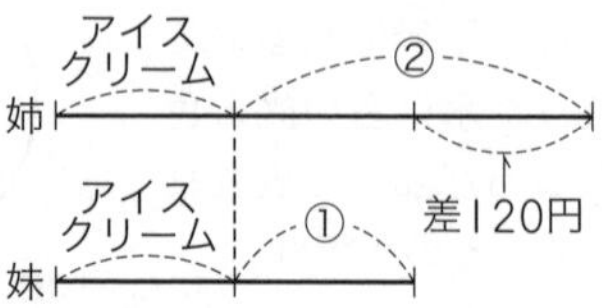

5 母からおこづかいをもらった後でも 2 人のもっているお金の差は変わりません。差の
1500−800=700 (円) が比の差の 3−2=1
にあたると考えます。
700×2−800=600 (円)

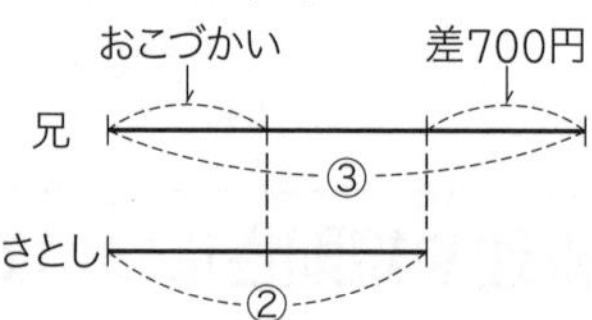

6 縦の長さは変わらないので, 縦と横の長さのはじめの比 2：3 とあとの比 3：8 をそろえて,
2：3=6：9, 3：8=6：16 とすると,
16−9=7 より, この比の 7 がのばした 14 cm にあたります。
14÷7=2, 2×6=12 (cm)

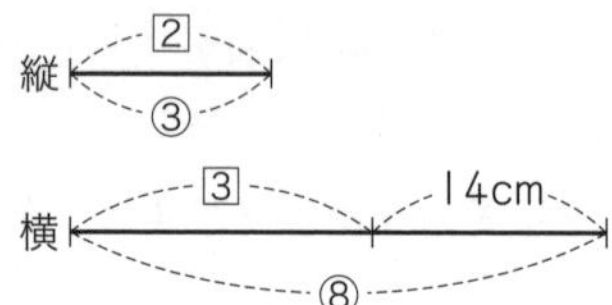

7 ようこさんの所持金は変わらないので, ようこさんとゆうとさんの所持金の比 5：8 と 4：5 で, ようこさんの所持金を表している左側の項の 5 と 4 を最小公倍数の 20 にそろえます。
5：8=20：32, 4：5=20：25 として,
32−25=7 より, この比の 7 がゆうとさんが使った 210 円にあたります。210÷7=30 (円)
より, ようこさんの所持金は 30×20=600 (円)

8 もし姉が 30 個もらえば, もらった後も姉は妹のおはじきの数の 3 倍をもっていることになります。30−8=22 (個) の 2 倍が姉が今もっているおはじきの数なので, 22×2−8=36 (個)

ステップ2　100〜101ページ

1. 210円
2. トマト125万円，ナス65万円
3. 42個
4. 48本
5. 63本
6. 142ページ
7. 1.8 m
8. ゆうとさん400円，兄960円

解き方

1 700円から兄が多く出した70円をひいて，比2：1の和3でわると，けんとさんが出した額になります。
(700−70)÷3=210 (円)

2 今年の出荷額の比は3：1で，比の差の2が60万+25万+15万=100万 (円) を表しています。よって，今年のナスの出荷額は
100÷2=50 (万円)

3 同じ数ずつ売れたので，差が変わらないことから比5：7の差の2が残った個数の差21−3=18 (個) にあたります。はじめのりんごの数は 18÷2×5=45 (個)，残りは3個だから，42個売れました。

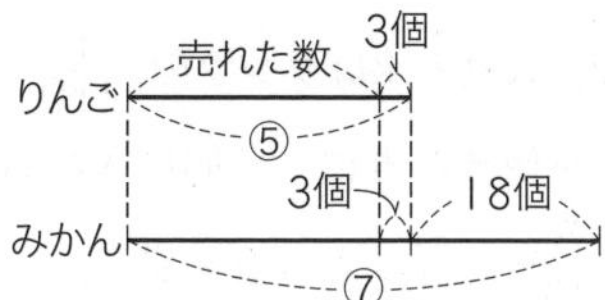

4 比 A：B=3：5 から，それぞれがもっている鉛筆の本数を A=③，B=⑤ とすると，CはAの2倍より12本多いので，C=⑥+12本 と表されます。これらの和が96本なので，
96−12=84 (本)，
84÷(③+⑤+⑥)=84÷⑭=6 (本) より，比の①が表す本数は6本となります。Cの本数は
6×6+12=48 (本)

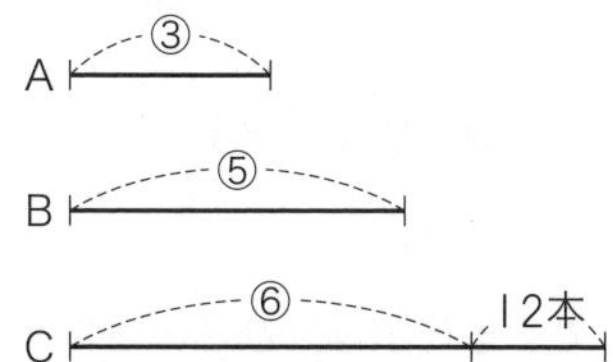

5 ひろきさんがまさおさんに6本あげる前と後では2人のもっている鉛筆の合計は変わらない。はじめ2：1で，あげた後4：3なので，比の合計を3と7の最小公倍数21に合わせると，はじめ，14：7，あげた後は12：9なので，6本は比の2にあたる。よって，
6÷2×21=63 (本)

6 昨日までにBくんの読んだページ数を①とすると，今日までにBくんの読んだページ数は ①+21 です。この2倍の ②+42 が，Aくんの読んだ，③−8 と等しくなるので，①は50ページになります。よって，Aくんの読んだページ数は 50×3−8=142 (ページ)

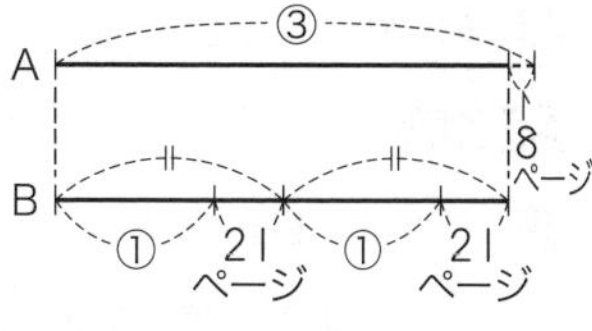

7 Bから全体の $\frac{1}{3}$ を切り取ったので，残った長さと切り取った長さの比は2：1です。

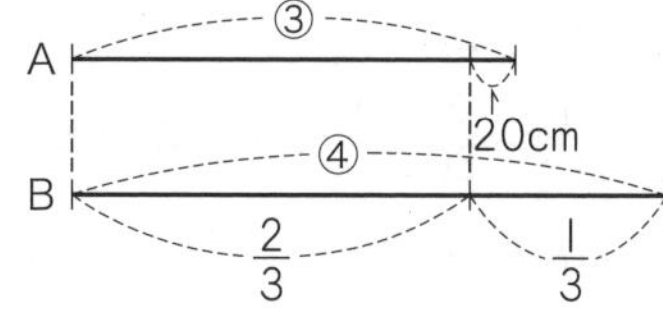

Bの比をそろえて，切り取る前のBの長さを12とすると，3：4=9：12，2：1=8：4 となり，Aの切り取る前と切り取ったあとの比の差の9−8=1 が切り取った長さ20 cmを表しています。
よって，20×9=180 (cm) → 1.8 m

8 電車代を○で表すと，はじめの所持金はゆうとさんは300+①，兄は760+② で，これが5：12になることから，
(300+①)×2：(760+②)=(5×2)：12
ゆうとさんの所持金の2倍を考えて，
(600+②)：(760+②)=10：12
これより，760−600=160 (円) が比の差の2にあたります。
よって，比の1は80円を表し，ゆうとさんの所持金は 80×5=400 (円)

22 仕事算

ステップ1　102〜103ページ

1. (1) $\frac{3}{8}$　(2) $\frac{9}{40}$　(3) $\frac{13}{40}$
2. 6日
3. 30時間
4. 5日

5 (1)$\frac{5}{6}$ (2)2日
6 48分

解き方

1 (1)Aは1日に全体の $\frac{1}{8}$ の仕事をするので，3日間でする仕事はその3倍だから全体の
$\frac{1}{8}\times3=\frac{3}{8}$
(2)$\frac{1}{8}+\frac{1}{10}=\frac{9}{40}$
(3)2人で3日間にする仕事は，全体の
$\frac{9}{40}\times3=\frac{27}{40}$ より，残りの仕事は
$1-\frac{27}{40}=\frac{13}{40}$

2 $\frac{1}{10}+\frac{1}{15}=\frac{5}{30}=\frac{1}{6}$ より，かかる日数は
$1\div\frac{1}{6}=6$（日）

3 Aのポンプが1時間にくみ出す水は全体の $\frac{1}{20}$ で，AとB両方使うと1時間にくみ出す水は全体の $\frac{1}{12}$ だから，Bだけ使うときの1時間にくみ出す水は全体の $\frac{1}{12}-\frac{1}{20}=\frac{1}{30}$
よって，かかる時間は $1\div\frac{1}{30}=30$（時間）

4 $\frac{1}{10}+\frac{1}{15}+\frac{1}{30}=\frac{6}{30}=\frac{1}{5}$，$1\div\frac{1}{5}=5$（日）

5 (1)$\left(\frac{1}{12}+\frac{1}{8}\right)\times4=\frac{5}{24}\times4=\frac{5}{6}$
(2)仕事の残りは，全体の $1-\frac{5}{6}=\frac{1}{6}$，これをこうじさんが1人でするときにかかる日数は
$\frac{1}{6}\div\frac{1}{12}=2$（日）

6 $\frac{1}{5}+\frac{1}{5}+\frac{1}{3}=\frac{11}{15}$，B管だけで注水するのは残りの $\frac{4}{15}$ で，かかる時間は $\frac{4}{15}\div\frac{1}{3}=\frac{4}{5}$（時間）です。
$60\times\frac{4}{5}=48$（分）

ステップ2

104～105ページ

1 6時間40分
2 3時間20分
3 20分
4 30日
5 21日目
6 1時間24分
7 (1)$\frac{1}{15}$ (2)10分
8 40分間

解き方

1 $\frac{1}{12}+\frac{1}{15}=\frac{9}{60}=\frac{3}{20}$，$1\div\frac{3}{20}=\frac{20}{3}$（時間）
$\frac{20}{3}$ 時間$=6\frac{2}{3}$ 時間，$\frac{2}{3}$ 時間を分に直すと
$60\times\frac{2}{3}=40$（分）

2 AとBの2人でやるのと，A1人でやるのとでは1時間に全体の $\frac{1}{2}-\frac{1}{5}=\frac{3}{10}$ の差がある。これがB1人でやるときの1時間の仕事量だから，かかる時間は $1\div\frac{3}{10}=\frac{10}{3}$（時間）です。
$\frac{10}{3}$ 時間$=3\frac{1}{3}$ 時間，$\frac{1}{3}$ 時間を分に直すと
$60\times\frac{1}{3}=20$（分）

3 分の単位で考えます。5時間=300分，
3時間30分=210分 です。Aのポンプが1分間に入れる水はタンクの $\frac{1}{300}$，Bのポンプが1分間に入れる水はタンクの $\frac{1}{210}$ で，A5本とB7本を使うときに1分間に入れる水は，タンクの $\frac{5}{300}+\frac{7}{210}$ となります。
$\frac{5}{300}+\frac{7}{210}=\frac{1}{60}+\frac{1}{30}=\frac{1}{20}$，$1\div\frac{1}{20}=20$（分）

4 1日で運ぶ土は全体の，Aは $\frac{1}{240}$，AとBで $\frac{1}{40}$，AとCで $\frac{1}{60}$ だから，Bだけでは
$\frac{1}{40}-\frac{1}{240}=\frac{5}{240}$，Cだけでは
$\frac{1}{60}-\frac{1}{240}=\frac{3}{240}$ となります。BとCを使うときは，$\frac{5}{240}+\frac{3}{240}=\frac{1}{30}$，よって，かかる日数は
$1\div\frac{1}{30}=30$（日）

5 1日でする仕事は，ひろみさん1人では全体の $\frac{1}{20}$，ひろみさんとたかしさんが2人でするときは全体の $\frac{1}{12}$ だから，たかしさんが1人でするときは全体の $\frac{1}{12}-\frac{1}{20}=\frac{1}{30}$ となります。ひろ

みさんが6日間と2人が4日間でする仕事は全体の $\frac{1}{20}\times6+\frac{1}{12}\times4=\frac{3}{10}+\frac{1}{3}=\frac{19}{30}$ で，残りの仕事は全体の $1-\frac{19}{30}=\frac{11}{30}$ になり，この仕事をたかしさんが1人でするので，

$\frac{11}{30}\div\frac{1}{30}=11$（日）

よって，6+4+11=21（日）

6 まさきさんが3時間でした仕事は全体の $\frac{3}{5}$ で，残りの $\frac{2}{5}$ をこうじさんがしたことになります。こうじさんが1時間にする仕事は全体の $\frac{1}{4}$ だから，こうじさんが仕事をした時間は

$\frac{2}{5}\div\frac{1}{4}=1\frac{3}{5}$ で，仕事をぬけていた時間は

$3-1\frac{3}{5}=1\frac{2}{5}$（時間）です。$60\times\frac{2}{5}=24$（分）

7 (1) $\frac{1}{3}\div5=\frac{1}{15}$

(2) 水そうでまだ水が入っていないところは全体の $1-\frac{1}{3}=\frac{2}{3}$，AとBを両方使うと4分で満水になったので，1分に入る水の量は全体の $\frac{2}{3}\div4=\frac{1}{6}$，これよりBだけで1分で入る水は全体の $\frac{1}{6}-\frac{1}{15}=\frac{1}{10}$ となるので，Bだけで水を入れると $1\div\frac{1}{10}=10$（分）

8 分の単位で考えます。2時間=120分，1時間12分=72分 で，Aのポンプが1分間に入れる水はタンク $\frac{1}{120}$，Bのポンプが1分間に入れる水はタンクの $\frac{1}{72}$ です。満水になる前の8分間はBだけで水を入れているので，その8分間に入る水はタンクの $\frac{8}{72}=\frac{1}{9}$ で，残りの $\frac{8}{9}$ はAとB両方を使って水を入れています。AとB両方を使って1分に入る水は，タンクの $\frac{1}{120}+\frac{1}{72}=\frac{3}{360}+\frac{5}{360}=\frac{1}{45}$ で，残り $\frac{8}{9}$ の水を入れるのにかかる時間は，$\frac{8}{9}\div\frac{1}{45}=40$（分間）

23 ニュートン算

ステップ1

106〜107ページ

1 20分
2 8分
3 (1)180分後　(2)60分後　(3)5台
4 12分
5 (1)⑳　(2)15日　(3)20頭以下

解き方

1 毎分15人が入場しますが，列に6人が並ぶので，減る人数は1分で 15−6=9（人）です。
180÷(15−6)=20（分）

2 入り口が3か所のとき24分で行列がなくなるので，1分で 600÷24=25（人）ずつ行列の人数が減っていきます。一方，1分に50人が新たに列に並ぶので，1分間に入り口を通るのは 25+50=75（人）です。このときの入り口は3か所なので，1か所の入り口を1分に通る人数は 75÷3=25（人）となります。
入り口を5か所にすると，1分に入り口を通るのは 25×5=125（人）で，1分に50人が列に並ぶので，1分で減る行列の人数は 125−50=75（人）となります。はじめに600人いるので，行列がなくなるまでに
600÷75=8（分）

3 (1) 毎分20Lをくみ出しますが，10Lずつわき出すので，1分で減る水の量は
20−10=10（L）です。
1800÷(20−10)=180（分）

(2) ポンプ2台で1分にくみ出せる水は，
20×2=40（L）です。
1800÷(40−10)=60（分）

(3) 1800÷20=90（L）より，20分でくみ出すには1分で90Lずつ水を減らす必要があります。さらに10Lわき出してくるので，
(90+10)÷20=5（台）

4 300+15×60=1200（人），
1200÷60=20（人）より，窓口が1分間に販売する人数は20人です。別の考え方で，
300÷60=5（人）より，1分で5人ずつ行列の人数が減っていくことから，5+15=20（人）より，1分間に販売する人数は20人と求めることもできます。
窓口を2か所にすると，1分間に販売する人数は 20×2=40（人）に増えるので，1分で減る

行列の人数は 40−15=25（人）となります。はじめに 300 人いるので，行列がなくなるまでに 300÷25=12（分）

5 (1)牛 1 頭が 1 日に食べる草の量を①とすると，
30 頭の牛が 60 日で食べる草の量は
㉚×60=(1800)
40 頭の牛が 30 日で食べる草の量は
㊵×30=(1200)
その差 (1800)−(1200)=(600) は，日数の差が 60−30=30（日）だから，この 30 日間に生えてくる草の量を表しています。
1 日に生えてくる草の量は，(600)÷30=⑳ となります。

(2)まず，はじめに牧場にあった草の量を求めます。30 頭の牛が 60 日で食べる草の量は ㉚×60=(1800) でしたが，この (1800) には 60 日の間に新たに生えてきた草がふくまれています。60 日間に新たに生えてくる草の量は ⑳×60=(1200) なので，(1800) のうち (1200) はあとから生えてきた草ということになります。すると，はじめに牧場にあった草の量は (1800)−(1200)=(600) です。
60 頭の牛が 1 日で食べる草の量は ㊿ですが，毎日 ⑳ の草が生えてくるので，1 日で減る草は (60)−⑳=㊵ です。これより，(600)÷㊵=15（日）より，15 日ではじめに牧場にあった草 (600) がなくなります。

(3)毎日 ⑳ の草が生えてくるので，牛の数が 20 頭以下であれば草は減りません。

ステップ 2　108〜109ページ

1 (1)3500 円　(2)6000 円
2 (1)15 人　(2)360 人　(3)10
3 (1)150 人　(2)6 分
4 (1)毎分 10 kL　(2)36 分　(3)毎分 70 kL
5 6 日
6 42 時間

解き方

1 (1)5000×4=20000（円），
4000×12=48000（円），
(48000−20000)÷(12−4)=28000÷8
=3500（円）
(2)20000−3500×4=6000（円）

2 (1)4×12=48，6×6=36，その差は 48−36=12 です。一方，入場した人数の差は毎分 30 人が行列に加わることから，30×12−30×6=180（人）の差があり，180÷12=15（人）
(2)12 分で入場する人数は 15×4×12=720（人），12 分で行列に加わる人数は 30×12=360（人），よって開園前の行列の人数は 720−360=360（人）
(3)360+30×3=450（人），450÷3÷15=10

3 (1)10×30=300（人），10×2×10=200（人），その差は 300−200=100（人）で，これが時間の差 20 分間で加わる人数だから，100÷20=5（人），10×30−5×30=150（人）
(2)150÷(10×3−5)=6（分）

4 (1)40×24=960（kL），50×18=900（kL），時間差とくみ出す水の量の差から，毎分 (960−900)÷(24−18)=10（kL）
(2)はじめの泉の水の量は 960−10×24=720（kL）です。毎分 30−10=20（kL）ずつ減っていくので，720÷20=36（分）
(3)720÷12=60（kL）より 12 分でくみ出すには 1 分で 60 kL ずつ水を減らせばよいのですが，毎分 10 kL わき出してくるので，毎分 60+10=70（kL）

5 1×42=42，2×14=28，
(42−28)÷(42−14)=0.5 より，1 日に生えてくる草は 0.5(1 頭の牛が 1 日で食べる草の量 1 の半分)と表されます。はじめの草の量を 2 倍の牛の場合を使って求めると，
2×14−0.5×14=21 です。牛を 4 倍にすると，食べつくすのは 21÷(4−0.5)=6（日）

6 ポンプ 1 台を使って 1 時間にくみ出せる水の量を 1 とすると，5×7=35，6×6=36 より，くみ上げる水の量の差は 36−35=1 と表されます。時間の差は 7−6=1（時間）だから，1 時間で 1 の量の水が川に流れ出ています。
満水のときの池の水の量は，7 時間でくみ出した水が 35 になることから，その 7 時間に流れ出た水をたして，35+1×7=42 となります。1 時間で 1 の量の水が流れ出るので，42 時間後に池の水がなくなります。

24 速さについての文章題 ①

ステップ1　110～111ページ

1 50秒後
2 (1) 10 km　(2) 5分後
3 7分30秒後
4 (1) 時速15 km　(2) 時速3 km
5 2時間30分
6 (1) 時速8 km　(2) 時速7 km　(3) 時速1 km

解き方

1 450÷(5+4)=450÷9=50 (秒後)

2 (1) $(20+30)\times\frac{12}{60}=10$ (km)

(2) 真ん中までの道のりは 10÷2=5 (km)

$5\div20-5\div30=\frac{1}{4}-\frac{1}{6}=\frac{1}{12}$ (時間)

$\frac{1}{12}$ 時間$=60\times\frac{1}{12}$ (分)=5分

3 姉が出発するまでに弟が歩いた道のりは,
60×15=900 (m)
900÷(180−60)=7.5 (分)
7.5分=7分30秒

4 (1) 行きの時速は 72÷4=18 (km), 帰りの時速は 72÷6=12 (km), よって, 静水の時速は (18+12)÷2=15 (km)
(2) (18−12)÷2=3 (km)

5 上りの時速は 40÷5=8 (km), したがって, 川の流れの速さは時速 12−8=4 (km) です。帰りの速さは時速 12+4=16 (km) より, 帰りにかかる時間は
40÷16=2.5 (時間) → 2時間30分

6 右のグラフより, A→Bは上り, B→Aは下りでそれぞれ2時間, 1.5時間かかります。

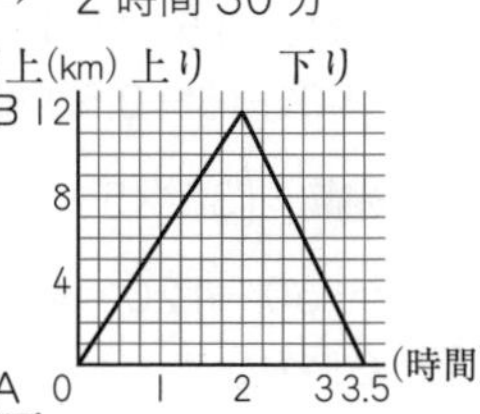

(1) B→Aは12 km あり1.5時間かかるから, 下りの時速は,
12÷1.5=8 (km)
(2) この船の上りの時速は 12÷2=6 (km) だから, 静水を進む速さは,
(上りの速さ+下りの速さ)÷2 より,
(6+8)÷2=7 (km)
(3) 川の流れる速さは,
下りの速さ−静水での速さ=8−7=1 (km)
で, 時速1 km

別解　川の流れる速さ
=(下りの速さ−上りの速さ)÷2
=(8−6)÷2=1 (km)

ステップ2　112～113ページ

1 (1) 自転車 時速12 km, バイク 時速30 km
(2) 3 km
2 (1) 810 m　(2) 分速135 m
3 (1) 7時52分　(2) 8時17分30秒
4 6周目
5 (1) 時速9 km　(2) 時速1 km　(3) 10 km
6 (1) 8 km　(2) 時速3.5 km, 18分

解き方

1 (1) 5 kmを自転車は25分で, バイクは 19−9=10 (分) で進むから, 速さを時速で表すと, 自転車は, $5\div\frac{25}{60}=12$ (km)

バイクは, $5\div\frac{10}{60}=30$ (km)

(2) 自転車が出発してから9分後にバイクが追いかけるから,

$\left(12\times\frac{9}{60}\right)\div(30-12)=\frac{9}{5}\div18=\frac{1}{10}$ (時間)

$30\times\frac{1}{10}=3$ (km)

2 (1) 20×6=120 (m)
よって, AとBの和は1500 m, 差は120 m だから, 和差算の考えを使って,
(1500+120)÷2=810 (m)
(2) 分速は 810÷6=135 (m)

3 (1) 兄は家から学校まで行くのに,
1400÷70=20 (分) かかるので, 学校には8時20分に着きます。
妹は学校まで 1400÷50=28 (分) かかるので, 8時20分に学校に着くためには28分前の7時52分に家を出なければなりません。
(2) 兄が家を出るとき妹は, 50×5=250 (m) 先にいます。兄が妹に追いつくには,
250÷(70−50)=12.5 (分) かかるので, 追いつく時刻(じこく)は,
8時5分+12.5分=8時17分30秒

4 トラック1周が200 mだから, AさんがBさんより200 m先に進んだときに追いつきます。
200÷(220−180)=5 (分) より走りはじめて5分後に追いつきます。Aさんが5分で進む道のりは 220×5=1100 (m) で,

$1100 \div 200 = 5$ あまり 100 だから，6 周目のと中です。

5 (1) グラフから，B 町が川下，A 町が川上です。下りの速さは時速 $40 \div 4 = 10$ (km)，上りの速さは，時速 $40 \div (9-4) = 8$ (km)
よって，静水での速さは，流水算の考えを使って，時速 $(10+8) \div 2 = 9$ (km)

(2) 川の流れの速さは，時速 $10-9=1$ (km)

(3) 右のグラフで，CB 間が下り，BC 間が上りです。
下りと上りの時間の比は，4：5 だから，
C 地点から B 町にかかる時間は，
$2\frac{15}{60} \times \frac{4}{4+5} = \frac{9}{4} \times \frac{4}{9} = 1$ (時間)
下りの速さは時速 10 km だから，
$10 \times 1 = 10$ (km)
よって，C 地点は B 町から 10 km

6 (1) 川の流れの時速を□km とすると，あきらさんは時速 6.5+□ (km)，たかしさんは時速 9.5−□ (km) で動くから，距離(きょり)は，
$(6.5+□+9.5-□) \times \frac{30}{60} = 16 \times \frac{30}{60} = 8$ (km)

(2) 右の図から，たかしさんの，上る時速は
$8 \div \frac{80}{60} = 6$ (km)
よって，川の流れの時速は，
$9.5-6=3.5$ (km)
あきらさんは時速 $6.5+3.5=10$ (km) で 3 km を動くから，$3 \div 10 \times 60 = 18$ (分)

25 速さについての文章題 ②

ステップ 1 114~115ページ

1 28 秒
2 分速 1800 m
3 800 m
4 30 秒
5 時速 54 km
6 196 m
7 40°
8 2 時 $10\frac{10}{11}$ 分
9 (1) 右の図

(2) 4 時 $5\frac{5}{11}$ 分，4 時 $38\frac{2}{11}$ 分

解き方

1 $(80+620) \div 25 = 28$ (秒)

2 秒速 $(180+540) \div 24 = 30$ (m)
分速 $30 \times 60 = 1800$ (m)

3 時速 72 km=分速 1200 m=秒速 20 m
秒速 20 m で 50 秒間に進む道のりは
$20 \times 50 = 1000$ (m)，1000 m は列車の長さと鉄橋の長さの和だから，$1000-200=800$ (m)

4 $(680-200) \div 16 = 30$ (秒)

5 列車がトンネルに入りはじめてから完全に出るまでに進む道のりは，列車の長さとトンネルの長さの和です。列車の速さは秒速 $(125+550) \div 45 = 15$ (m) です。秒速～m の単位を時速～km に直して，時速は
$15 \times 60 \times 60 \div 1000 = 54$ (km)

6 電車の秒速は，$840 \div 60 = 14$ (m) なので，トンネルの長さは $14 \times 10 + 56 = 196$ (m)

7 5 時のとき，長針(ちょうしん)と短針のつくる角度は
$180° \times \frac{5}{6} = 150°$ です。1 分ごとに長針は 6°，短針は 0.5° ずつ動くから，5 時 20 分には
$150° - (6° - 0.5°) \times 20 = 150° - 110° = 40°$
別解 $\left(30° \times 5 + 30° \times \frac{20}{60}\right) - 30° \times 4$
$= 160° - 120° = 40°$

8 2 時ちょうどのとき，短針と長針がつくる角度は 60° です。1 分で長針は 6°，短針は 0.5° ずつ同じ方向に進むので，短針と長針がつくる角は毎分 $6° - 0.5° = 5.5°$ ずつ小さくなっていくので，$60 \div 5.5 = 60 \div \frac{11}{2} = \frac{120}{11} = 10\frac{10}{11}$ (分)

9 (1) 短針の進み方にも注意しましょう。短針は長針が 1 分で進む目もり 1 つ分を進むのに 12 分かかります。
(2) 4 時ちょうどのとき，短針と長針がつくる角度は 120° です。長針が 30° 追いつくと短針

と長針がつくる角度が 90° になるので，

$30 \div 5.5 = \frac{60}{11} = 5\frac{5}{11}$（分）

さらに長針が短針を追いこして 90° 先に進むときを考えると，このときは4時ちょうどから長針が短針より 120° 先に進んで針が重なったあと，さらに 90° 先に進んでいるので，

$(120+90) \div 5.5 = \frac{420}{11} = 38\frac{2}{11}$（分）

ステップ 2

116～117ページ

1. 216 m
2. 14 秒
3. 分速 1500 m
4. ア…23　イ…95
5. 3時 36 分
6. 7時 $23\frac{1}{13}$ 分
7. (1) 秒針…6度　長針…$\frac{1}{10}$ 度
   (2) 4時0分 $5\frac{5}{59}$ 秒
   (3) 4時 10 分 $25\frac{25}{59}$ 秒

解き方

1 $2+\frac{12}{60}=2\frac{1}{5}$（分）

列車の分速は，

$2376 \div 2\frac{1}{5}$

$=2376 \times \frac{5}{11} = 1080$（m）

よって，列車の長さは，$1080 \times \frac{12}{60} = 216$（m）

2 2本の列車がすれちがうときにかかる時間は，列車の長さの和の道のりを列車の速さの和でわって求めます。

$(150+200) \div (10+15) = 350 \div 25 = 14$（秒）

3 秒速で計算します。分速 1200 m=秒速 20 m，2本の列車の秒速の和は

$(170+190) \div 8 = 45$（m）です。列車Bの速さは秒速 $45-20=25$（m）より，分速 1500 m となります。

4 ここでは式の中で，列車Bの秒速を［速さB］，長さを［長さB］と表すことにします。

列車Bが長さ 388 m のトンネルを抜(ぬ)けるのに 21 秒かかることから，

［速さB］×21=388+［長さB］　……①

また，列車Bが列車Aに追いついてから追い抜くまでに 25 秒かかることから，

［速さB］×25=17×25+55+［長さB］より，

［速さB］×25=480+［長さB］　……②

①と②の式をくらべると，列車Bは4秒間（25 秒と 21 秒の差）で 92 m（480 と 388 の差）を進むことになります。これより，列車Bの速さは秒速 $92 \div 4 = 23$（m）です。

トンネルを抜ける時間が 21 秒なので，列車Bの長さは $23 \times 21 - 388 = 95$（m）

5 3時に長針(ちょうしん)と短針のつくる角度は 90° で，1分間に進む速さは，長針 6°，短針 0.5° だから，

$(90+108) \div (6-0.5) = 198 \div 5.5 = 36$（分）

6 短針は7時の位置から毎分 0.5° ずつ進みます。ここで，短針を 12 時と6時を結ぶ直線に対して線対称に移すと，5時の位置から反時計回りに毎分 0.5° ずつ進むことになります。この線対称に移した短針と長針が出会ったときに長針と短針が線対称になります。12 時と5時の位置の角度は 150° で，旅人算の向かい合って進むときと同様に針が進む速さの和を考えると，

$150 \div (6+0.5) = 150 \div 6\frac{1}{2} = 150 \div \frac{13}{2}$

$= \frac{300}{13} = 23\frac{1}{13}$（分）

7 (1) 長針は1分に 6° 進むので，$6 \div 60 = \frac{1}{10}$

(2) 4時0分には秒針と長針は重なっています。秒針が 30° だけ長針より先に進むときなので，

$30 \div \left(6-\frac{1}{10}\right) = 30 \div \frac{59}{10} = \frac{300}{59} = 5\frac{5}{59}$（秒）

(3) 4時 10 分0秒には長針が秒針より 60° 進んだ位置にあります。ここから秒針が長針を追いこし，さらに 90° 先に進むときなので，

$(60+90) \div \left(6-\frac{1}{10}\right) = 150 \div \frac{59}{10}$

$= \frac{1500}{59} = 25\frac{25}{59}$（秒）

$150 \div \frac{59}{10}$ の計算ですが，(2)の $30 \div \frac{59}{10}$ の5倍であることに気づくとすぐ計算の結果がわかります。150 は 30 の5倍の数なので，同じ数でわった答えも5倍になります。

$30 \div \frac{59}{10} = 5\frac{5}{59}$ だから，

$150 \div \frac{59}{10} = 25\frac{25}{59}$（秒）

20~25

ステップ 3

118~119ページ

1 D, E
2 58 点
3 A…7.5 時間, B…15 時間
4 (1)45 分後 (2)36 分間
5 分速 150 m
6 (1)340 m (2)6120 m

解き方

1 右の対戦表よりFはDとEに勝ったことがわかります。

	A	B	C	D	E	F
A		×	×	○	○	○
B	○		○	○	○	○
C	○	×		○	×	○
D	×	×	×			×
E	×	×	○			×
F	×	×	×	○	○	

2 太郎君の点数を[1]とすると, 次郎君の点数は[1.5], 桃子さんの点数は[1]+10 と表されます。3人の平均点が71点だから, 合計点は71×3=213 点なので, [1]+[1.5]+[1]+10=213 という関係になります。
これより, [3.5]=213−10=203, 203÷3.5=58 より, [1]=58, よって, 太郎君の点数は58点です。

3 全体の仕事量を1とすると, A, Bいっしょにすると5時間かかるので, AとBを合わせた1時間あたりの仕事量は全体の $\frac{1}{5}$ となります。よって, Aが1人で4時間, 残りをBが1人で7時間することは, AとBとで4時間仕事をし, 残り7−4=3 (時間) をB1人ですることと同じだから, Bの1時間あたりの仕事量は全体の,
$\left(1-\frac{1}{5}\times4\right)\div3=\frac{1}{5}\div3=\frac{1}{15}$
これより, Aの1時間あたりの仕事量は全体の,
$\frac{1}{5}-\frac{1}{15}=\frac{2}{15}$
よって, Aは $1\div\frac{2}{15}=\frac{15}{2}=7.5$ (時間)
Bは $1\div\frac{1}{15}=15$ (時間) かかります。

4 (1) 1ヶ所の入り口を1分間に通る人数を①とすると ①×120=⑫⓪, ④×20=⑧⓪, その差は (120)−(80)=(40) で, これが時間の差100分間に列に加わる人数を表しています。1分間に行列に加わるのは (40)÷100=(0.4) となります。(0.4)×120=(48) より, 120分で加わった人数は (48) で, (120)−(48)=(72) より, 開館時間には270人がいたので, (72) が270人を表します。よって, 1つの入口で1分間に通った人は 270÷(72)=3.75 (人), 一方1分間に行列に加わる人は 3.75×0.4=1.5 (人) です。
よって, 入口が2か所の日は, 270÷(3.75×2−1.5)=45 (分) で行列がなくなります。
(2) 最初の入口で1分に 3.75−1.5=2.25 (人) の行列を減らせるので, 2.25×60=135 (人), 270−135=135 (人) で, 残った135人を2つ目の入口で通したと考えて, 135÷3.75=36 (分間)

5 上りは下りの1.6倍の時間がかかるから, モーターボートの上りの速さ : 下りの速さ=1 : 1.6=10 : 16 流水算の考えより, 川の流れの速さは, (16−10)÷2=3
よって, モーターボートの上り : モーターボートの下り : 川の流れ=10 : 16 : 3
32分30秒=32.5分, 10 km=10000 m だから, 上りにかかった時間は,
$32.5\times\frac{16}{10+16}=32.5\times\frac{16}{26}=20$ (分)
10000÷20=500 (m) が上りの分速になります。
よって, 川の流れの速さは分速,
$500\times\frac{3}{10}=150$ (m)

6 (1) AさんはBさんと出会ってから2分後にCさんに出会っているから, AさんとCさんは (100+70)×2=340 (m) はなれています。
(2) (1)より, AさんとBさんが出会う時間は, BさんとCさんの差が340 m になる時間と同じだから, その時間は, 340÷(80−70)=34 (分)
よって, P町からQ町までの道のりは, (100+80)×34=6120 (m)

総復習テスト① 120〜121ページ

1 ① $\frac{1}{2}$ ② 6000

2 (1) 654 (2) 3

3 (1) 6 L (2) 4

4 (1) 14.28 cm^3 (2) 36.56 cm^2

5 (1) 202.5° (2) 6 日間

6 3 時間後

7 (1) 右の図
(2) 3 L

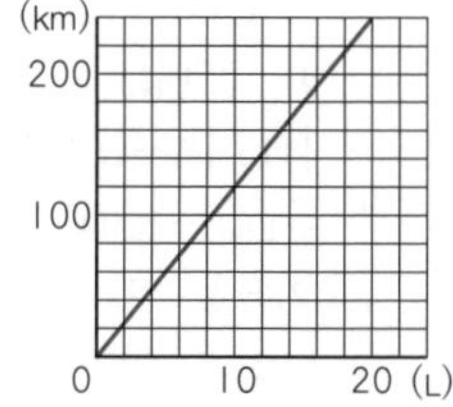

解き方

1 ① すべて分数に直して計算すると簡単にできます。

$\frac{5}{8}\times\frac{1}{8}+\frac{3}{4}-\frac{7}{8}\times\frac{3}{8}=\frac{5}{64}+\frac{48}{64}-\frac{21}{64}=\frac{32}{64}=\frac{1}{2}$

② $(823+1177)+(824+1176)+(825+1175)$
$=2000+2000+2000=6000$

2 (1) すべて cm の単位に直します。
320 cm+50 cm+43 cm+241 cm=654 cm

(2) 時速=道のり÷時間

$8\div2\frac{40}{60}=8\div2\frac{2}{3}=8\times\frac{3}{8}=3$ (km)

3 (1) $\frac{2}{5}\div800\times12000=6$ (L)

(2) 逆算をして，x の値を求めます。

$2+x\div\frac{3}{2}=\frac{20}{3}\times\frac{7}{10}=\frac{14}{3}$

$x\times\frac{2}{3}=\frac{14}{3}-2=\frac{8}{3}$　$x=\frac{8}{3}\div\frac{2}{3}=4$

4 (1) 立方体の体積+円柱の体積
$=2\times2\times2+1\times1\times3.14\times2=14.28$ (cm^3)

(2) 円柱の底面の円周の長さは，
$2\times3.14=6.28$ (cm)
よって，表面積は，
立方体の表面積+円柱の側面積
$=2\times2\times6+2\times6.28=36.56$ (cm^2)

5 (1) 4 時で小さいほうの角は 30°×4=120°，3 時 45 分は 15 分もどせばよい。
1 分間に長針と短針はそれぞれ 6°，0.5° 動くから，
120°+(6°−0.5°)×15=120°+5.5°×15
=120°+82.5°=202.5°

(2) 2 人で 6 日間仕事をすると全体の

$\left(\frac{1}{15}+\frac{1}{20}\right)\times6=\frac{7}{10}$，残りの仕事は

$1-\frac{7}{10}=\frac{3}{10}$ だから，$\frac{3}{10}\div\frac{1}{20}=6$ (日)

6 船Qは，B 町を出発してから 1 時間 48 分後 (108 分後) に船Pとすれちがい，4 時間 30 分後 (270 分後) にA町に着いています。「B町から船Pとすれちがったところまでにかかった時間」と「すれちがったところからA町までにかかった時間」はそのまま同じ区間の道のりの比になります。よって，
108：(270−108)=108：162=2：3 です。
船Pは道のりの比 2：3 の 3 にあたる区間を 108 分で進んだので，その先の残り 2 にあたる区間を進むのにかかる時間は

$108\times\frac{2}{3}=72$ (分) です。よって船PがB町に到着するのは出発してから
108+72=180 (分)=3 (時間後)

別解 道のりの比 P：Q=3：2 はそのまま速さの比で，その逆比がかかる時間の比になります。時間の比は P：Q=2：3 で，船QはA町に着くのに 4 時間 30 分かかったので，船Aはその $\frac{2}{3}$ の時間でB町に着くことになります。

4 時間 30 分×$\frac{2}{3}$=3 (時間)

7 (1) 自動車はガソリン 1 L で 12 km 走るから，10 L で 120 km，20 L で 240 km 走ります。

(2) 96÷12=8 (L)，(240−96)÷16=9 (L)
よって，AとBで走ると，8+9=17 (L) 使います。
Aだけだと 240÷12=20 (L) だから，
20−17=3 (L) 少なくてすみます。

総復習テスト② 122〜123ページ

1 (1) $\frac{1}{12}$ (2) ア 8，イ 9 (3) 24

2 (1) 2 km
(2) 体積 62.8 cm^3，表面積 125.6 cm^2

3 正八角形

4 350 m

5 80円

6 (1)点イが2秒早く1周する。
(2)58 cm^2　(3)12秒後

解き方

1 (1)小数をすべて分数に直して計算します。

$\frac{7}{40}\div\left(\frac{1}{3}-\square\right)\times\frac{51}{10}=\frac{357}{100}$

$\frac{1}{3}-\square=\frac{7}{40}\times\frac{51}{10}\div\frac{357}{100}=\frac{1}{4}$　$\square=\frac{1}{12}$

(2)$A\times\frac{3}{4}=B\times\frac{2}{3}$ より，$A\times\frac{3}{4}\times12=B\times\frac{2}{3}\times12$

$A\times9=B\times8$

よって，A：B=8：9

(3)$\frac{\square}{40}+\frac{15}{50}=\frac{54}{60}$ より，$\frac{\square}{40}=\frac{3}{5}$

$\square=\frac{3}{5}\times40=24$

別解　時速50 kmで進んだ時間は，
15÷50×60=18（分）
40×(54−18)÷60=40×36÷60=24（km）

2 (1)4×50000=200000（cm）→ 2 km
(2)体積は，
2×2×3.14×6−1×1×3.14×(6−2)
=(24−4)×3.14=62.8（cm^3）　表面積は，
(2×2×3.14)×2+2×2×3.14×6+1×2
×3.14×(6−2)=(8+24+8)×3.14
=125.6（cm^2）

3 右の図のようになるから正八角形ができます。

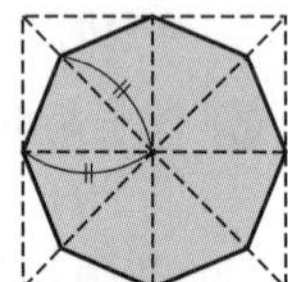

4 100 m差でスタートして，のり子さんが21 m進んだときには差が94 mになっているので，6 m短くなっています。のり子さんが走った道のりと短くなった差は比例するので，差が100 m短くなったときに追いつきます。したがって，
100÷6×21=350（m）

5 清子さんはおこづかいの $\frac{1}{3}$ を使って，12本買えるから，$1-\frac{1}{3}=\frac{2}{3}$ の残金では2倍の12×2=24（本）買え，同じく愛子さんも $1-\frac{1}{4}=\frac{3}{4}$ の残金で3倍の 7×3=21（本）ボールペンが買えます。
1本は，240÷(24−21)=240÷3=80（円）

6 (1)長方形のまわりの長さは，
(14+10)×2=24×2=48（cm）
よって，点アが1周する時間は
48÷2=24（秒）
点イが1周する時間は，
48÷3+2×3=16+6=22（秒）
したがって，点イが2秒早く1周します。

(2)8秒後に，点アは，2×8=16（cm），点イはDを通りすぎるので，Dでの2秒をひいて，6秒で

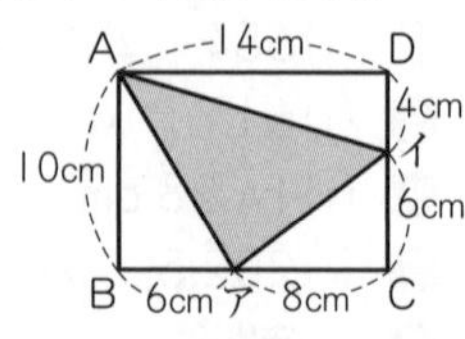

3×6=18（cm）進み，上の図のようになります。面積は，
10×14−(6×10÷2+14×4÷2+8×6÷2)
=140−(30+28+24)=58（cm^2）

(3)(2)のところから，点アは 8÷2=4（秒）で点Cに着き，点イは 6÷3=2（秒）で点Cに着き，そこで2秒間停止するから，4秒後にも点Cにいます。
よって，8+4=12（秒後）に点Cで出会います。

総復習テスト③　124～125ページ

1 毎秒22.5 m

2 (1)10.32　(2)147

3 (1)A管 28 L
B管 22 L
(2)右の図

4 (1)105°　(2)12 cm
(3)37.68 cm^2

5 (1)直角三角形 → 台形
→ 五角形 → 長方形
(2)4.5秒　(3)4 cm^2

解き方

1 (1200−120)÷48=22.5

2 (1)右の図から，色のついた部分の面積は，

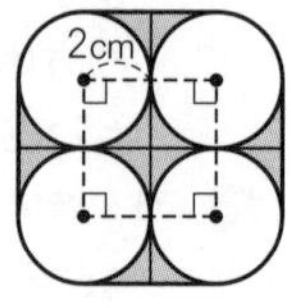

(4×4−2×2×3.14)×3
=(16−12.56)×3
=3.44×3=10.32（cm^2）

(2)$(6+8)\div\left(1-\frac{1}{3}-\frac{4}{7}\right)=14\div\left(\frac{21}{21}-\frac{7}{21}-\frac{12}{21}\right)$

$=14\div\frac{2}{21}=14\times\frac{21}{2}=147$（人）

3 (1) A 管だけで 9 分間，次に B 管だけで 4 分間水を入れます。グラフから 9 分のとき水は 312 L，13 分のとき 400 L です。
A 管は，1 分間に $(312-60)\div9=28$ (L)
B 管は，1 分間に $(400-312)\div(13-9)$ $=88\div4=22$ (L) 水がはいります。

(2) A，B 管から同時に水を入れると，
$(600-400)\div(28+22)=200\div50=4$ (分)
$13+4=17$ (分) だから，17 分後に 600 L になります。

4 (1) 角 HDC$=90°-30°-45°=15°$
角 DHB＝角 HDC＋角 HCD$=15°+90°=105°$

(2) 正方形の面積は，対角線×対角線 の半分になります。だから，
対角線×対角線÷2 $=72$ (cm^2) より，対角線×対角線$=72\times2$ $=144=12\times12$ より，
対角線の長さは 12 cm です。

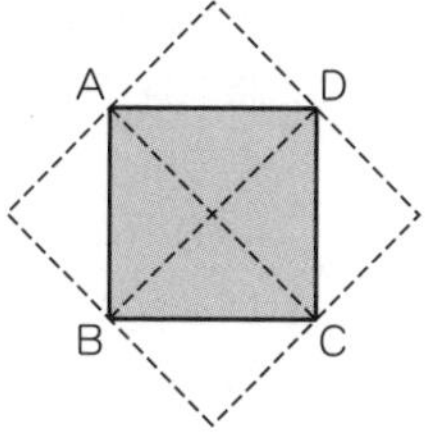

(3) 色のついた部分の面積は，おうぎ形 DBF と三角形 DFG をあわせた面積から三角形 DBC をひいた面積になります。三角形 DFG と三角形 DBC の面積は同じですから，色のついた部分の面積は，おうぎ形 DBF の面積と同じになります。

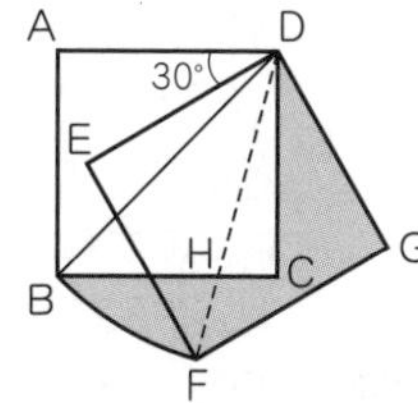

$12\times12\times3.14\times\frac{30}{360}=37.68$ (cm^2)

5 (1) 次の図のように変わります。

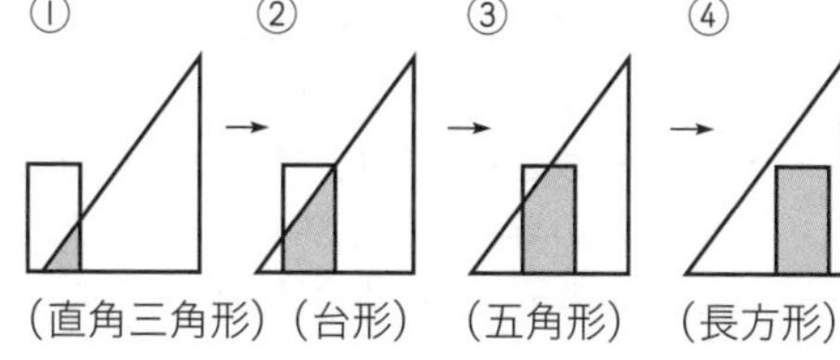

(直角三角形) (台形) (五角形) (長方形)

(2) 長方形の動く長さは，$5+3+1=9$ (cm) で，毎秒 2 cm の速さで動くので，かかる時間は，$9\div2=4.5$ (秒)

(3) 重なった部分の面積が最大になるのは，(1)の④のように，この長方形が直角三角形の中に完全にはいったときです。このとき，直角三角形の重なっていない部分の面積は，
$3\times4\div2-2\times1=6-2=4$ (cm^2)

総復習テスト④ 126〜128ページ

1 (1) $\frac{1}{7}$ (2) 3 (3) 12

2 (1) a 8，b 15 (2) ①(ア) ②(ウ) (3) 45 cm^2

3 204.8 cm

4 53.75 cm^2

5 (1) 64 cm^3 (2) 96 cm^2

6 70 缶

7 (1) 右の図 (2) 分速 22.5 m (3) 10 時 33 分

(m)
B駅 900
450
A駅 0
10:00 5 10 15 20 25 30 40 45 (分)
C

8 (1) 14 才 (2) 4 才

解き方

1 (2) $\frac{1}{2}\times\frac{2}{3}\times\frac{3}{4}\times\left(\square-\frac{1}{5}\right)\times\frac{5}{6}\times\frac{6}{7}=\frac{1}{2}$

$\frac{5}{4\times7}\times\left(\square-\frac{1}{5}\right)=\frac{1}{2}$

$\square-\frac{1}{5}=\frac{1}{2}\times\frac{4\times7}{5}=\frac{14}{5}$　$\square=\frac{14}{5}+\frac{1}{5}=3$

(3) $5.2\times25000=130000$ (cm) → 1.3 km
$1.3\div6.5=0.2$ (時間)　$60\times0.2=12$ (分)

2 (1) 階段(かいだん)の高さが，1，2 (cm) のときの，階段の長さと面積を求めます。

階段の高さ (cm)	1	2	3	4	5
階段の長さ (cm)	2	4	6	a	10
階段の面積 (cm^2)	1	3	6	10	b

$2\times4=8$ … a
階段の面積は，1，3，6，10，…… となり，その差は，2，3，4，…… と 2 から 1 つずつ増えています。
$10+5=15$ … b

(2) 階段の高さが 2 倍，3 倍，……となれば，階段の長さも 2 倍，3 倍，……となっています。ところが，階段の面積のほうは，2 倍，3 倍となっていません。また，$\frac{1}{2}$ 倍，$\frac{1}{3}$ 倍，……ともなっていません。

(3) 階段の長さが 18 cm だから，
階段の高さは $18\div2=9$ (cm) となります。
つまり，AH が 9 cm です。
したがって，階段の正方形の数は，
$1+2+3+4+5+6+7+8+9=9\times10\div2$

=45(個)です。よって，面積は
$1\times45=45$ (cm²)

3 はじめにボールを落とした高さを□cmとすると，

$\square\times\frac{5}{8}\times\frac{5}{8}=80$

$\square=80\div\frac{5}{8}\div\frac{5}{8}=80\times\frac{8}{5}\times\frac{8}{5}=204.8$

4 右の図のように縦(たて)5cm横10cmの長方形の面積から，半径5cm中心角90°のおうぎ形2つ分の面積をひいたものの5倍になります。

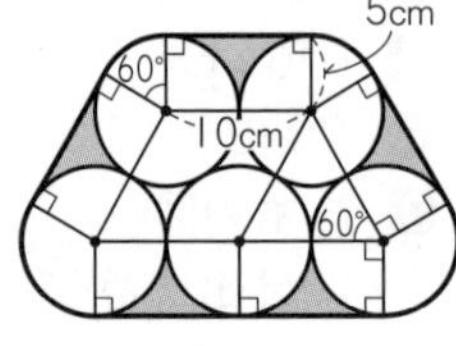

$(5\times10-5\times5\times3.14\div4\times2)\times5=(50-39.25)\times5=10.75\times5=53.75$ (cm²)

5 右の図のような2つの立体に分けられます。

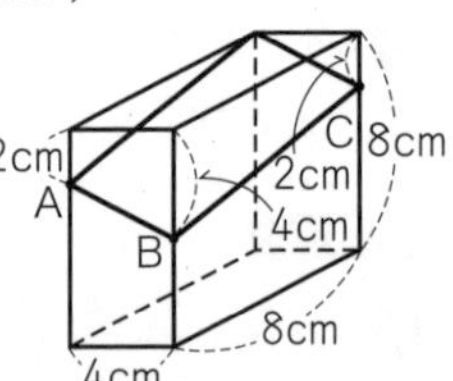

(1)底面が長方形の四角柱をななめに切っていて，点Aと点Cが上の頂点から2cmのところにあるので，上の面を底面と見たときの高さ2cmの角柱の体積と同じです。
$8\times4\times2=64$ (cm³)

(2)2つの立体の面で，切断した面と上下の底面は同じ面積だから，表面積の差は側面の面積の差になります。
側面の形は台形と直角三角形ですが，(1)で高さを2cmにそろえたのと同様に考えて，上側の小さい立体の側面は高さ2cmの長方形4つ分，下側の大きい立体の側面は高さ6cmの長方形4つ分と考えると簡単です。
よって，その差は
$(4+8+4+8)\times(6-2)=24\times4=96$ (cm²)

6 ペンキをぬるところは側面の大中小の正方形それぞれ4つずつと，真上から見たときの一辺3mの正方形1つです。
$3\times3\times4+2\times2\times4+1.5\times1.5\times4+3\times3$
$=36+16+9+9=70$ (m²)
ペンキは1缶で1m²をぬるので，70缶必要です。

7 (2)りょうさんを追いぬくのは，A駅を10時15分に出発したケーブルカーです。
10時15分には，りょうさんは，A駅から，
$30\times(15-5)=300$ (m) のところにいます。
ケーブルカーの分速は，$900\div10=90$ (m) だから，ケーブルカーは
$300\div(90-30)=300\div60=5$ (分後)
つまり10時20分にりょうさんを追いぬきます。
この時刻(じこく)までりょうさんが歩いた距離(きょり)は，
$30\times15=450$ (m)
B駅までは，あと $900-450=450$ (m) あります。りょうさんが5分休んでから出発した時刻は10時25分，B駅に10時45分に着くので，分速は，
$450\div(45-25)=450\div20=22.5$ (m)

(3)りょうさんが最後にすれちがうケーブルカーは，B駅を10時30分に出発し，グラフのCですれちがいます。10時30分のりょうさんとケーブルカーの距離は，
$450-22.5\times5=337.5$ (m) だから，
$337.5\div(90+22.5)=337.5\div112.5=3$ (分)
となり，ケーブルカーが出発してから3分後にCですれちがいます。このときの時刻は10時33分です。

8 (1)現在お母さんは36才なので，11年後のお母さんの年令は，$36+11=47$ (才) となります。
11年後は，3人の子どもたちもそれぞれ11才ずつ年をとるから，合計で，
$11\times3=33$ (才) 年が増えます。よって，現在の子どもたちの年令の合計は，
$47-33=14$ (才) です。

(2)現在は子どもの年令をかけると36になります。よって，かけて36，たして14になる3つの整数を考えます。これは，1，4，9の3つの数の場合しかありません。したがって，2番目の子どもの年令は，4才です。